1 基礎解法編
2 反復学習編
3 テストゼミ編
3分冊シリーズその3

日々トレ 算数問題集

今日からはじめる受験算数 中学受験

計算問題
中学受験算数の解法が身につく
図形問題
文章問題

反復練習!!
テスト形式で
1日2ページ60日の集中特訓!
弱点確認!

文章問題

- 数列・規則性
- 植木算・方陣算
- 消去算
- 和差算
- 分配算
- 倍数算
- 年齢算
- 相当算
- 損益算
- 仕事算
- ニュートン算
- 過不足・差集め算
- つるかめ算
- 旅人算
- 通過算
- 流水算
- 時計算
- 場合の数
- こさ
- N 進法

図形問題

- 角度
- 合同と角度
- 多角形と角度
- 三角形の面積
- 四角形の面積
- 直方体の計量
- 円の面積
- 柱体の計量
- 図形と比
- 相似と長さ
- 相似と面積
- 平面図形と点の移動
- 平面図形の移動
- すい体の計量
- 回転体
- 空間図形の切断
- 投影図・展開図
- 立方体の積み上げ
- 水の深さ
- さいころ

この本の内容

概要

中学入試算数で問われる算数の単元は幅広く膨大です。しかし，頻出の単元はある程度絞ることができます。本書では，過去の中学入試のデータから中学入試の頻出かつ重要な単元を文章題・図形問題でそれぞれ 20 単元ずつ選定しています。その上でそれぞれの解法を定着し，初見の問題にも対応できる力を身につけることを目的として，数・計算分野の問題もあわせて 1 回あたり 10 題，合計60 回分のテストを掲載した問題集です。

テスト内容

数・計算分野

どの回も [1] は計算，[2] は計算のくふう，[3] は未知数を求める計算，[4] は数・割合・比の問題です。自分がどの番号でよく間違えるかで苦手な内容が分析できます。

文章題分野　図形分野

[5]，[6]，[7] は文章題分野から，[8]，[9]，[10] は図形問題分野から出題しています。

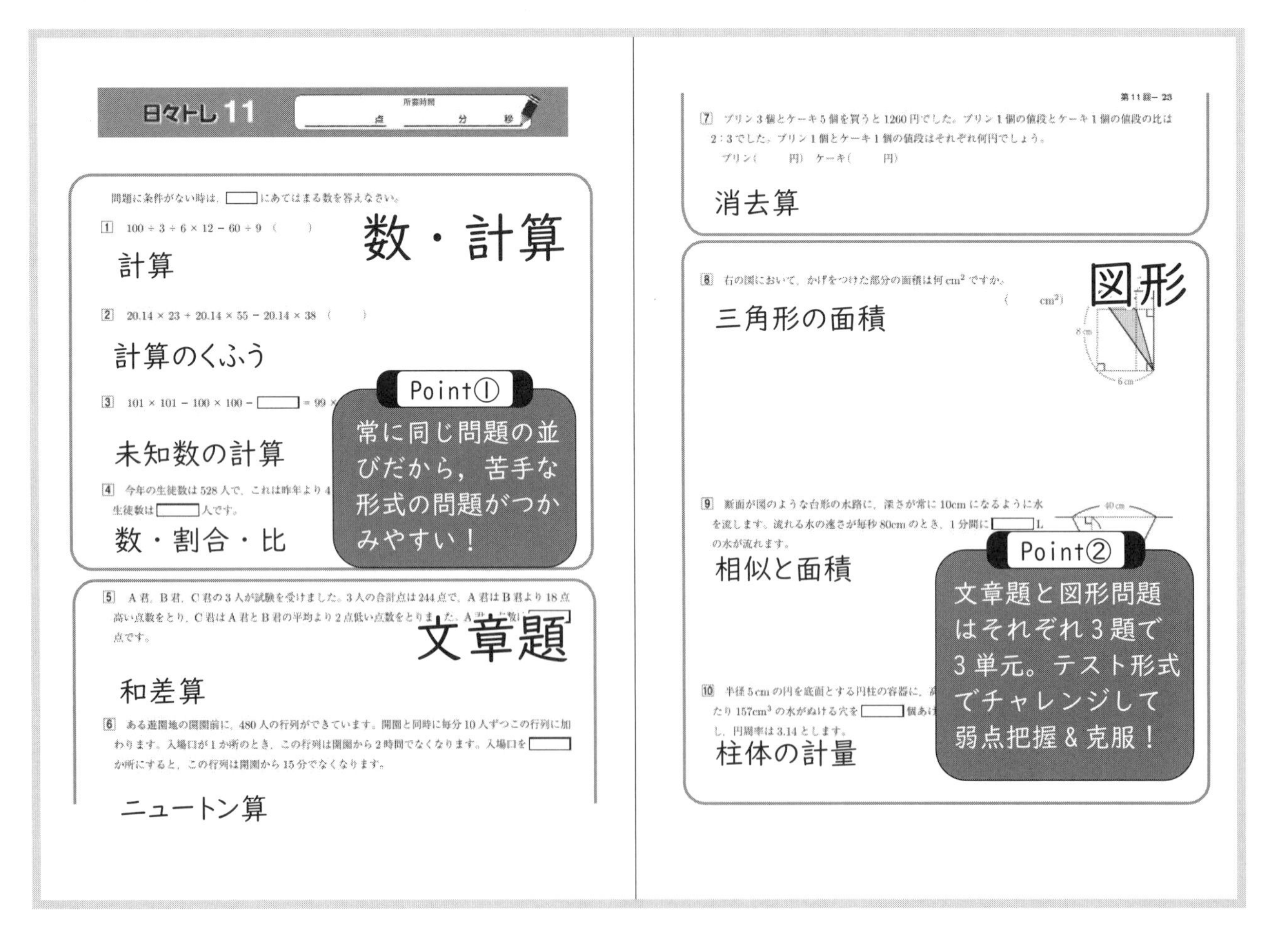

60回のテストと出題単元・正誤チェック表

出題単元について

掲載している文章題と図形問題の各20単元は『基礎学習編』と同じく右の通りです。『テストゼミ編』では，これら20単元に分類される問題の中で，確実に解法を抑えておきたい問題や複数の解法を横断的に使う問題，本文を読み取って条件を整理したり，場合分けを行って解く必要がある問題も含み，発展的な内容からも出題をしています。

文章題分野	図形分野
数列・規則性	角度
植木算・方陣算	合同と角度
消去算	多角形と角度
和差算	三角形の面積
分配算	四角形の面積
倍数算	直方体の計量
年齢算	円の面積
相当算	柱体の計量
損益算	図形と比
仕事算	相似と長さ
ニュートン算	相似と面積
過不足・差集め算	平面図形と点の移動
つるかめ算	平面図形の移動
旅人算	すい体の計量
通過算	回転体
流水算	空間図形の切断
時計算	投影図・展開図
場合の数	立方体の積み上げ
こさ	水の深さ
N進法	さいころ

問題順について

文章題と図形問題の1問目である[5]と[8]は，単元の並びを意識して，[6]，[7]は文章題から，[9]，[10]は図形問題からランダムに並んでいます。どのような解法を使うべきかを見抜き，それまでの演習で身につけた解き方を使うという能力が必要です。

Point③
1回10題，60日間！
入試頻出の単元から厳選した問題を実践練習，中学入試に対応できる力を養成！

正誤チェック表

解答の最後に正誤チェック表があります。計算ミスなどは△，間違えたものは✓のようにチェックして，どの単元を復習すべきかの分析をしましょう。明らかに苦手な単元が有る場合，『基礎解法編』をつかって単元の学習をすることもおすすめします。

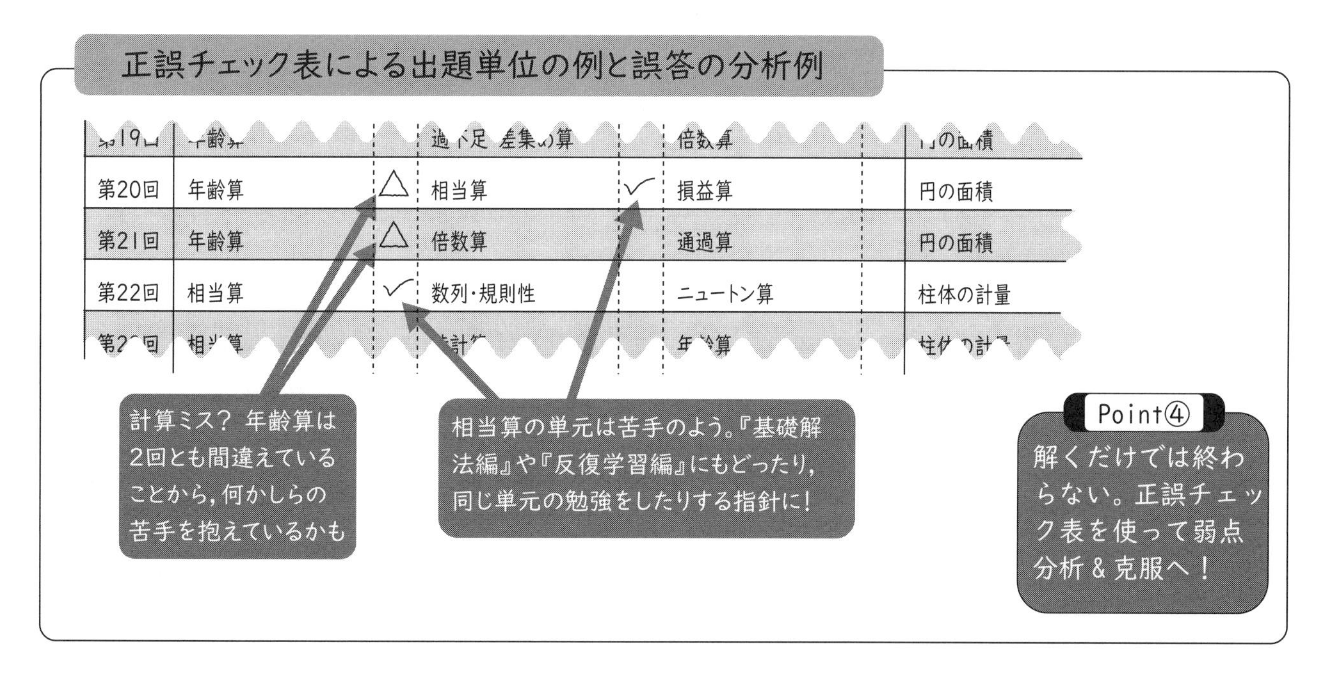

使い方

テスト演習

1回25分間を目標に解いていきましょう。25分間を過ぎても構いませんが，1つの問題を3分間考えてもわからなければ，次に進みましょう。

丸付け

別冊の解答を使って丸付けをします。間違えていた問題は原因を確認しましょう。

正誤チェック表

さらに，間違えた問題については解答の最後にある正誤チェック表に印をつけておきましょう。ミスは△，わからなかった，考え方の違いでの間違いは✓と分けておくと復習をするときに便利です。

例

文章題・図形分野出題単元と正誤チェック表

回数	5	チェック欄	6	チェック欄	7	チェック欄	8	チェック欄	9	チェック欄	10	チェック欄
第1回	数列・規則性		植木算・方陣算		消去算		角度	△	角度		合同と角度	
第2回	数列・規則性		植木算・方陣算		消去算	✓	角度		角度		合同と角度	△
第3回	数列・規則性	✓	植木算・方陣算		消去算		角度		角度		合同と角度	△
第4回	和差算	△	分配算		倍数算		多角形と角度		三角形の面積	✓	長方形の面積	
第5回	和差算		分配算	✓	倍数算	✓	多角形と角度	✓	三角形の面積	✓	長方形の面積	
第6回	和差算		分配算	△	倍数算		多角形と角度		三角形の面積	✓	長方形の面積	
第7回	年齢算	✓	相当算		損益算		直方体の体積		円の面積		柱体の体積	
第8回	年齢算		相当算		損益算		直方体の体積		円の面積		柱体の体積	

解説チェック

間違えた問題や解き方がわからなかった問題の解説をチェックし，解き方を確認しましょう。解説の式を写しながら意味を考えるのもよい方法です。

解き直し

間違えた問題は解説チェックをしたときの解き方を思い出して再度解き直ししてみましょう。ここでも間違えた場合は，もう一度解説チェックに戻りましょう。解説チェックが終わったらさらに解き直しをしていきます。

同じ単元の問題が他の回でもまた出てきます。次は解けるように単純に解説を写すだけではなく，式の意味を確認しながら，どんな解き方をすればいいのか確認していきましょう。

3分冊シリーズその3

日々トレ 算数問題集

今日からはじめる受験算数 中学受験

反復練習!!

テスト形式で 1日2ページ60日の集中特訓!

弱点確認!

計算問題

中学受験算数の**解法**が身につく

図形問題

文章問題

文章問題

数列・規則性
植木算・方陣算
消去算
和差算
分配算
倍数算
年齢算
相当算
損益算
仕事算
ニュートン算
過不足・差集め算
つるかめ算
旅人算
通過算
流水算
時計算
場合の数
こさ
N 進法

図形問題

角度
合同と角度
多角形と角度
三角形の面積
四角形の面積
直方体の計量
円の面積
柱体の計量
図形と比
相似と長さ
相似と面積
平面図形と点の移動
平面図形の移動
すい体の計量
回転体
空間図形の切断
投影図・展開図
立方体の積み上げ
水の深さ
さいころ

日々トレ 01

所要時間
点　　分　　秒

問題に条件がない時は，□にあてはまる数を答えなさい。

1　$28 + 57 - 39$　（　　　）

2　600 兆を 1 億 2000 万で割ると□万です。

3　$\frac{2}{3} + 1 \div \left\{15 - \square \div \left(\frac{3}{4} - \frac{1}{3}\right)\right\} = 1$

4　①秒速 4000cm と②分速 2100m と③時速 108km のうち，最も速いのは□です。

5　$\frac{201}{111}$ を小数で表したとき，小数第 1 位から小数第 20 位までの数字を足すといくつになりますか。

（　　　）

6　3 人の兄弟 A，B，C がいます。B は C より 6 才年上で，A より 3 才年下です。C の年れいを 5 倍すると，A の年れいの 2 倍に等しくなります。このとき，A は何才ですか。（　　　才）

7 現在［　　　］才の人の12年後の年齢は，現在から10年前の年齢の３倍です。

8 図は，半径が４cmのおうぎ形と，半径が２cmのおうぎ形を組み合わせたものである。この２つのおうぎ形の面積の和が半径１cmの円の面積の４倍であるとき，角アの大きさは［　　　］°である。ただし，円周率は3.14とします。

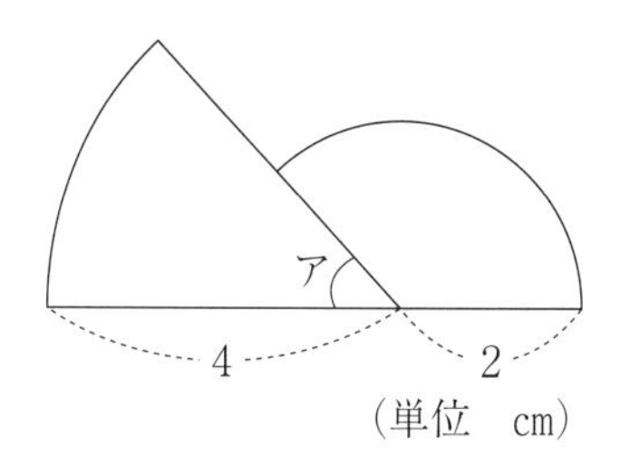

9 右の図のように半径３cmの円が６個並んでいます。周囲（太線）の長さを求めなさい。ただし，●はそれぞれの円の中心を表しています。また，円周率は3.14とします。（　　　cm）

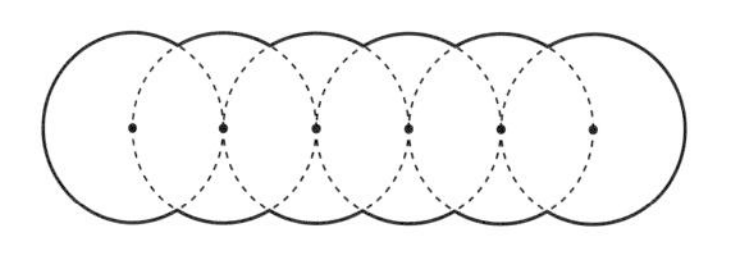

10 右の図のように，点Oを中心とする半径６cmの円があります。かげをつけた部分の面積は何cm^2ですか。ただし，円周率は3.14とします。

（　　　cm^2）

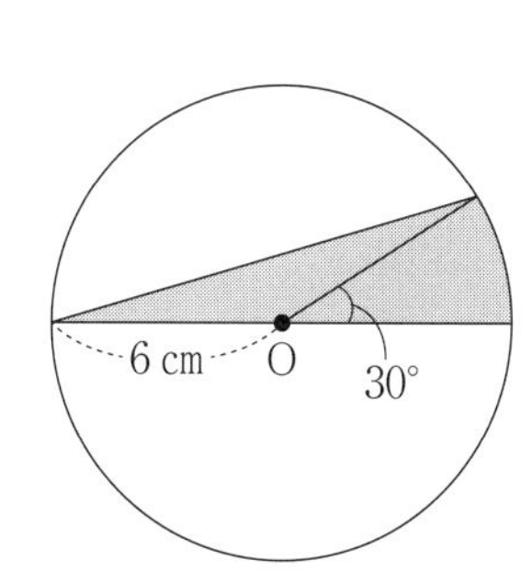

日々トレ 02

所要時間
点　　分　　秒

問題に条件がない時は，□にあてはまる数を答えなさい。

1　2017 − 139 + 432　（　　　）

2　1.125 × 1.25 × 1.5 × 2 × 4 × 8　（　　　）

3　$2 - 1 \div \{4 - 1 \div (1 - \square)\} = \frac{2}{3}$

4　2500000g = □ t

5　次のように，ある規則にしたがって数が並んでいます。

1，2，1，3，2，1，4，3，2，1，5，4，3，2，1，6，5，4，3，2，1，……

①　10 が初めて現れるのは最初から □ 番目です。

②　20 回目の 1 が現れるのは最初から □ 番目です。

6　毎日同じ量の仕事をするロボットが何台かあります。はじめに，このロボットを 1 台使うと，ある仕事の $\frac{1}{5}$ を終えるのに □ 日かかりました。そこで，このロボットを 2 台使ったところ，残りの仕事は 10 日で終えることができました。

7　横の長さがたてよりも長い長方形の土地があり，面積は 1260m^2 です。この土地の４すみに木を植え，横は５m 間かく，たては４m 間かくで木を植えると，植えた木の本数は全部で 32 本でした。この土地の横の長さは［　　　］m です。

8　右の図の直線①と②が平行であるとき，角㋐の大きさは何度ですか。

（　　　度）

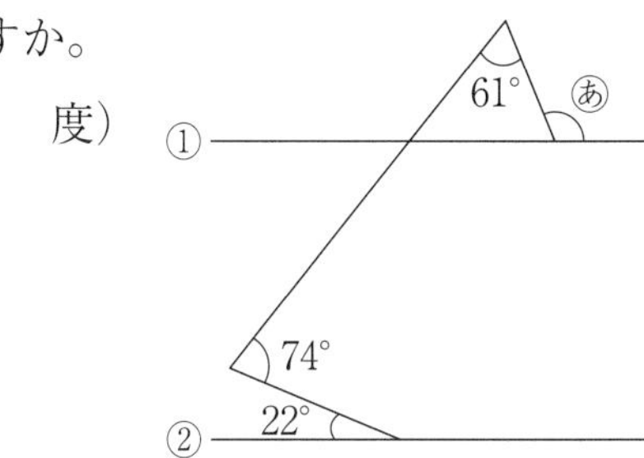

9　右の図のように正三角形２つと円２つを組み合わせた図形があります。大きい円の面積が 80cm^2 であるとき，小さい円の面積は［　　　］cm^2 です。

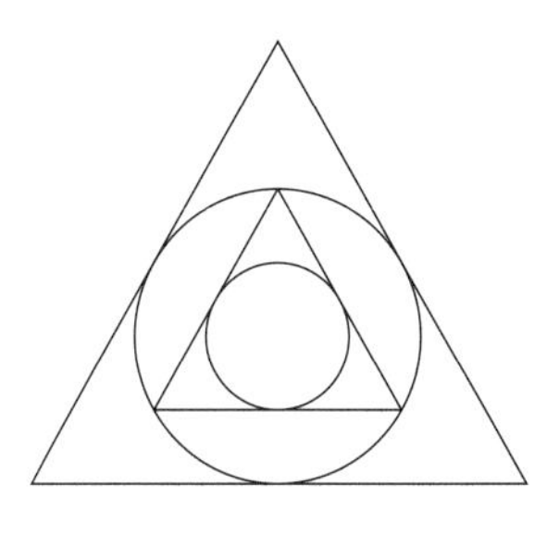

10　右の図のように，長方形の紙テープを２回折りました。x の角の大きさは何度ですか。（　　　度）

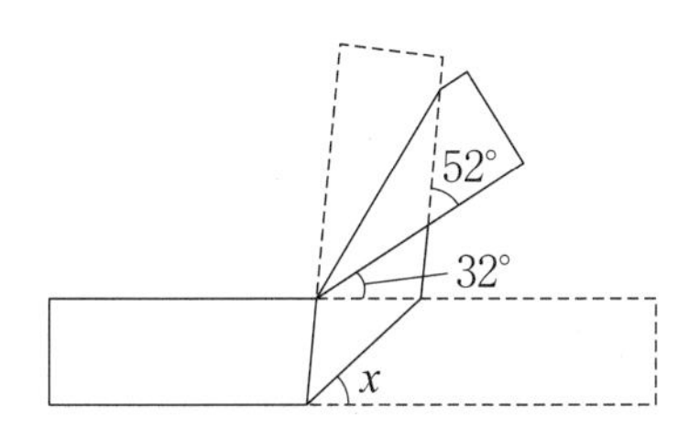

日々トレ 03

所要時間
点　分　秒

問題に条件がない時は，□にあてはまる数を答えなさい。

1　$3937 - 1864 + 776$　（　　　）

2　$2.5 \times 1.25 \times 2014 \times 0.8 \times 4$　（　　　）

3　$\left(\frac{7}{13} + \frac{11}{\square}\right) \times \left(2.375 + \frac{29}{9}\right) = 5$

4　$7.3\text{m}^2 - 50000\text{cm}^2 - 0.4\text{m}^2 = \square\,\text{cm}^2$

5　ボートをこいで950km先の陸地を目指します。昼には50km近づき，夜には波の影響（えいきょう）で5km戻（もど）されるとすると，陸地に到着（とうちゃく）するのはスタートしてから何日目ですか。（　　　）

6　太郎君と花子さんにアメを分けます。太郎君と花子さんに，8：3の比で分けるときと，3：2の比で分けるときでは，太郎君のもらうアメの個数に28個の差があります。アメは全部で何個ありますか。（　　　個）

7　部屋分けをするのに，8人ずつの部屋にすると，ちょうど10部屋あまりました。そこで7人部屋と6人部屋にすると，6人部屋が7人部屋の2倍になり，すべての部屋を使いました。部屋はいくつありますか。（　　　部屋）

8　右の図の直線①と直線②は平行で，正五角形が図のように直線②に接しています。
このとき，角アは［　　　］°です。

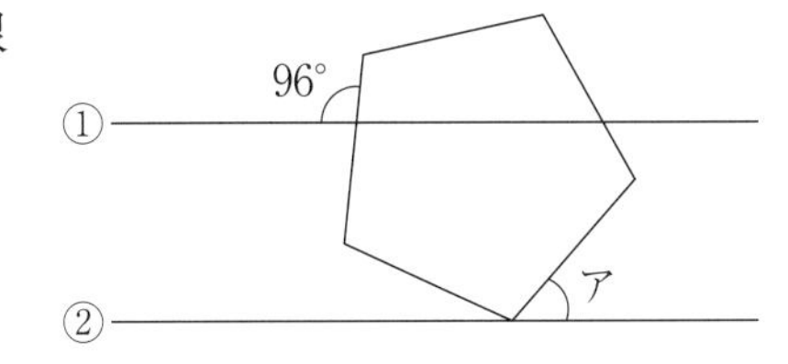

9　右の図のように，1辺12cmの立方体があります。この立方体の4点A, C, F, Hを頂点とする立体の体積は何cm^3ですか。（　　　cm^3）

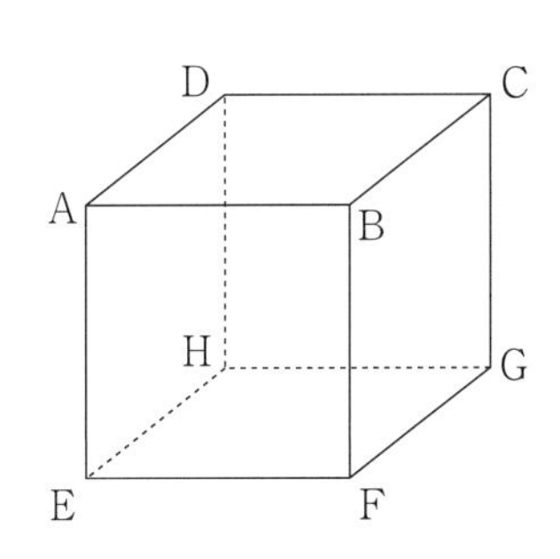

10　右の図は，直方体を1つの平面で切断してできた立体です。この立体の体積を求めなさい。（　　　cm^3）

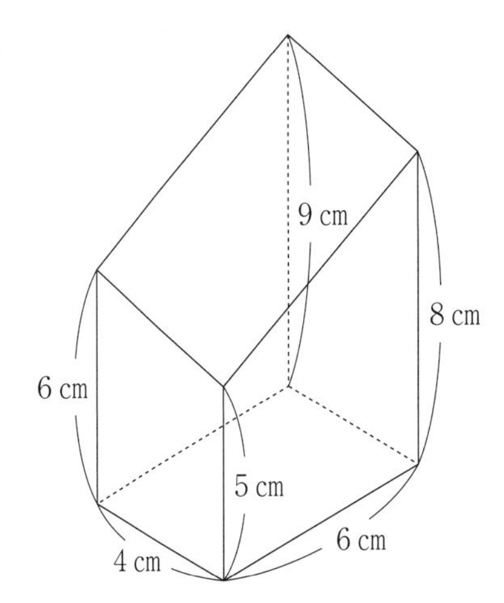

日々トレ 04

所要時間

点　　分　　秒

問題に条件がない時は，□ にあてはまる数を答えなさい。

1　123×101　（　　　）

2　$0.25 \times 32 + 0.125 \times 64 - 0.375 \times 16$　（　　　）

3　$\left\{\left(1.2 - \frac{18}{25}\right) \div \frac{2}{5} - \square\right\} \times 1\frac{1}{3} - 1 = \frac{4}{15}$

4　$1700\text{ha} + 30\text{km}^2 = \square\,\text{a}$

5　一直線上の道路に等間隔（とうかんかく）で電柱が立っています。海陽君が電柱 A から電柱 B まで一定の速さで走ったところ，3 分 20 秒かかりました。このとき，電柱 B の 3 本手前の電柱までは 2 分 30 秒かかっていました。電柱 A と電柱 B の間には何本の電柱が立っていますか。（　　　本）

6　あるクラスの生徒にあめ玉を配ります。1 人に 8 個ずつ配ると 58 個足りず，男子に 6 個ずつ，女子に 7 個ずつ配ると 3 個足りません。このクラスの男子の人数は 19 人です。あめ玉の個数は □ 個です。

7　ある美術館の大人３人分の入館料は，子ども５人分の入館料と同じです。大人６人と子ども８人で行ったところ，入館料は10800円でした。大人１人あたりの入館料はいくらか求めなさい。

（　　　円）

8　四角形ABCDは正方形です。角アの大きさは□度です。

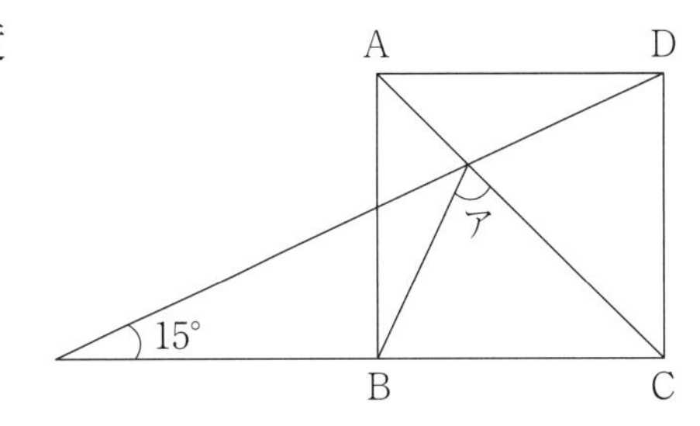

9　図の四角形は，１辺が5 cmの正方形です。この正方形の対角線AOを半径とする円の面積は，□cm^2です。円周率は3.14とします。

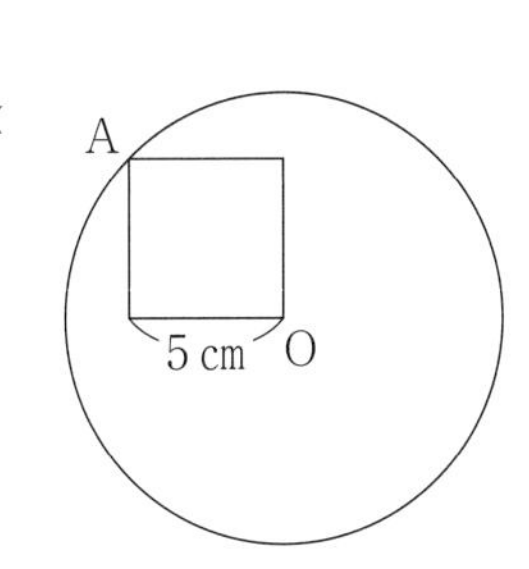

10　図の正五角形と直線で作られる角xの大きさは何度ですか。（　　　度）

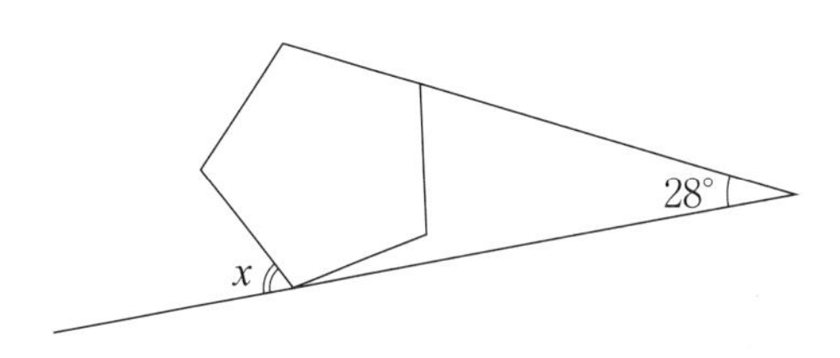

日々トレ 05

所要時間
点　分　秒

問題に条件がない時は，□にあてはまる数を答えなさい。

1　$126 \div 81 \times 104 \div 80 \div 52$　(　　　)

2　$31 \times 29 + 29 \times 19$　(　　　)

3　$3\frac{11}{36} : \left(7 - \frac{1}{48} \times \square\right) \times 1\frac{3}{11} = 1 : 2\frac{2}{17}$

4　□ m^3 の $\frac{4}{25}$ 倍は 80L の 1.9 倍です。

5　半径 10m の池の周りに 3.14m おきに木を植えるとき，木は□本必要です。ただし，円周率は 3.14 とします。

6　2 時 10 分と 2 時 11 分の間で，分針（長針）と秒針の角度がはじめて 176° になるのは，2 時 10 分□秒です。

7 クラスで１月の誕生日会をするために会費を集めます。クラスには５人の１月生まれの子どもがいます。クラス全員から 350 円ずつ集めたときは 3650 円足りません。また，１月生まれの子ども以外から 500 円ずつ集めたときは金額がちょうどになります。このとき，クラス全員の人数を求めなさい。(　　　人)

8 図で，四角形 ABCD は正方形です。この正方形を，図のように頂点Ｂを中心として，26 度回転させました。

ア，イの角度をそれぞれ求めなさい。ア(　　　度)　イ(　　　度)

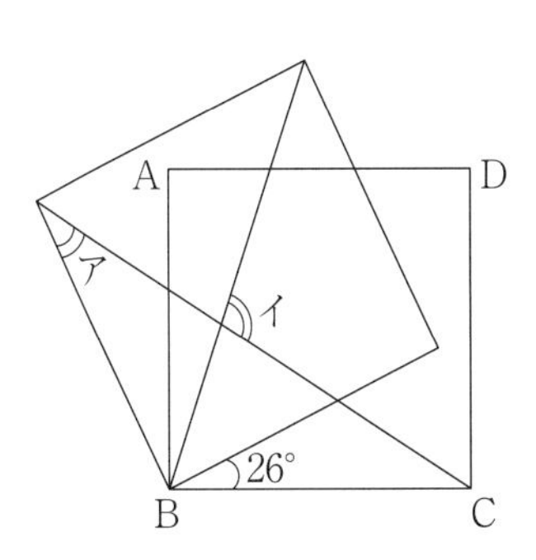

9 円柱を右図のように切断した立体の体積を求めなさい。ただし，円周率は 3.14 とします。(　　　cm^3)

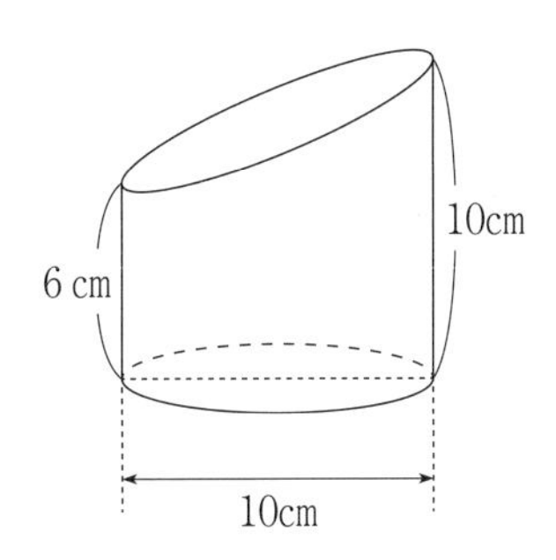

10 正六角形 ABCDEF をもとに作ったものです。色のついた部分の面積は，正六角形 ABCDEF の面積の何倍になっていますか。(　　　倍)

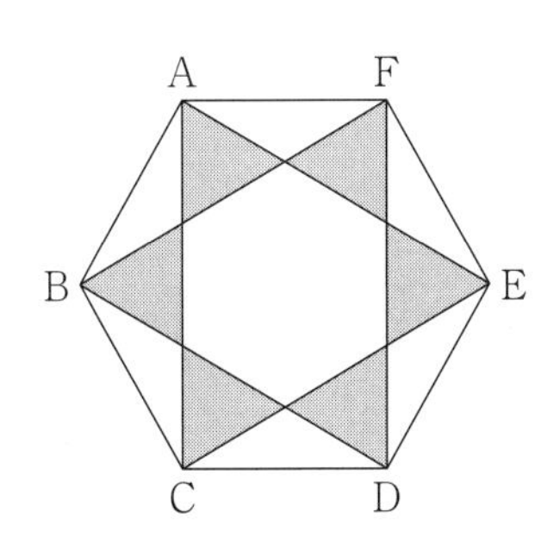

日々トレ 06

所要時間
点　分　秒

問題に条件がない時は，□にあてはまる数を答えなさい。

1　$8 - 10 \div 2$　(　　　)

2　$3.14 \times 17 + 0.314 \times 29 - 6.28 \times 9 + 31.4 \times 0.41$　(　　　)

3　$\frac{5}{6} + \left\{1 + \frac{2}{5} \times (\square - 0.75)\right\} \times \frac{2}{3} = 2\frac{2}{15}$

4　3.5dℓ は 5 cc の□倍です。

5　同じ大きさの小さい正方形の紙をはりあわせて大きい正方形を作ります。小さい正方形の紙の 1 辺の長さの $\frac{1}{8}$ の長さをのりしろとして，たて，よこ 12 枚ずつ，全部で 144 枚の小さい正方形の紙をはりあわせます。大きい正方形の面積は小さい正方形の面積の何倍ですか。(　　　倍)

6　A，B 2 種類の食塩水があります。A と B を 2：1 の割合で混ぜると 8 %の食塩水ができ，4：5 の割合で混ぜると 12 %の食塩水ができます。A と B を同じ量ずつ混ぜると何%の食塩水ができますか。(　　　%)

7 A君1人では12日，B君1人では18日，C君1人では24日かかる仕事があります。1日目はA君とB君，2日目はB君とC君，3日目はC君とA君というように4日目以降もこの順番でくりかえし仕事をしていくと［　　］日目に終わります。

8 ひし形と2つの正五角形が組み合わされています。角アの大きさを求めなさい。（　　　度）

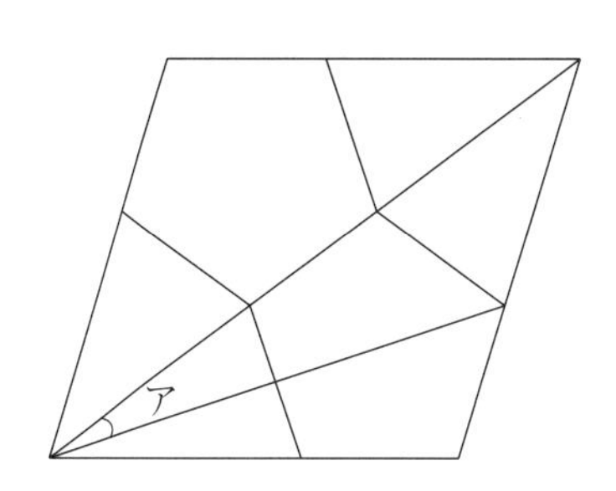

9 図のように1辺の長さが1cmの小さい立方体を125個くっつけて1辺の長さが5cmの立方体を作りました。12個の灰色の正方形をそれぞれの面に垂直に反対側の面までくりぬいた立体の体積は［　　］cm^3です。

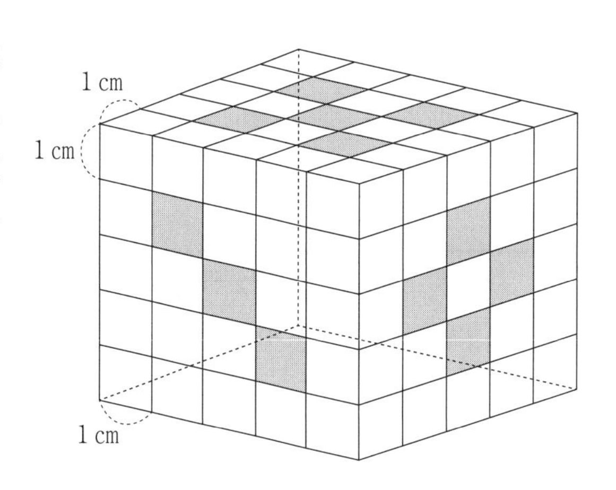

10 次の［　　］にあてはまる最も適当なものを㋐～㋓から1つ選び，記号で答えなさい。

右の図のように，1辺16cmの正方形の各辺の真ん中の点を結び，その中に正方形を作っていくと，色のついた部分の面積は［　　］cm^2です。

㋐ 0.5　㋑ 1　㋒ 1.5　㋓ 2

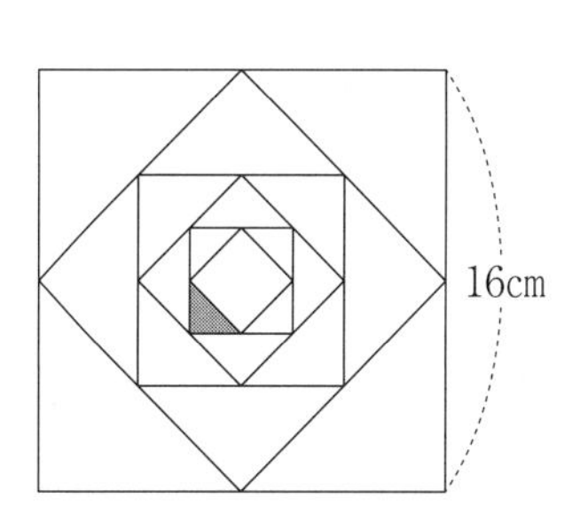

日々トレ 07

所要時間
点　分　秒

問題に条件がない時は，□にあてはまる数を答えなさい。

1　$64 - 16 \div 4$　（　　　）

2　$3.7 \times 3.7 + 2 \times 3.7 \times 9.3 + 9.3 \times 9.3$　（　　　）

3　$\dfrac{1}{1+\dfrac{1}{\square}} = \dfrac{5}{6}$

4　365 日＝□秒

5　みかん 1 個とりんご 2 個を買うと 580 円で，りんご 1 個と桃 2 個を買うと 810 円で，桃 1 個とみかん 2 個を買うと 620 円です。みかん 1 個とりんご 1 個と桃 1 個を買うと ア 円で，みかん 1 個の値段は イ 円です。

6　太郎君と二郎君がそれぞれお金を持って買い物に行きました。太郎君は所持金の $\dfrac{3}{5}$ を使ってえんぴつを 15 本買い，二郎君は所持金の $\dfrac{3}{7}$ を使ってえんぴつを 21 本買いました。残った所持金は二郎君の方が 1080 円多くなりました。えんぴつ 1 本の値段はいくらですか。（　　　円）

7　歩く速さが毎分 61m の太郎君と毎分 62m の次郎君が動く歩道にのりました。太郎君は初めから終わりまで歩いたところ，端(はし)まで行くのに 10 秒かかりました。次郎君は初めの 8 秒間は歩き，その後歩くのをやめたところ，端まで行くのに全部で 13 秒かかりました。この動く歩道の長さは何 m ですか。ただし，動く歩道は一定の速さで動いており，2 人とも動く歩道の進行方向に歩くものとします。（　　　m）

8 右図のように，正八角形と正三角形を重ねました。角アの大きさは［　　　］度です。

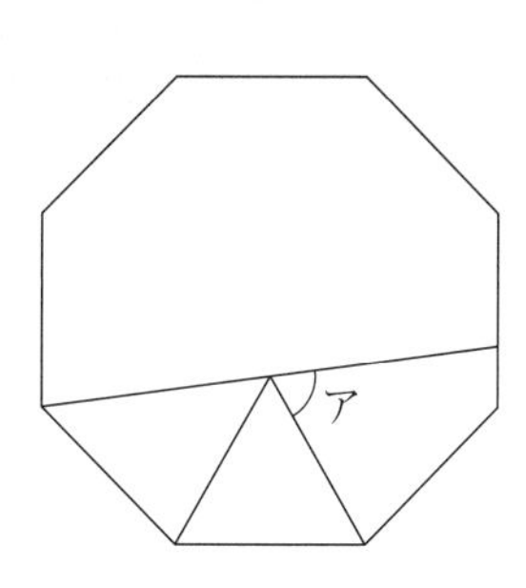

9 図１のような底面が直角二等辺三角形である三角柱が２つあります。この２つの三角柱が図２のように垂直に交わっています。図２の立体の体積は何 cm^3 ですか。（　　　cm^3）

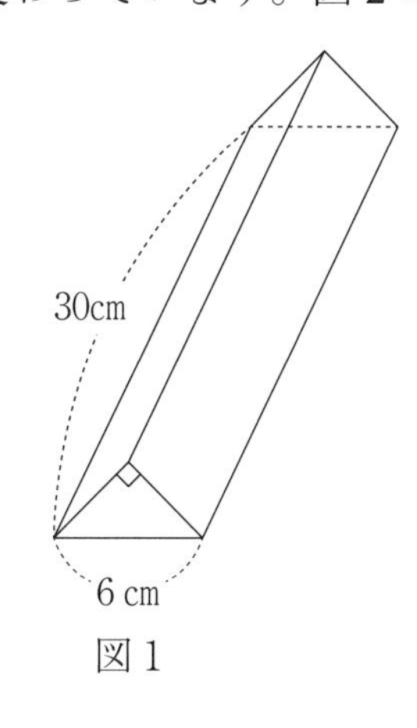

図１

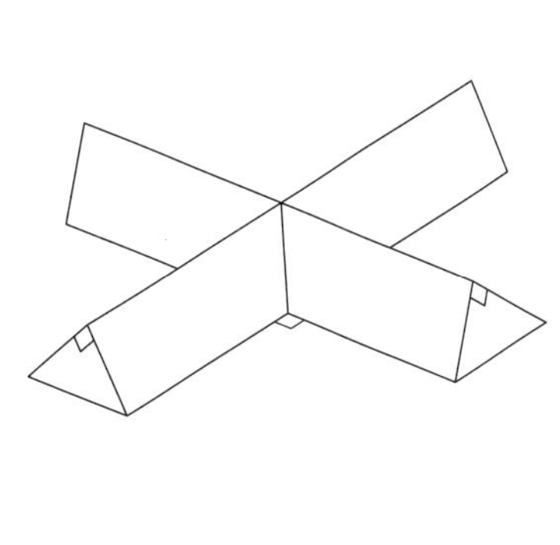
図２

10 右の図のような円すいがあります。ただし，円周率は3.14とします。

① この円すいの体積を求めなさい。（　　　cm^3）

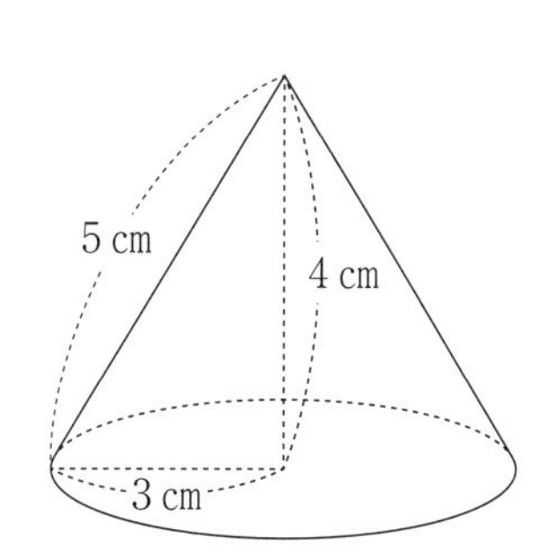

② この円すいの展開図であるおうぎ形の中心角㋐の大きさを求めなさい。（　　　度）

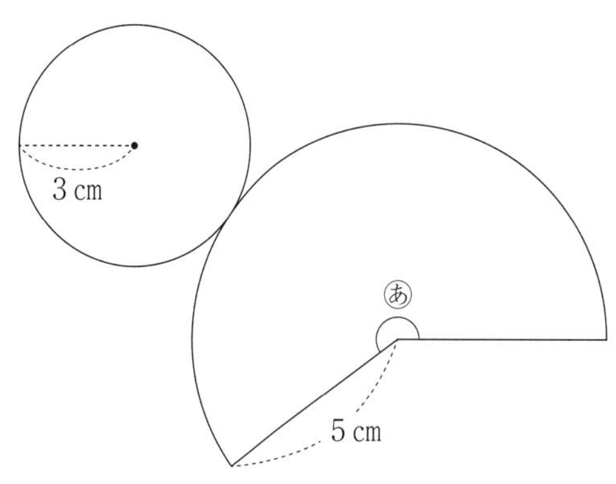

日々トレ 08

所要時間
点　　分　　秒

問題に条件がない時は，□にあてはまる数を答えなさい。

1　$6 \times 7 - 7 \times (4 - 2)$　（　　　）

2　$39 \times 9 \times 8 + 78 \times 7 \times 6 - 117 \times 5 \times 4 - 156 \times 3 \times 2$　（　　　）

3　$1.5 \times 5 - 1.25 \times \square + 0.75 \times 3 - 0.5 \times 2 + 0.25 = 4$

4　2014 年 1 月 25 日は土曜日です。東京オリンピックが開催（さい）される 2020 年の 1 月 25 日は何曜日ですか。（　　　曜日）

5　ある店では，みかん 3 個の値段とりんご 2 個の値段が同じでした。みかん 6 個とりんご 6 個をまとめて買うと金額はちょうど 1200 円でした。みかん 1 個の値段は何円ですか。（　　　円）

6　A が 1 人ですると 30 日かかる仕事があります。この仕事を A と B の 2 人ですると 12 日かかります。また，この仕事を B と C の 2 人ですると 15 日かかります。この仕事を最初から C が 1 人ですると何日かかりますか。（　　　日）

7 グラスを1個240円で何個か仕入れましたが，仕入れた後で10個こわれてしまいました。残ったグラスを1個300円で売ったところ6600円の利益になりました。仕入れたグラスは何個ですか。

（　　　個）

8 図のように，円の中に正方形と正六角形があります。このとき角Aの大きさは［　　　］度です。

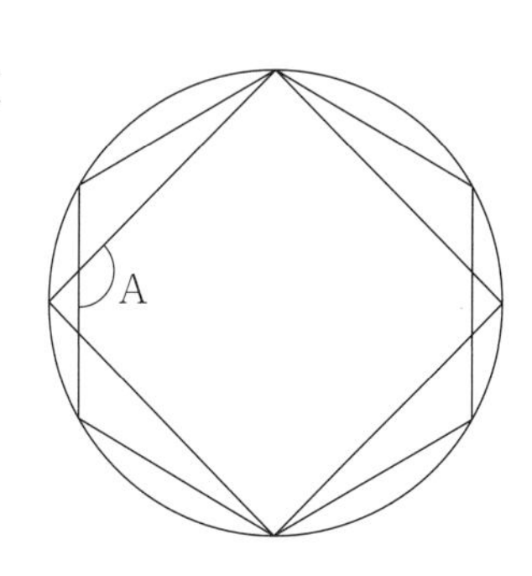

9 右の図の平行四辺形ABCDにおいて，点Oは対角線ACとBDの交点で，点Eは辺ABのまん中の点です。三角形OECの面積は平行四辺形ABCDの面積の何倍ですか。（　　　倍）

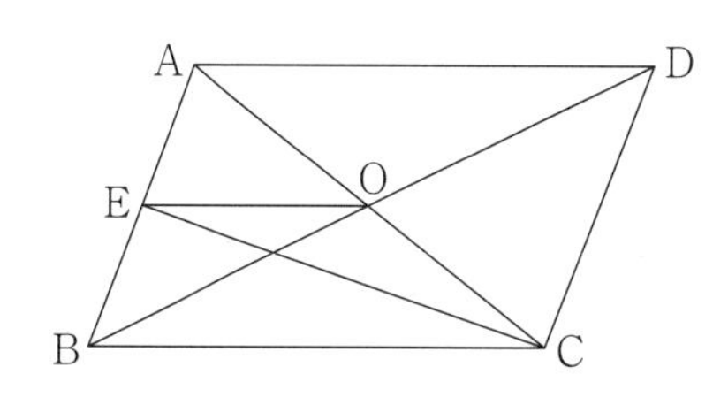

10 2枚の同じ平行四辺形の紙を，図のように重ねたとき，かげをつけた部分の面積は$8\,\mathrm{cm}^2$でした。この平行四辺形の面積は［　　　］cm^2です。

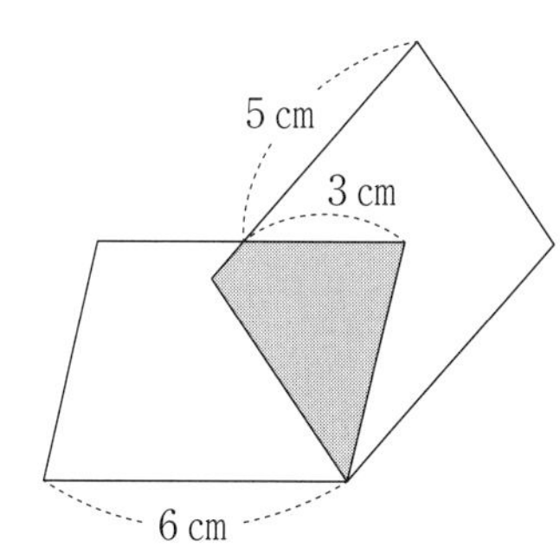

日々トレ 09

所要時間
点　　分　　秒

問題に条件がない時は，□にあてはまる数を答えなさい。

1　$12 + 3 \times 34 - 114 \div 3$　(　　　)

2　$3.4 \times 2.67 + 17 \times 0.91 - 5.1 \times 2.48$　(　　　)

3　$2\frac{2}{7} \div \left\{ \left(\frac{4}{5} - \square \right) \times \frac{4}{7} + \frac{1}{5} \right\} = 10$

4　ある年の 9 月 2 日が水曜日のとき，同じ年の 6 月 12 日は□曜日です。

5　3 つの数 A，B，C があり，

$A + B = 14$，$B + C = 30$，$C + A = 26$

が成り立っています。このとき，$2A + 2B + C$ の値を求めなさい。(　　　)

6　A さん，B さん，C さんの年齢（ねんれい）の合計は 120 歳（さい）です。B さんと C さんの年齢の合計は，A さんの年齢の 4 倍です。また，C さんは B さんより 12 歳年上です。このとき，C さんの年齢を求めなさい。(　　　歳)

7　ある直方体の水そうに水を入れるとき，ホースＡを使うと30分間で水そうの $\frac{3}{4}$ を満たすことができ，ホースＢを使うと50分間で水そうの $\frac{5}{6}$ を満たすことができます。ホースＡ，Ｂ両方を同時に使うと，何分間で水そうを満水にすることができるか答えなさい。（　　　分間）

8　右の図は，正五角形と２つの三角定規を組み合わせたものです。アとイの角の大きさをそれぞれ求めなさい。ア（　　　度）　イ（　　　度）

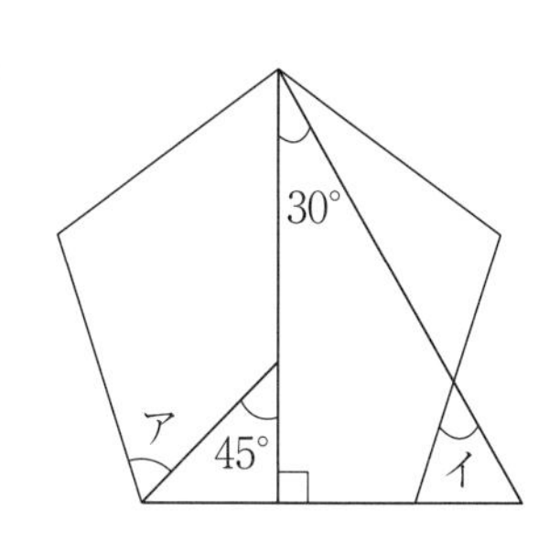

9　図のように，１辺４cmの正方形の中に，円と半径４cmの円の一部がぴったりと入っています。かげのついた部分の周りの長さの和を求めなさい。円周率は3.14とします。（　　　cm）

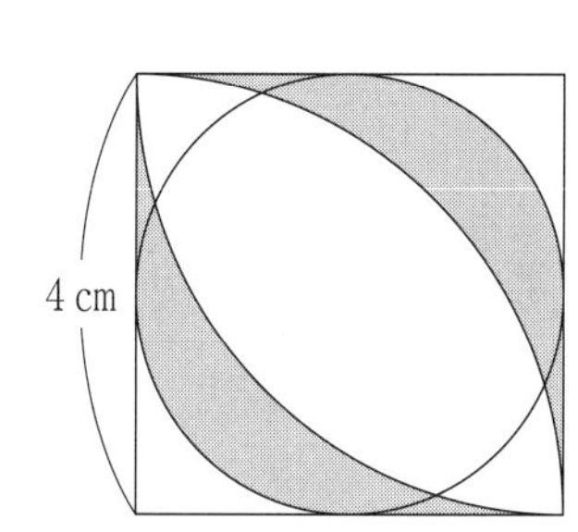

10　図の正六角形の面積は48cm^{2}で，同じ印のついているところは同じ長さです。
㋐の面積は［　　　］cm^2　㋑の面積は［　　　］cm^2

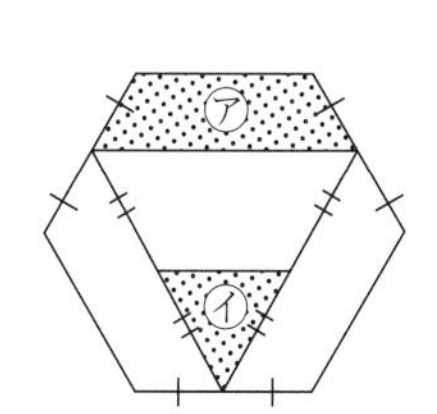

日々トレ 10

所要時間

点　　分　　秒

問題に条件がない時は，□にあてはまる数を答えなさい。

1　$(9876-4321)\div 55$　（　　　）

2　$\frac{1}{11}\times\frac{1}{11}+\frac{1}{22}\times\frac{1}{22}+\frac{1}{33}\times\frac{1}{33}+\frac{1}{66}\times\frac{17}{66}$　（　　　）

3　$34\div\left\{\left(6\frac{3}{7}-\square\right)\times 1.7\right\}\div\frac{7}{5}=10$

4　1ドルは114円，5ユーロは684円でした。300ユーロは何ドルになりますか。（　　　ドル）

5　周りの長さが30cmの直角三角形ABCがあります。この三角形の辺の長さはAB，BC，CAの順に長くなり，BCはABより7cm，ACはBCより1cm長いです。この直角三角形の面積は何cm^2ですか。（　　　cm^2）

6　次のようなモグラたたきゲームがあります。モグラはA，B，Cの3匹いて，下のような動きをくり返します。

A：5秒間頭を出し，7秒間頭を引っ込(こ)める

B：4秒間頭を出し，2秒間頭を引っ込める

C：3秒間頭を出し，6秒間頭を引っ込める

A，B，Cのモグラが同時に頭を出したところからゲームを始めます。ゲームを始めてから7分間にA，B，Cのモグラが同時に頭を出しているのは合計何秒ですか。（　　　秒）

7 2000円のお金を太郎君と桃子さんで分けます。はじめに同じ金額をとり，残りの金額を4：3の割合で太郎君と桃子さんでそれぞれ分けたところ，太郎君と桃子さんの所持金の比は9：7になりました。はじめにとった金額はいくらずつですか。(　　　円)

8 右の図のような長方形ABCDと，直角二等辺三角形DEFがあります。GEとABが垂直になるとき，GEの長さは□cmです。

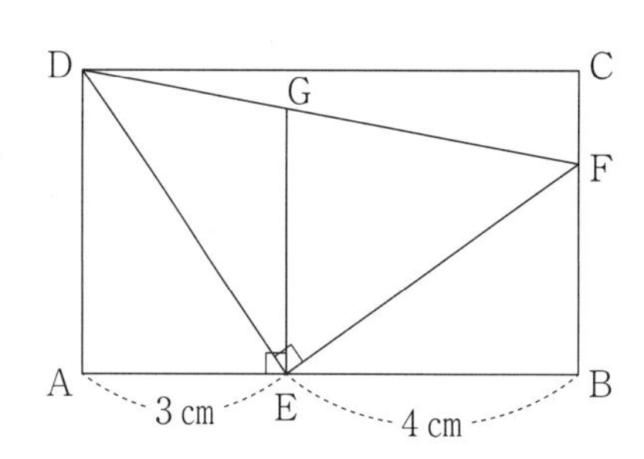

9 図のように平行な直線と正五角形があります。角アの大きさを答えなさい。(　　　度)

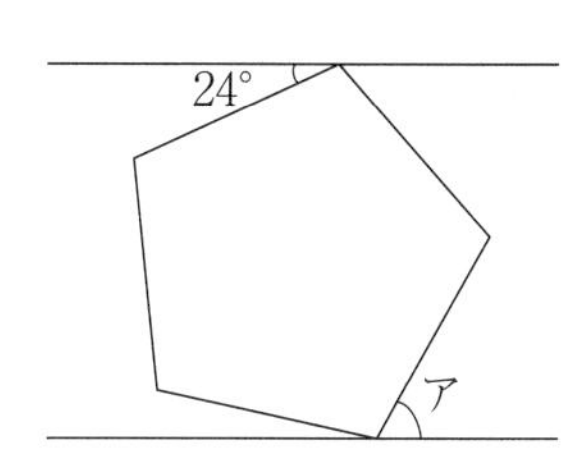

10 右の図のように，1辺の長さが20mの正方形の土地の周りに同じ幅(はば)の道があります。道の面積が624m^{2}のとき，道の中央を通る正方形の周の長さを求めなさい。(　　　m)

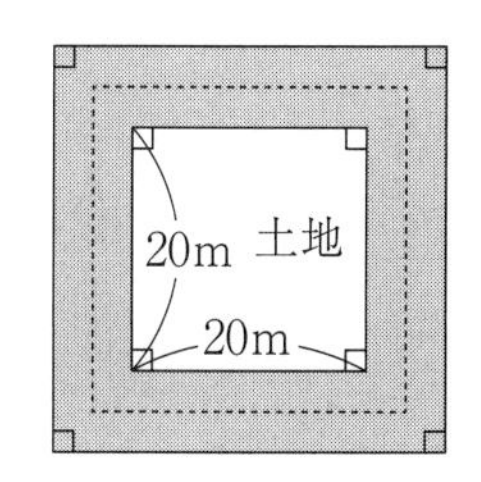

日々トレ 11

所要時間
点　分　秒

問題に条件がない時は，□にあてはまる数を答えなさい。

1　100 ÷ 3 ÷ 6 × 12 − 60 ÷ 9　(　　　)

2　20.14 × 23 + 20.14 × 55 − 20.14 × 38　(　　　)

3　101 × 101 − 100 × 100 − □ = 99 × 99 − 98 × 98

4　今年の生徒数は 528 人で，これは昨年より 4 %減少し，昨年は一昨年の 110 %でした。一昨年の生徒数は□人です。

5　A 君，B 君，C 君の 3 人が試験を受けました。3 人の合計点は 244 点で，A 君は B 君より 18 点高い点数をとり，C 君は A 君と B 君の平均より 2 点低い点数をとりました。A 君の点数は□点です。

6　ある遊園地の開園前に，480 人の行列ができています。開園と同時に毎分 10 人ずつこの行列に加わります。入場口が 1 か所のとき，この行列は開園から 2 時間でなくなります。入場口を□か所にすると，この行列は開園から 15 分でなくなります。

7　プリン3個とケーキ5個を買うと1260円でした。プリン1個の値段とケーキ1個の値段の比は2：3でした。プリン1個とケーキ1個の値段はそれぞれ何円でしょう。

プリン(　　　円)　ケーキ(　　　円)

8　右の図において，かげをつけた部分の面積は何cm^2ですか。

(　　　cm^2)

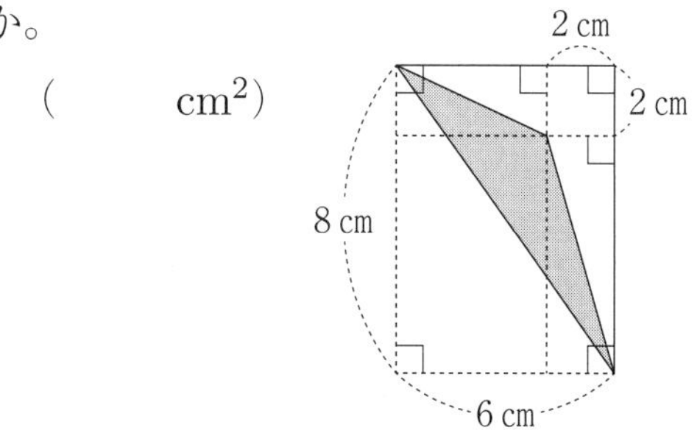

9　断面が図のような台形の水路に，深さが常に10cmになるように水を流します。流れる水の速さが毎秒80cmのとき，1分間に□Lの水が流れます。

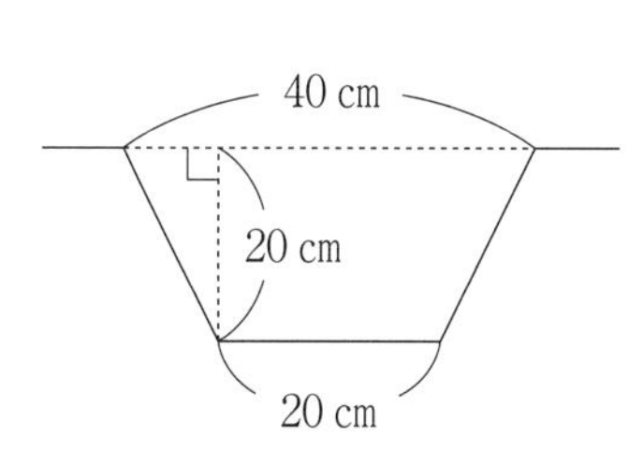

10　半径5cmの円を底面とする円柱の容器に，高さ8cmまで水が入っています。その底に，1分あたり157cm^3の水がぬける穴を□個あけたところ，20秒で水が全部なくなりました。ただし，円周率は3.14とします。

日々トレ 12

所要時間
点　　分　　秒

問題に条件がない時は，□にあてはまる数を答えなさい。

1　$11 \div 17 \times 85 - 700 \div 28$　(　　　)

2　$126 \times 72 - 92 \times 72 + 4 \times 72 - 18 \times 72$　(　　　)

3　$1\frac{3}{32} \div \left\{\left(\frac{10}{3} - \square\right) \div 2.6\right\} \div \left(1 - \frac{1}{16}\right) = 1$

4　消費税は８％である。税込で□円の品物を買うと，消費税が５％のときに比べて120円多く支払うことになる。

5　１から100までの整数をすべてたそうとしましたが，まちがって１つの数だけ引いたので，答えが5004になりました。まちがって引いた数を求めなさい。(　　　)

6　流れの速さが一定の川があります。この川には下流にあるＡ地点と，上流にあるＢ地点があります。Ｓ君は，Ａ地点からＢ地点までボートをこいで行くのに６分かかり，Ｂ地点からＡ地点までボートをこいで行くのに４分かかります。

①　Ｓ君が，Ａ地点からＢ地点までボートをこいで行くときの速さと，Ｂ地点からＡ地点までボートをこいで行くときの速さの比をもっとも簡単な整数の比で表しなさい。

Ａ からＢへの速さ：ＢからＡへの速さ(　　：　　)

②　もしも川の水の流れがなければ，Ｓ君がＡ地点からＢ地点までボートをこいで行くのに何分かかりますか。(　　　分)

7 午前0時00分から正午12時00分までの12時間の間で，時計の長針と短針のつくる角度が60°になる回数は［　　　］回です。

8 右の図は正方形とおうぎ形を組み合わせた図形です。斜線部分の面積を求めなさい。ただし，円周率は3.14とします。
（　　　cm^2）

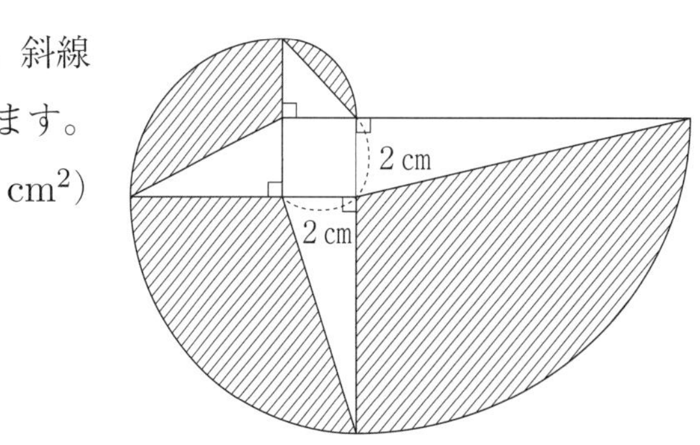

9 図のような，ともに底面の半径が3 cm，高さ8 cmの円すい型と円柱型の容器があり，円すい型の容器には底から高さ6 cmのところまで水が入っています。この水をすべて円柱型の容器に移したとき，水面は容器の底から何cmの高さになりますか。（　　　cm）

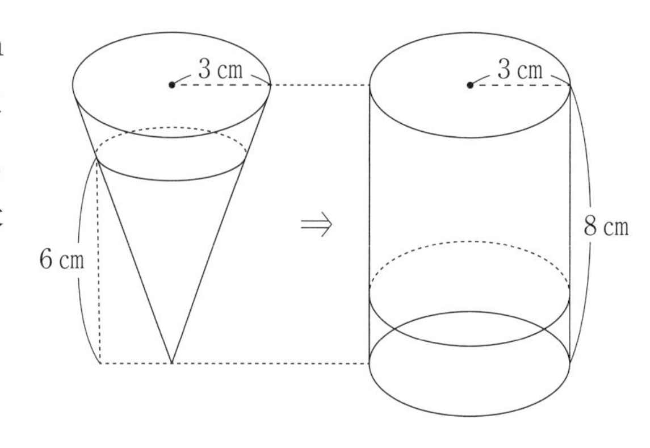

10 図のような立方体ABCD—EFGHがあります。辺ABのまん中の点を点P，辺ADのまん中の点を点Qとします。

この立方体を3点P，Q，Gを通る平面で切断します。その切断面の面積は三角形PQGの面積の［　　　］倍となります。

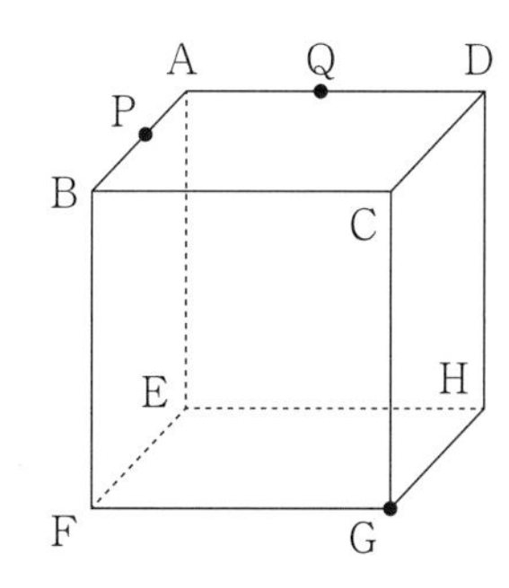

日々トレ 13

所要時間

点　分　秒

問題に条件がない時は，□にあてはまる数を答えなさい。

1　28 + 12 × 40 − 8　（　　　）

2　263 × 71 + 263 × 55 − 263 × 26　（　　　）

3　1 + 1 ÷（1 + 1 ÷ □）= 1.6

4　自宅から親せきの家に車で行くのに時速 60km の速さで行くと予定の時間より 20 分早く着き，時速 40km の速さで行くと予定の時間より 20 分遅く着きます。自宅から親せきの家まで何 km ありますか。（　　　km）

5　A，B，C の 3 教科のテストを受け，平均点は 83 点でした。A の得点は B の得点より 3 点高く，B の得点は C の得点より 9 点低かったとき，A の得点は何点ですか。（　　　点）

6　1 は　▨□□□□□□□□

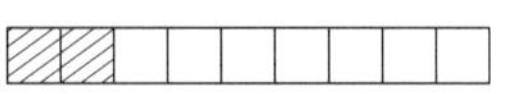

2 は　□▨□□□□□□□

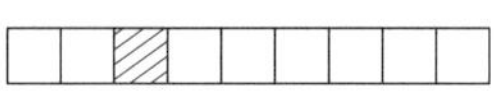

3 は　▨▨□□□□□□□

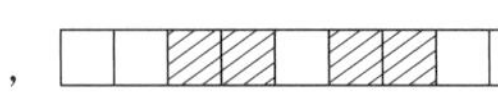

4 は　□□▨□□□□□□　で表されます。

以上より，□□▨▨□▨▨□□はいくつを表しますか。（　　　）

7　一定の割合で底から水がわき出ている池があり，いつも水があふれています。この池の水を空にするのにポンプ5台では30分，ポンプ6台では［ア］分［イ］秒，ポンプ8台では15分かかります。［ア］，［イ］にあてはまる数を答えなさい。ただし，ポンプ1台が1分間にくみ出す水の量は一定とします。ア（　　　）　イ（　　　）

8　縦と横の長さの比が4：5の長方形の面積が$80cm^2$のとき，この長方形の周りの長さは［　　　］cm。

9　図1のような直方体の形をした水そうがあり，8cmの高さまで水が入っています。この中に，図2のような直方体の形をしたおもりを向きを変えずにしずめると，おもりが水面からはみ出しました。このとき，おもりは水面から何cmはみ出しましたか。（　　　cm）

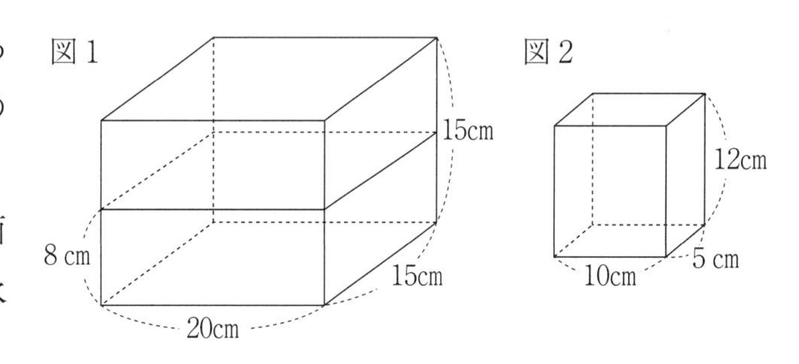

10　右の図のように，直角三角形の紙を折り曲げました。斜線部分の面積は何cm^2ですか。

（　　　cm^2）

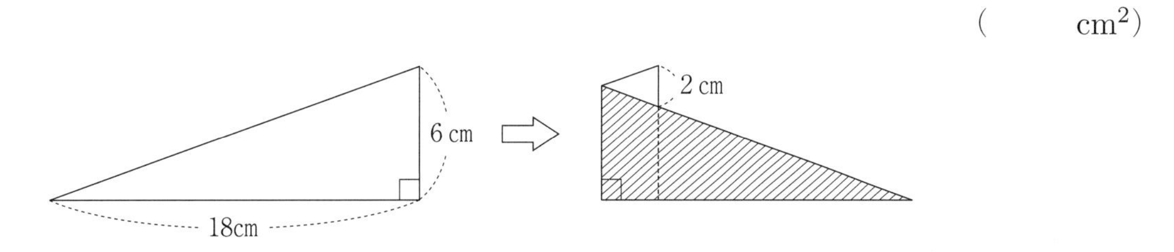

日々トレ 14

所要時間
点　　分　　秒

問題に条件がない時は，□にあてはまる数を答えなさい。

1　$87 + 3 \times 43 - 48 \div 4 \times 3$　（　　　）

2　$\frac{1}{3} \times 0.82 \times 7 \times 7 - 0.82 \times 5 \times 5 \times \frac{1}{3}$　（　　　）

3　$\left(\frac{1}{2} + \frac{2}{3} \div \frac{3}{4} + \frac{4}{5} \div \square\right) \times \frac{6}{7} = \frac{7}{3}$

4　$1.25 : 2.25 = (\square - 2) : (\square + 6)$（□には同じ数が入ります。）（　　　）

5　長さ30cmのテープが1本あります。これを2種類の長さのテープに切り分けます。長いテープを3本，短いテープを6本作ります。また，長いテープは短いテープの3倍の長さです。短いテープの長さは何cmになりますか。（　　　cm）

6　Aさん，Bさん，Cさんの3人で1回だけじゃんけんをしたとき，あいこになるのは全部で何通りありますか。（　　　通り）

7 現在桃子さんは12才で，妹は5才，お母さんは37才，お父さんは39才です。桃子さんと妹の年れいの合計が，お母さんとお父さんの年れいの合計のちょうど半分になるのは何年後ですか。

（　　　年後）

8 図のような台形があります。まわりの長さは［　　　］cmです。

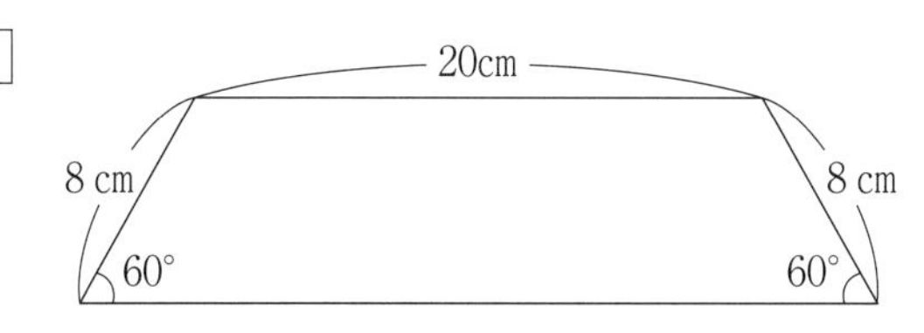

9 右の図のように，18個の小さな立方体を並べて大きな直方体をつくりました。この直方体を，3点A，B，Cを通る1つの平面で切り分けたとき，切られた立方体は何個ありますか。（　　　個）

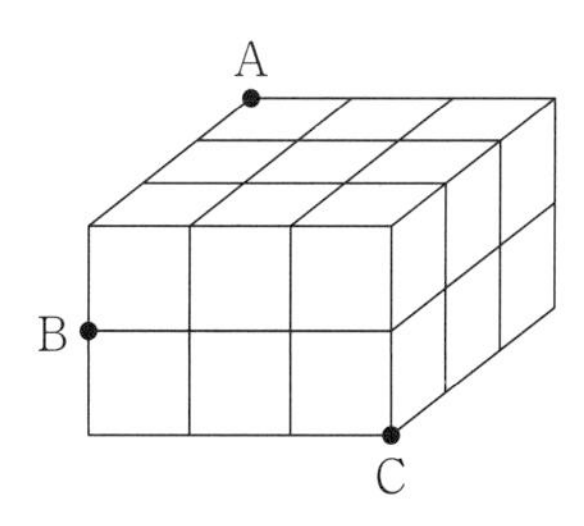

10 右の図のように長方形の中におうぎ形が4個あります。斜線(しゃせん)部分の面積は［　　　］cm^2です。ただし，円周率は3.14とします。

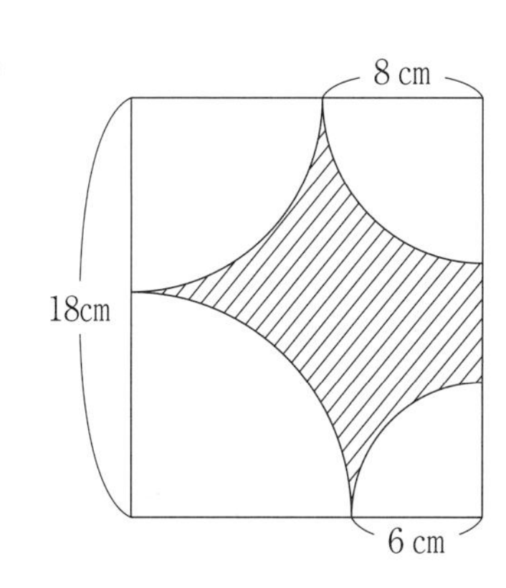

日々トレ 15

所要時間

点　　分　　秒

問題に条件がない時は，□にあてはまる数を答えなさい。

1　$18 \div 4 \times 6 - 15 \div (42 - 39)$　（　　）

2　$12.1 \times 33 + 28 \times 3.3 - 1.19 \times 330$　（　　）

3　$7 - \left(\frac{5}{12} \times \frac{11}{20} - \square + \frac{4}{5} - \frac{9}{10} \div 8\right) \times \frac{8}{7} = 6$

4　1 辺の長さが 15cm の正方形と同じ周の長さで，たての長さと横の長さの比が 3：2 の長方形があります。この長方形のたての長さは□cm です。

5　A さん，B さん，C さんの 3 人に 180 枚のカードを分配しました。B さんは A さんの枚数の $\frac{2}{5}$ 倍より 12 枚多く，C さんは B さんの枚数の $\frac{5}{6}$ 倍より 2 枚多くなりました。A さんが持っているカードは□枚です。

6　1g，3g，9g，27g の 4 種類の重さの重りがそれぞれ 10 個ずつあります。これらの重りを使って重さを量ります。

ただし，使わない種類の重りがあってもよいものとします。

次の問いに答えなさい。

①　一番少ない個数で 50g を量るにはそれぞれの重りが何個ずつ必要ですか。重りを使わない場合はその重りの個数は 0 個と答えなさい。

1g（　　個）　3g（　　個）　9g（　　個）　27g（　　個）

②　一番多い個数で 50g を量るにはそれぞれの重りが何個ずつ必要ですか。重りを使わない場合はその重りの個数は 0 個と答えなさい。

1g（　　個）　3g（　　個）　9g（　　個）　27g（　　個）

7　A，B，Cの3本のパイプを使ってタンクに水を満たすとき，A，Bの2本では3時間，B，Cの2本では4時間，A，Cの2本では6時間かかりました。3本のパイプでこのタンクを満水にするのにかかる時間は何時間何分ですか。(　　時間　　分)

8　右の図のように，縦12m，横18mの長方形の土地に，幅2mの道をつくりました。道以外の斜線(しゃせん)部分の面積を求めなさい。ただし，曲がり角はすべて直角であるとします。(　　　m^2)

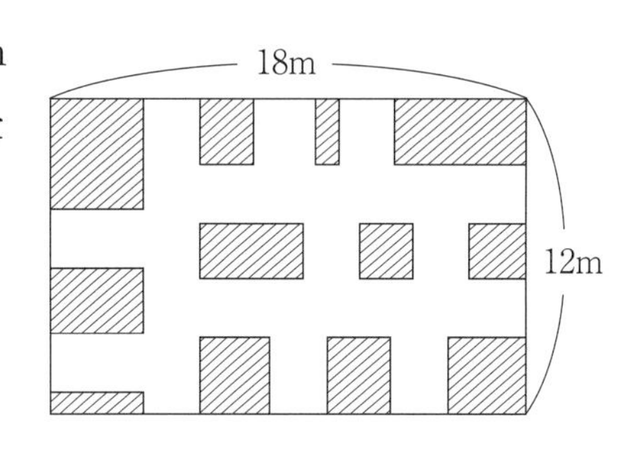

9　図のような底面の半径が1cmで母線の長さが6cmの円すいがあります。点Aから点Aまで側面を1周するように糸をかけるとき，糸の長さが最も短くなるのは何cmのときですか。ただし，円周率は3.14とします。(　　　cm)

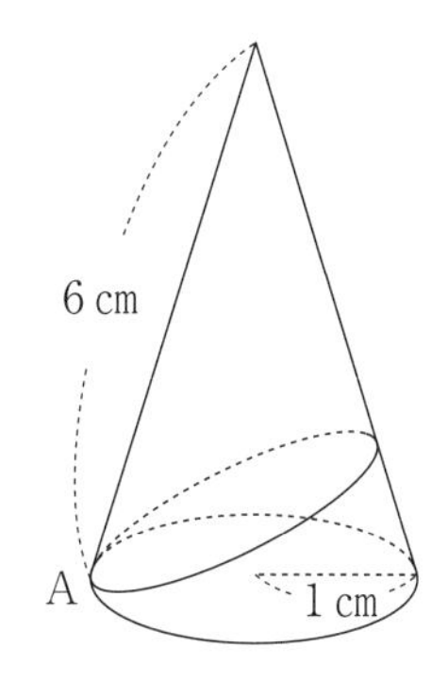

10　右の図の長方形ABCDにおいて，辺ADの真ん中の点をE，対角線ACと直線BEの交点をFとします。四角形CDEFと三角形BCFの面積比は［　：　］です。

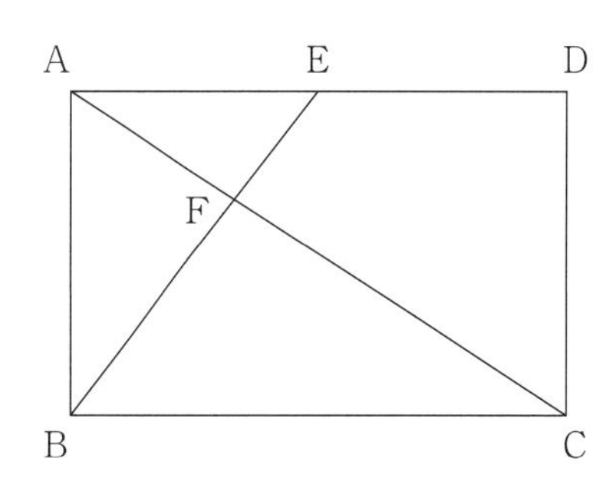

日々トレ 16

所要時間
点　　分　　秒

問題に条件がない時は，□にあてはまる数を答えなさい。

1　$2 \times \{(6 + 2) \times 3 - 10\} - 9$　（　　　）

2　$2.015 \times 90 + 40.3 \times 8 + 20.15 \times 15$　（　　　）

3　$\{16 - (20 + \square \div 2) \div 3\} \div 4 = 2$

4　A の $\frac{1}{2}$ と B の $\frac{3}{5}$ と C の $\frac{2}{7}$ が等しいとき，A，B，C の比をもっとも簡単な整数の比で表しなさい。（　　：　　：　　）

5　兄と弟の所持金の比は 3：2 です。兄が 500 円の文房具(ぶんぼうぐ)を買い，弟が 200 円の文房具を買ったところ，2 人の所持金の比は 4：3 になりました。兄の，文房具を買ったあとの所持金はいくらですか。

（　　　円）

6　太郎君はボートに乗って川を上ったり下ったりしました。静水時でのボートの速さは時速 4 km で，川の流れの速さは一定とします。次の問いに答えなさい。

①　A 地点から B 地点までボートで上るのに 1 時間 30 分かかり，B 地点から A 地点まで下るのに 30 分かかりました。この川の流れの速さを求めなさい。（時速　　　km）

②　太郎君は川の上流に向かって C 地点から出発しました。出発してから 15 分後に，太郎君は流れてくる浮(う)き輪(わ)とすれ違(ちが)いました。太郎君はそのまま上流の D 地点に行き，すぐに折り返したところ，ボートは浮き輪と同時に C 地点に着きました。C 地点から D 地点までの距離(きょり)を求めなさい。

（　　　km）

7 花子さんは，持っていたお金の $\frac{2}{9}$ を使って帽子を買いました。次に，残りの $\frac{3}{4}$ を使って洋服を買いました。その後，お母さんから600円もらったので，いま持っているお金は初めに持っていたお金の $\frac{5}{18}$ になりました。初めに持っていたお金はいくらでしたか。(　　　円)

8 右の図は表面積が 70cm^2 の直方体です。体積を求めなさい。(　　　cm^3)

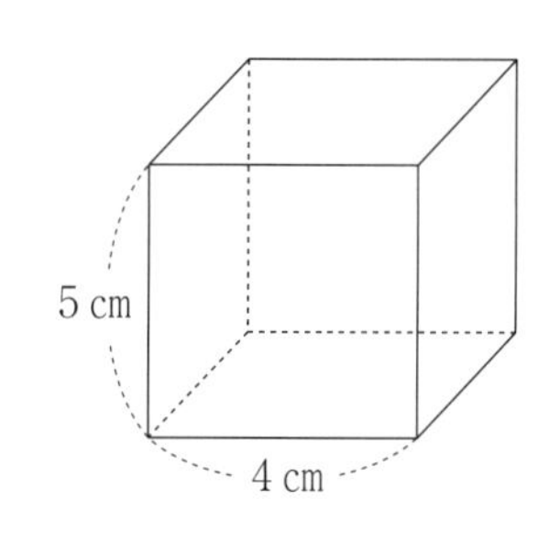

9 図のような台形を直線㋐のまわりに1回転させてできる立体の表面積は□cm^2 です。ただし，円周率は3.14とします。

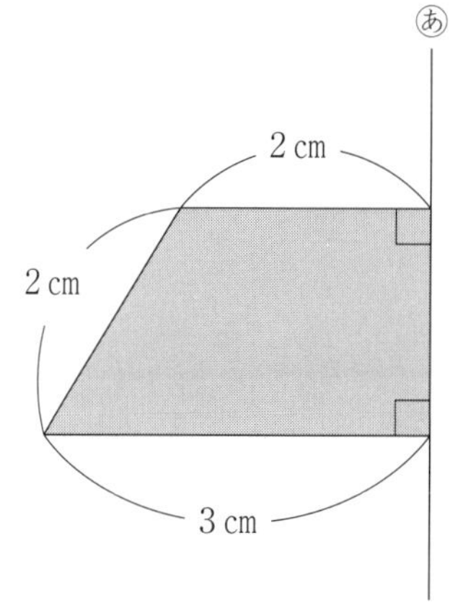

10 図1のように底面の半径が4cmで高さが6cmの円柱があります。この円柱から，図2のように上部から順に，底面の半径が3cmで高さが2cm，底面の半径が2cmで高さが2cm，底面の半径が1cmで高さが2cmの3つの円柱をくりぬきました。このとき，くりぬいた後の立体の表面全体に色を塗るとすると，その塗る面積は□cm^2 です。ただし，円周率は3.14とします。

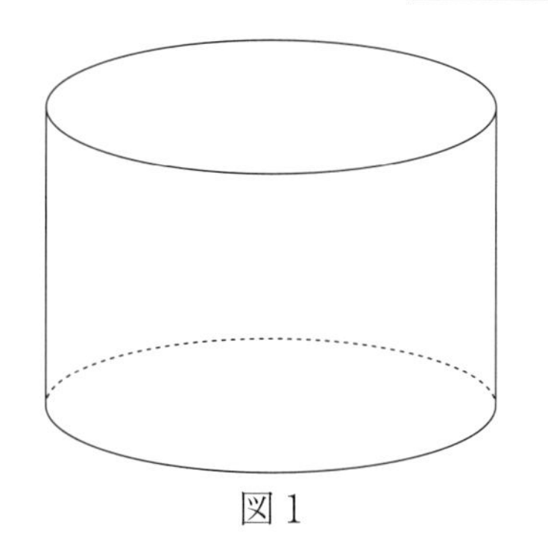
図1

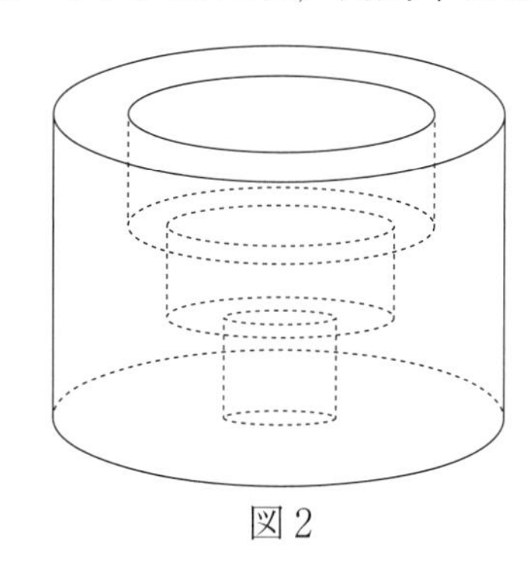
図2

日々トレ 17

所要時間
点　　分　　秒

問題に条件がない時は，□にあてはまる数を答えなさい。

1　$24 + 24 \div 3 - \{(3 - 2) \div 3\} \times 6$　（　　　）

2　$271 \times 71 + 0.54 \times 2710 + 27.1 \times 36$　（　　　）

3　$78 \times 23 + \square \times 38 - \square \times 15$ を計算すると，2300 になりました。□には同じ数が入ります。□にあてはまる数は何ですか。（　　　）

4　あるクラスで算数のテストをしました。男子 20 人の平均は 56 点で，女子の平均は 62 点，全体の平均は 58 点でした。女子は□人います。

5　姉と妹の所持金の比は 3：1 でした。姉は本を買ったので 2 人の所持金の比は 5：2 になりました。その後，姉が妹に 320 円渡（わた）すと 2 人の所持金は 3：2 になりました。最初の姉の所持金と姉が買った本はそれぞれ何円ですか。所持金（　　　円）　本（　　　円）

6　容積［ア］L の水そうに容積の 20 %の水が入っています。水そうの底には穴があいており，毎分［イ］L の水が流れ出ます。ここに，毎分 16L で水を入れると，20 分で満水になります。また，毎分 4 L で水を入れると，10 分で空になります。ア（　　　）　イ（　　　）

7 ある店で仕入れた商品の $\frac{2}{5}$ を仕入れ値の3割の利益を見込んで売り，残りは2割5分の利益を見込んで売ったので，全部で4860円の利益になりました。この商品の仕入れ値の総額は［　　　］円です。

8 右の図のような直方体から三角柱を切り出した立体の体積を求めなさい。（　　　cm^3）

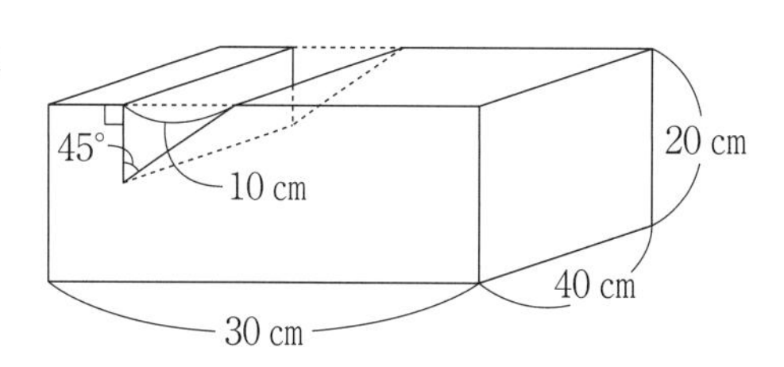

9 右の図の三角形ABCは直角二等辺三角形です。D，E，FはそれぞれAB，BC，CAのまん中の点です。また，G，H，IはそれぞれDE，EF，FDのまん中の点です。三角形GHIの面積を求めなさい。（　　　cm^2）

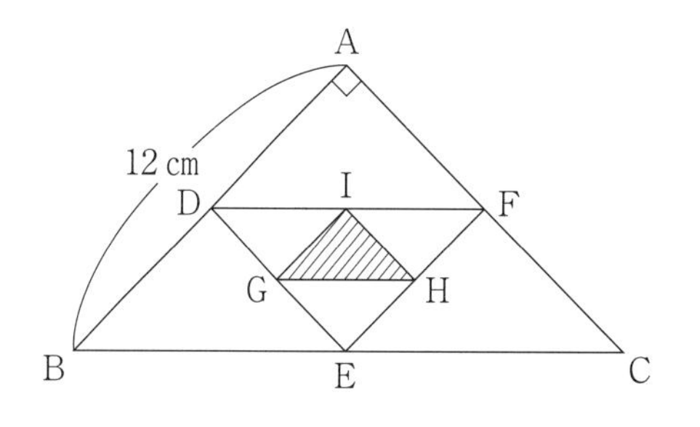

10 周りの長さが同じ正三角形と正六角形の面積の比は［　　：　　］です。

日々トレ 18

所要時間

　　　　点　　　　分　　秒

問題に条件がない時は，［　　］にあてはまる数を答えなさい。

1　$43-78\div\{(6-3)\times2+7\}\times7$　（　　　）

2　$1.43\times8.5+14.3\times0.05-0.9\times2.3$　（　　　）

3　$0.625\times\dfrac{52}{5}\div\left(\dfrac{1}{7}\times\boxed{}+\dfrac{1}{4}\right)\div16.9=1$

4　花子さんの1ヶ月のお小遣(こづか)いは1500円です。右のグラフはその使い道を円グラフにしたものです。「その他」の金額(きんがく)はいくらですか。（　　　円）

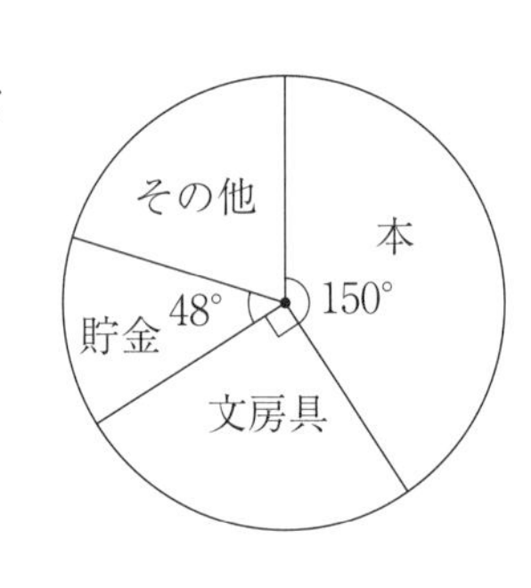

5　周りの長さが等しい2つの長方形A，Bがあります。長方形Aのたてと横の長さの比は3：4で，長方形Bのたてと横の長さの比は5：9です。Aの面積が144cm^{2}のときBの面積は［　　］cm^{2}となります。

6　時速60kmで走る全長150mの急行電車と時速90kmで走る全長200mの特急電車があり，先頭がそろった状態で駅に止まっています。急行電車が出発して12分後に特急電車が出発するとき，特急電車が急行電車を追い越し，特急電車の最後尾と急行電車の先頭との距離が300mになるのは，特急電車が出発してから何分後か答えなさい。（　　　分後）

7　A，B，Cの3人が同じ場所からそれぞれ毎分60m，80m，100mの速さで同時に学校へ向かったところ，BはAより10分早く着いた。このとき，CはBより［　　　］分早く着いている。

8　表面積が$384cm^2$の大きい立方体があります。図のように小さい立方体をのせたところ，表面積が$484cm^2$になりました。このとき，小さい立方体の体積は何cm^3ですか。（　　　cm^3）

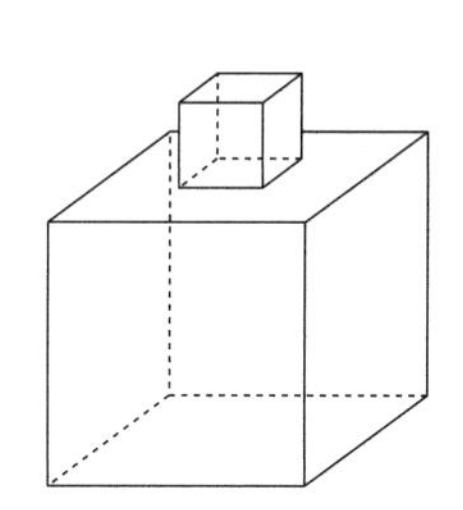

9　半径6cmの円の内側を円周にそってすべることなく転がる円があります。内側の円が3回転で元の位置に戻るとき，内側の円が通過した部分の面積は［　　　］cm^2です。ただし，円周率は3.14とします。

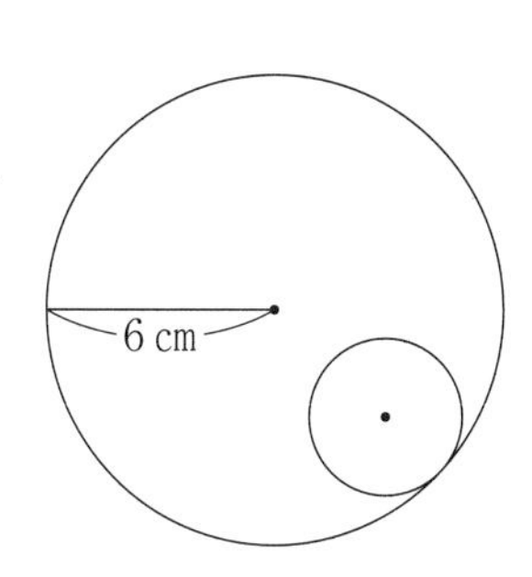

10　図のように，直角三角形ABCを点Cを中心に時計回りに90°回転させると，直角三角形A′B′Cになりました。このとき，辺ABが通った斜線(しゃせん)部分の面積は［　　　］cm^2です。ただし，円周率は3.14とします。

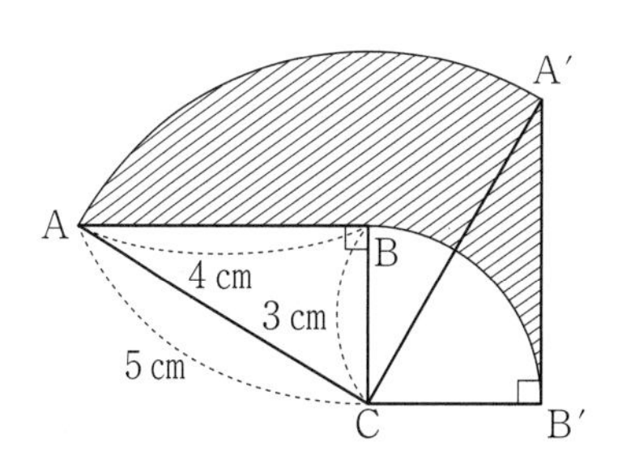

日々トレ 19

所要時間
点　分　秒

問題に条件がない時は，□にあてはまる数を答えなさい。

[1]　$16 \times 5 - \{4 \times (11 + 8) - 24 \div 3\}$　(　　　)

[2]　$1.89 \times 16 - 18.9 \times 0.175 - 1.89 \times 4\frac{1}{4}$　(　　　)

[3]　$\{(0.01 \times \square + 0.1 \times 0.1) \times 0.01 + 0.1\} \div 0.1 - 0.01 = 1$

[4]　$a * b$ を次のように表すことにします。

$a * b = a \times (a + b) - a \times b$

このとき，$(100 * 99) - 9999$ を計算しなさい。(　　　)

[5]　きょうこさんの父と母の年れいの和は 84 さいで，父が母よりも 6 さい年上です。きょうこさんの兄はきょうこさんより 3 さい年上で，父の $\frac{1}{3}$ の年れいです。きょうこさんは何さいですか。

(　　　さい)

[6]　定価 50 円の消しゴムがあります。インターネット販売の A 店では定価の 3 割引きで売りますが，消しゴム代と別に，消しゴムを買う数にかかわらず送料が 350 円かかります。B 店では 15 個までは定価で売りますが，15 個をこえた分は定価の 20 %引きで売ります。B 店よりも A 店で買う方が安くなるのは，消しゴムを□個以上買うときです。

7 ある大会に参加すると，賞品にお米がもらえます。1位が8kg，2位以下は前の順位の人の半分の量がもらえます。ただし，入賞者のうちでもっとも低い順位の人は，その前の順位の人と同じ量のお米がもらえます。15位までを入賞とすると，お米は全部で［　　　］kg用意する必要があります。

8 図のように，断面が半径5cmの円になるパイプ7本に，長さが最も短くなるようにひもをまきつけます。まきつけるのに必要なひも（図の太線部分）の長さは，［　　　］cmになります。ただし，円周率は3.14とします。

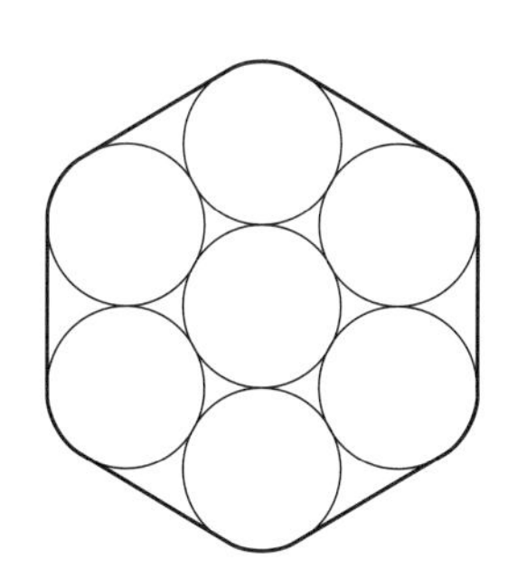

9 図1のような台形の形をした紙があります。この紙を，点線を折り目として折り曲げたところ，図2のようになりました。角アの大きさは何度ですか。（　　　度）

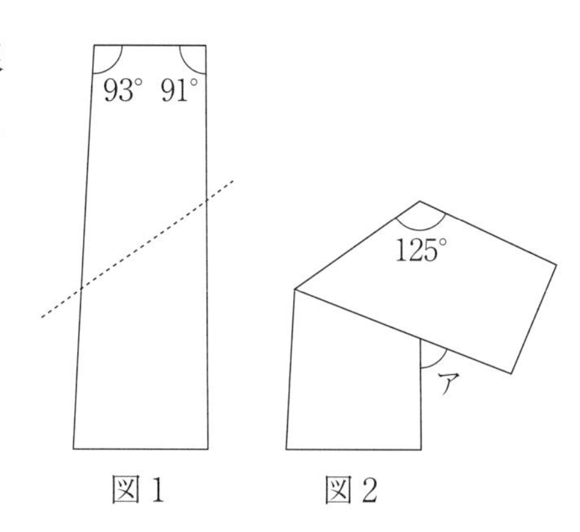

10 縦5cm，横20cm，高さ4cmの直方体を右図のようにいくつかの直方体に切り分けます。切り分けた後の直方体の表面積の合計がもとの直方体の表面積のちょうど2倍になるようにするには，いくつに切り分ければよいか求めなさい。（　　　）

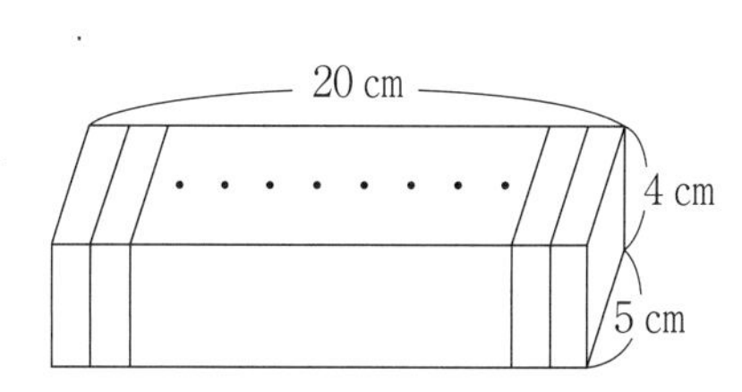

日々トレ 20

所要時間
点　　分　　秒

問題に条件がない時は，□にあてはまる数を答えなさい。

1　$4.6 + 3.8 - 5.6$　（　　　）

2　$33 \times 4 + 11 \times 13 + 55 \times 3 - 33 \times 13$　（　　　）

3　$\left\{\left(3 \times \square - 2\right) \times \frac{2}{3} + 4\right\} \times 0.25 = 2\frac{2}{3}$

4　85をある整数で割ると余りが4になる。ある整数としてあてはまるものをすべてたすと□である。

5　現在，母の年れいは40才で，3人の子どもの年れいはそれぞれ14才，10才，6才です。3人の子どもの年れいの和が母の年れいと等しくなるのは今から□年後です。

6　ある小学校の6年生は45％が男子です。また，6年生でクラブ活動をしている男子は54人いて，これは6年生の男子の60％にあたります。この小学校の6年生の女子は何人ですか。（　　　人）

7　原価が800円の品物を定価の25％引きで売り，原価の2割の利益を得ました。定価は何円ですか。（　　　円）

8　1辺が12cmの正三角形があります。図のように，半径が等しい円と半円をかきました。図のかげをつけた部分の面積の和は何cm^2ですか。ただし，円周率は3.14とします。（　　　cm^2）

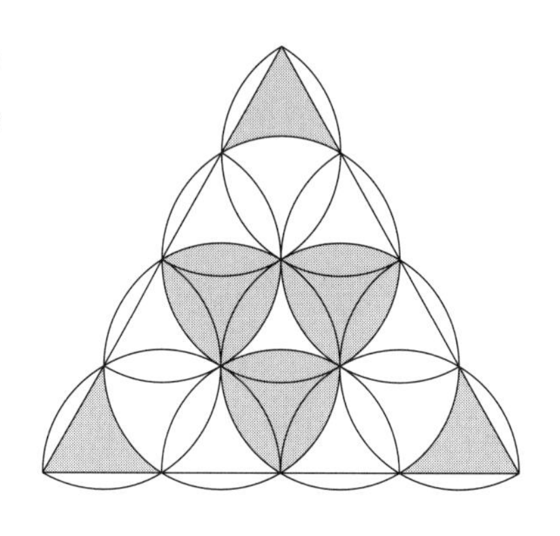

9　右の図は，ある立体を正面からと真上から見た図です。「真上から見た図」の曲線部分は，•で示した点を中心とする半円です。この立体の体積を求めなさい。

（　　　cm^3）

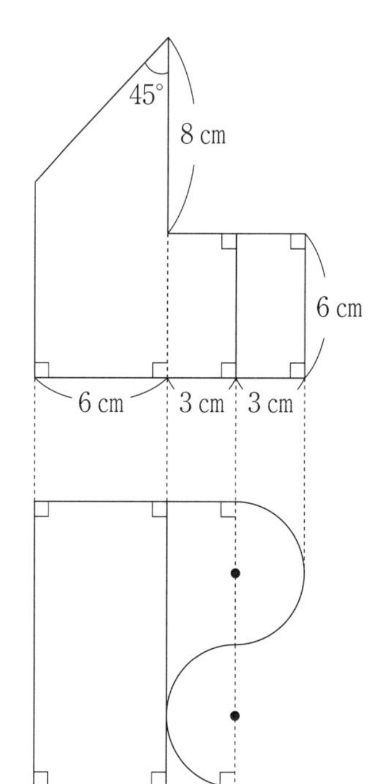

10　右の図のように，たてと横の長さの比が1：2の長方形の土地があります。この土地の周りに，はば1mの歩道をつくったところ，歩道をふくめた土地全体のたてと横の長さの比が2：3になりました。歩道の面積を求めなさい。（　　　m^2）

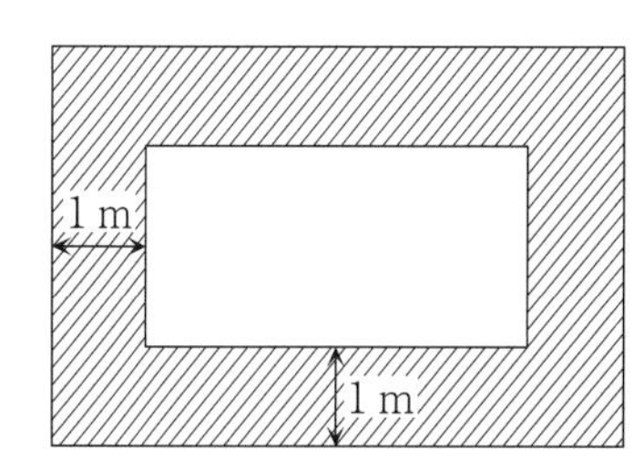

日々トレ 21

所要時間
点　分　秒

問題に条件がない時は，□にあてはまる数を答えなさい。

[1] $450 \div 0.25 \times 0.05$　（　　　）

[2] $23 \times 9 - 4.6 \div 0.2 + 92 \times 3$　（　　　）

[3] $120 - 108 \div \{50 - (25 + \square \div 2)\} \times 5 = 48$

[4] 同じ大きさの正方形のタイルをしきつめて，たて $\frac{105}{2}$ cm，横 $\frac{70}{3}$ cm の長方形をつくります。もっとも大きいタイルを使うとするとき，そのタイルの1辺の長さを求めなさい。（　　　cm）

[5] 2年後にAさんの年齢(れい)はBさんの年齢の4倍になり，6年後にAさんの年齢はBさんの年齢の3倍になります。現在のAさんの年齢は□才です。

[6] はじめに上原さんは松坂さんの4倍のお金を持っていましたが，上原さんは200円使い，松坂さんは500円もらったので上原さんの所持金は松坂さんの所持金の2倍になりました。はじめ上原さんと松坂さんはそれぞれお金をいくら持っていましたか。

上原さん（　　　円）　松坂さん（　　　円）

7　電車Aの長さは110m，電車Bの長さは160mです。BがAを追いこす場合90秒かかり，すれ違う場合10秒かかります。A，Bの速さはそれぞれ秒速何mですか。

A（秒速　　　m）　B（秒速　　　m）

8　右の図で，影をつけた部分の面積を求めなさい。ただし，円周率は3.14とします。（　　　cm^2）

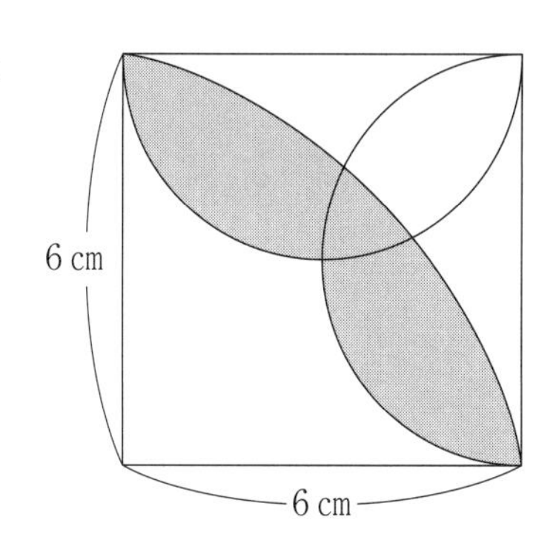

9　底面が1辺1cmの正方形で高さが5cmの直方体と，底面が1辺2cmの正方形で高さが5cmの直方体がある。図のように，それらを2つずつ組み合わせた立体の表面積は［　　　］cm^2である。

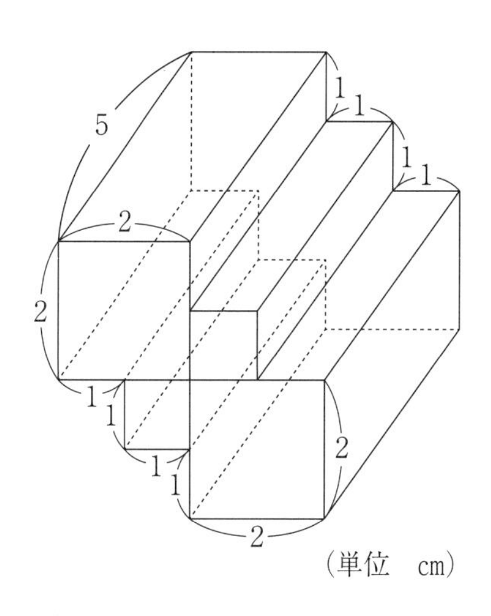

10　右の図のように，1辺の長さが5cmの正三角形があります。この正三角形のまわりにそって，直径2cmの円がすべることなくころがるとき，円が通ったあとの面積は何cm^2ですか。ただし，円周率は3.14とします。（　　　cm^2）

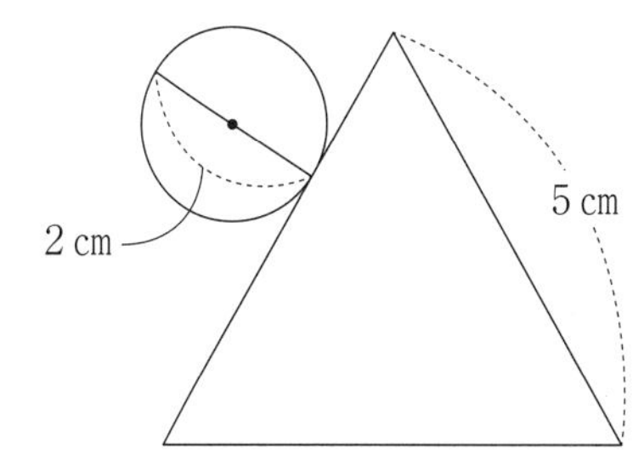

日々トレ 22

所要時間

点　　分　　秒

問題に条件がない時は，□にあてはまる数を答えなさい。

1　$0.13 \times 4 \div 2.6$　（　　　）

2　$3 \times 3 \times 22 \div 7 - 2 \times 2 \times 22 \div 7 - 33 \div 7$　（　　　）

3　$\dfrac{5}{4 - \dfrac{1}{\square}} = \square$　□には同じ数字が入ります。（　　　）

4　ある単位の前に c（センチ）がつくと□倍，k（キロ）がつくと□倍を表します。

5　まなぶ君は□円を持って買い物に出かけました。持っていたお金の$\dfrac{1}{10}$の値段のアイスと600円の弁当を買いました。残りのお金の6割の値段のケーキを買うと，はじめに持っていたお金の$\dfrac{1}{5}$が残りました。

6　ある規則で数がならんでいます。□に入る数は何ですか。

1，3，7，13，21，□，43，57

7　ある遊園地では10時ちょうどに開園をします。開園前に540人の行列ができており，開園後も1分間に9人ずつの人が行列の後ろに並んでいきます。開園と同時に入場口Aから1分間に15人ずつ入場を始めました。とちゅうで1分間に12人ずつ入場できる入場口Bも開けたところ，行列は10時40分になくなりました。入場口Bは10時何分に開けましたか。（10時　　　分）

8　右の図は底面が7cm，24cm，25cmの直角三角形である三角柱です。この立体の側面の面積が616cm^2のとき，この立体の体積を求めなさい。（　　　cm^3）

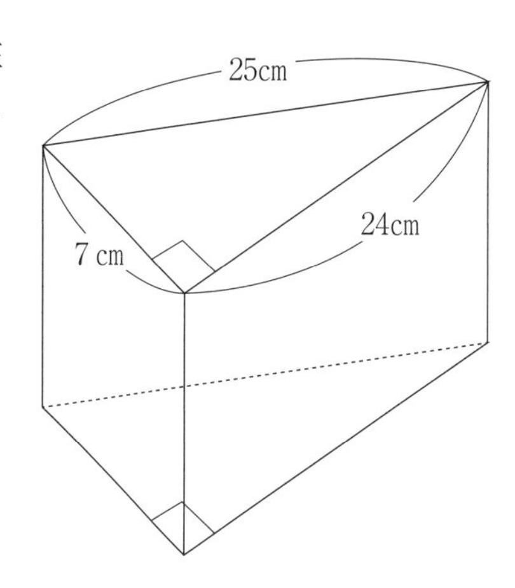

9　右の図でABとCDは平行です。角アの大きさを求めなさい。

（　　　度）

10　図のような正六角形ABCDEFがあります。辺ABの真ん中の点をGとし，ACとFGの交わる点をHとします。このとき，GH：HFを最も簡単な整数の比で表すと，［　　：　　］となります。

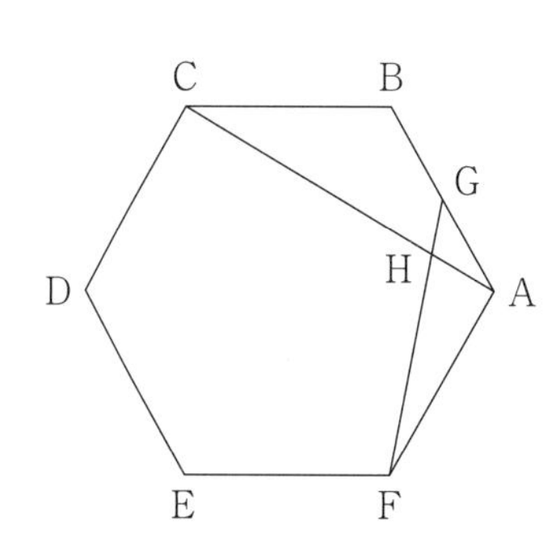

日々トレ 23

所要時間
点　　分　秒

問題に条件がない時は，□にあてはまる数を答えなさい。

1　$4.32 \times 100 - 4 \times 8$　（　　　）

2　$76 \times 75 + 152 \times 225 - 190 \times 200$　（　　　）

3　$\left(\dfrac{\square}{19} - \dfrac{1}{106}\right) \div 27 = \dfrac{1}{38} - \dfrac{1}{53}$

4　0.12t ＋ 345kg ＋ 6000g ＝ □ kg

5　太郎君は果物を買いにいきました。はじめに，持っていたお金の $\dfrac{4}{5}$ より 400 円高い値段のメロンを買い，その後に，残りのお金の $\dfrac{1}{2}$ より 50 円安い値段のりんごを買ったので，残った金額は 300 円でした。太郎君が最初に持っていたお金はいくらですか。（　　　円）

6　ある家の古時計は，長針と短針がぴったり重なるときと，長針と短針が一直線になったときに，ゼンマイ仕掛(じかけ)けの人形が出てきて音楽とともに踊る仕組みになっています。今，時刻は午後 2 時ちょうどです。今から 7 回目に人形が出てくる時刻は午後何時何分かを答えなさい。

（午後　　時　　分）

7 現在母の年齢(れい)は子どもの年齢の8倍で，ちょうど10年後には3倍になります。現在の母の年齢は何歳(さい)ですか。(　　　歳)

8 右の図は，円柱の展開図です。この円柱の体積が376.8cm^3のとき，円柱の高さは何cmですか。ただし，円周率は3.14とします。

(　　　cm)

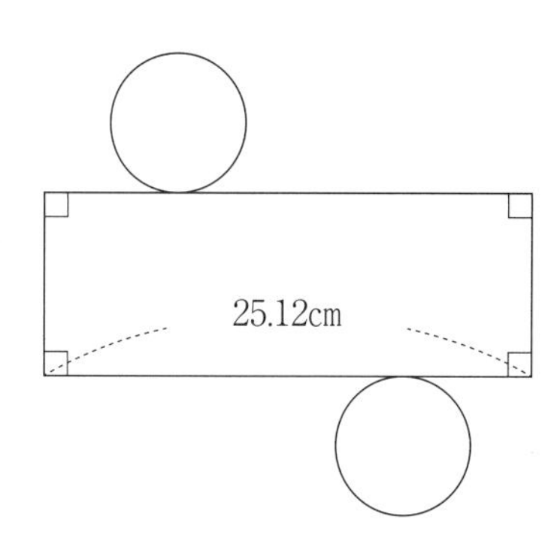

9 右の図は1辺12cmの立方体ABCD—EFGHについて，BCの真ん中の点をI，AJ：JD＝5：1となる点をJとしたものです。今，この立方体を3点I，J，Gを通る平面で切るとき，切り口の平面と辺DHの交点をKとします。このとき，DKの長さを求めなさい。

(　　　cm)

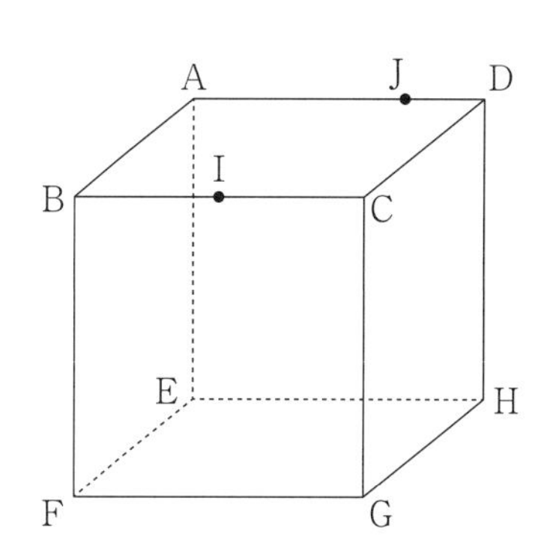

10 右の図のように，底面の半径が10cmの空き缶をぴったり並べてひもでしばっています。このとき，斜線部分の面積は何cm^2ですか。ただし，円周率は3.14とします。(　　　cm^2)

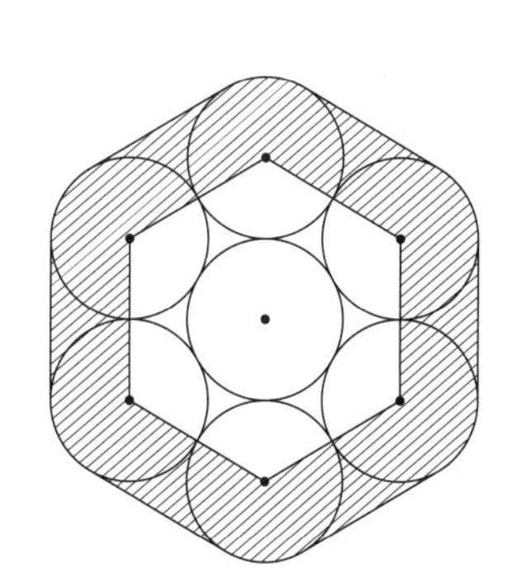

日々トレ 24

所要時間
点　分　秒

問題に条件がない時は，□にあてはまる数を答えなさい。

1　$2.3 - 0.9 \times 1.2$　（　　　）

2　$82 \times 1.3 - 50 \times 1.3 + 47 \times 1.7 - 15 \times 1.7$　（　　　）

3　$\frac{7}{12} + \left(2\frac{1}{4} \times \square + \frac{1}{2} - 0.375\right) \div \frac{3}{4} = 1\frac{1}{2}$

4　$0.068\text{km} \times 2\,\text{m} - 2000\text{cm} \times 48.06\text{cm} + 8\,\text{cm} \times 20150\text{mm} = \square\,\text{m}^2$

5　ある学校の6年生が算数のテストをしました。男子の人数の $\frac{1}{2}$ の人が80点以上をとり，この人数は6年生全体の人数の $\frac{1}{4}$ より7人多くなりました。また，女子の人数の $\frac{1}{4}$ の人が90点以上をとり，この人数は6年生全体の人数の $\frac{1}{9}$ になりました。この学校の6年生は全部で何人ですか。

（　　　人）

6　じゃんけんをして勝てば8点増え，負ければ4点減り，あいこになれば1点増えるゲームをします。A君ははじめ100点をもっており，このゲームを20回したら164点になりました。このとき，次の各問いに答えなさい。

①　あいこが1回もなかったとすると，A君は何回勝ちましたか。（　　　回）

②　A君が1回だけ負けたとすると，A君は何回勝ちましたか。（　　　回）

7 おはじきがいくつかあります。これを，正方形にすきまなくしきつめると17個余りました。そこで，たて，横とも2列ずつふやして正方形に並べると，15個足りませんでした。おはじきは，いくつありますか。(　　　個)

8 下図のような立体Aと立体Bがあります。立体Aの体積は立体Bの体積の［　　］倍です。ただし，円周率は $\frac{22}{7}$ として計算しなさい。

立体Aについて

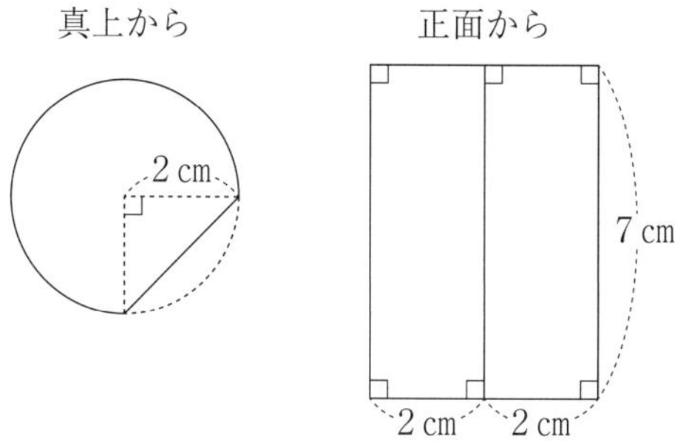

真上から
2 cm
正面から
7 cm
2 cm
2 cm

立体Bについて

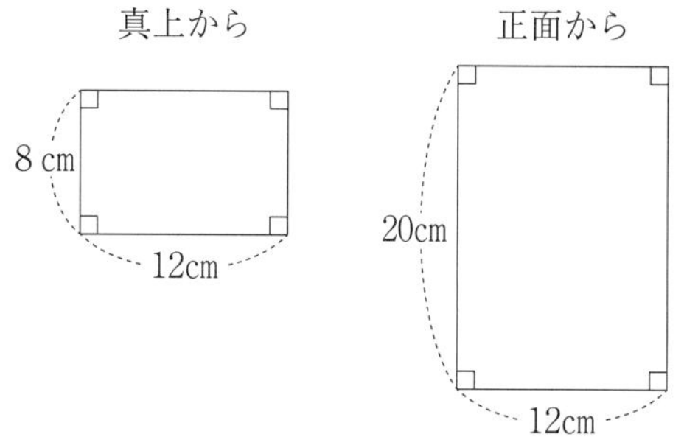

真上から
8 cm
12cm
正面から
20cm
12cm

9 右の図のように直線ℓ上にある長方形ABCDを，辺ABがℓ上に戻ってくるまですべることなく回転させます。辺AB上に，AE = 1cmとなる点Eをとります。Eが通った後にできる線と直線ℓとで囲まれた部分の面積は［　　］cm^2 です。ただし，円周率は3.14とします。

D
2 cm
C
1 cm
A
B
ℓ

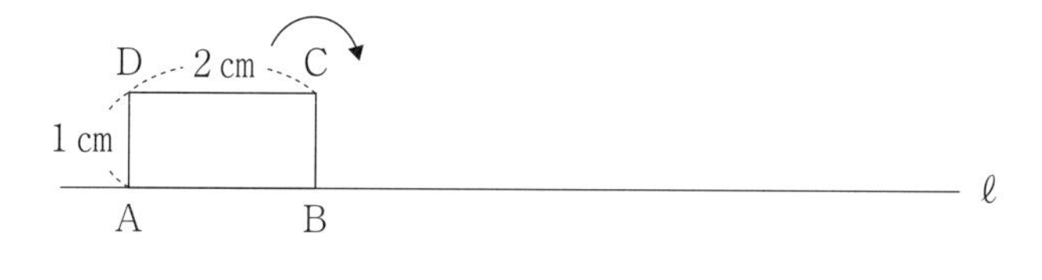

10 右の図は半径3cmの半円2つと，半径6cmのおうぎ形を組み合わせたものです。色つき部分の面積が $21.98cm^2$ のとき，角㋐の大きさを答えなさい。ただし，円周率は3.14とします。

(　　　度)

㋐
3 cm

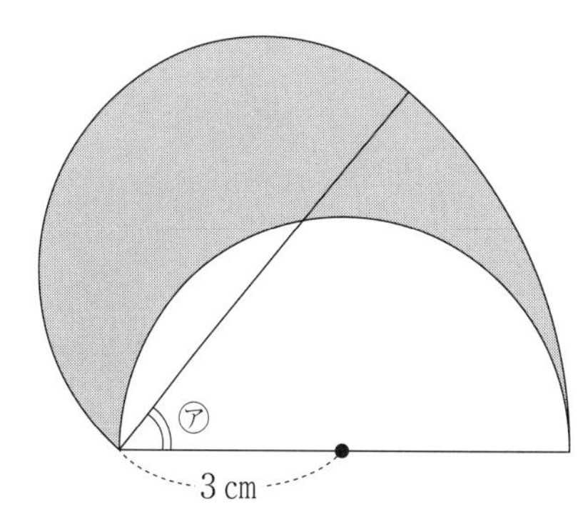

日々トレ 25

所要時間
　　点　　分　　秒

問題に条件がない時は，$\square$ にあてはまる数を答えなさい。

1　$2.7 \times 3.4 - 3.18$　（　　　）

2　$2 \times \left(\dfrac{1}{3} + \dfrac{1}{5}\right) + 3 \times \left(\dfrac{1}{5} + \dfrac{1}{2}\right) + 5 \times \left(\dfrac{1}{2} + \dfrac{1}{3}\right)$　（　　　）

3　$13 \times \{13 - (13 + \square) \div 13\} = 13 + 13 \div 13$

4　$0.5\text{L} + 3.5\text{dL} - 265\text{cc} + 648\text{mL} = \square\ \text{cm}^3$

5　ある品物を，$\square$ 円で仕入れ，いくらかの利益を見込(みこ)んで定価をつけました。定価の 15 %引きで売ると 600 円の利益があり，定価の 20 %引きで売ると 200 円の利益があります。

6　3 時から 4 時の間の 1 時間で短針と長針の向きが文字盤(ばん)の 12 と 6 を結ぶ直線について対称となるのは 3 時 $\square$ 分です。

7　右の図のように，同じ長さのマッチ棒(ぼう)をくっつけて作った，たてと高さが3cm，横が6cmの直方体があります。図の点Aから点Bまで，マッチ棒を通って最も短いきょりで行く方法は，全部で［　　　］通りあります。

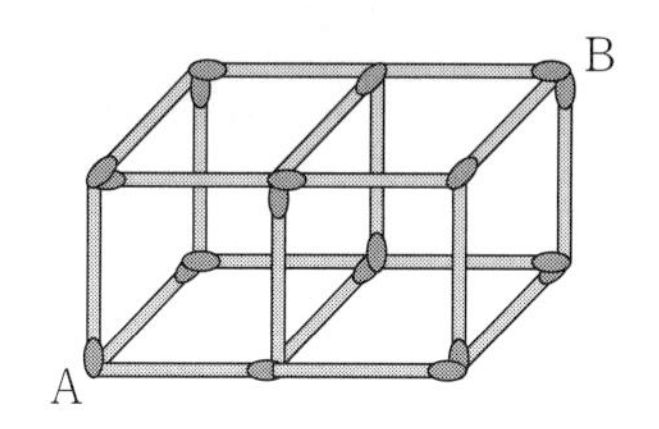

8　下の図の3つのおうぎ形A，B，Cで，AとBは角アと角イの大きさが等しく，Bの太線部分の長さとCの太線部分の長さは同じです。Cの面積はAの面積の何倍ですか。ただし，円周率は3.14とします。(　　　倍)

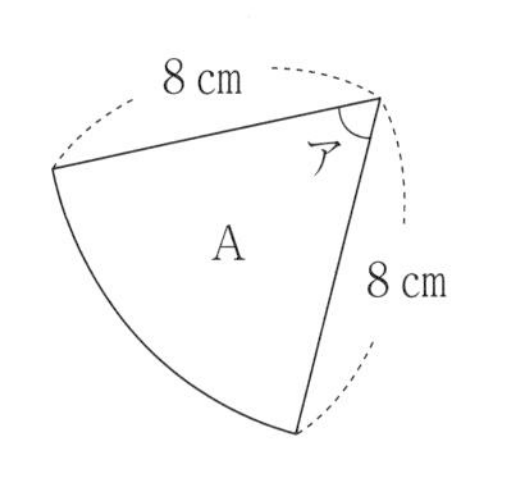

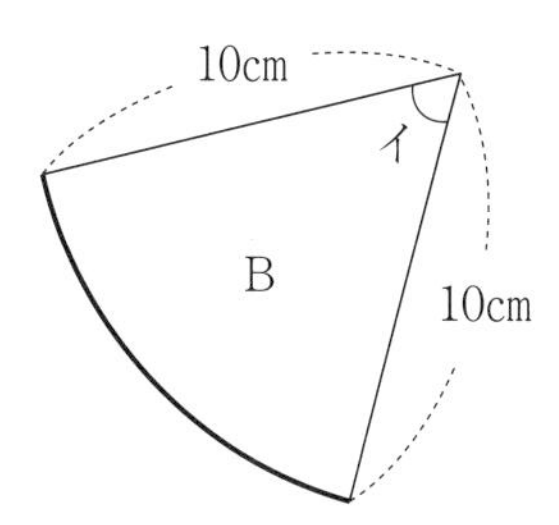

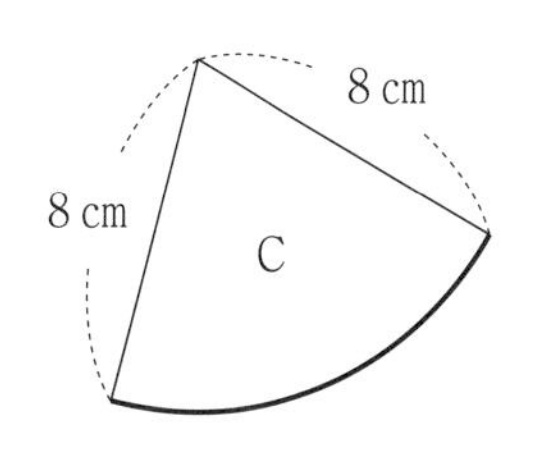

9　図のように半径が3cmの円の中に正方形があります。斜線部分を直線ℓを軸として1回転させたときにできる立体の体積を求めなさい。ただし，円周率は3.14とし，球の体積は$\frac{4}{3}$ × 3.14 ×半径×半径×半径で求めることができます。(　　　cm^3)

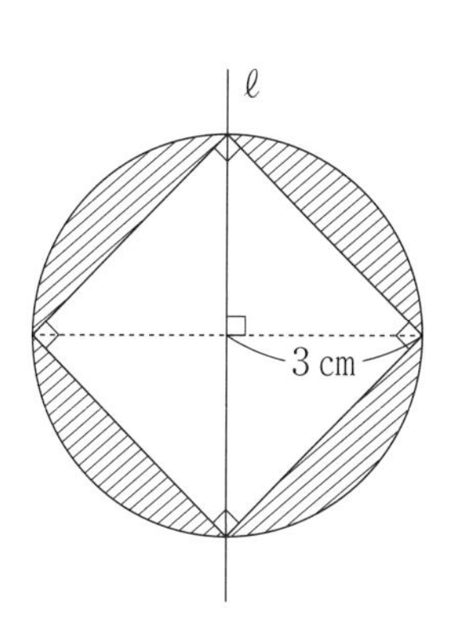

10　次の図はある立体を真正面，真上，真横から見た図です。この立体の体積を求めなさい。ただし，円周率は3.14とします。(　　　cm^3)

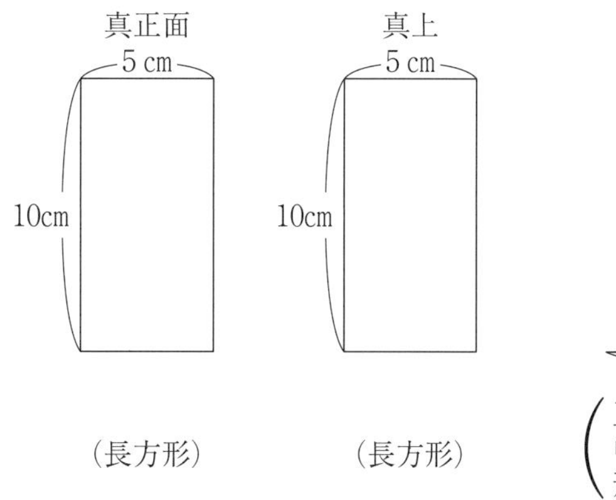

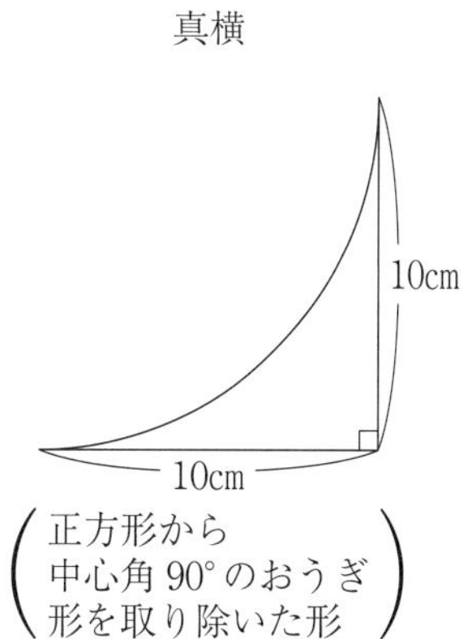

日々トレ 26

所要時間
点　分　秒

問題に条件がない時は，□にあてはまる数を答えなさい。

1　$(21.66 - 4.7 \times 2.8) \times 0.2$　(　　　)

2　$\{(18 \times 22 - 17 \times 23) + (24 \times 26 - 23 \times 27)\} \div 24$　(　　　)

3　$\dfrac{1}{\boxed{ア}} - \dfrac{1}{\boxed{ア} + 1} = \dfrac{1}{90}$　(　　　)

4　3.5dℓ は 5 cc の□倍です。

5　花屋が花 300 本を 1 本 150 円で仕入れて，4 割の利益をみこんで定価をつけましたが，定価で売れたのは全体の 70 ％で，全体の 15 ％は定価の 3 割引きで売り，残りは，かれて売れなくなりました。花屋の利益を求めなさい。(　　　円)

6　オセロの白い面と黒い面を使って，下のような規則で整数を表すことにします。このとき，次の問いに答えなさい。

○＝ 0，●＝ 1，●○＝ 2，●●＝ 3，●○○＝ 4，●○●＝ 5，●●○＝ 6，●●●＝ 7

(1)　●●○●が表す整数を答えなさい。(　　　)

(2)　この規則で 51 を表すとき，黒の面のオセロは何個あるか答えなさい。(　　　個)

7 兄と弟はいくらかずつお金を持っていました。2人は800円ずつおこづかいをもらったので，兄と弟の所持金の比が5：4になりました。この後，兄は400円，弟は480円使ったので，兄と弟の所持金の比は，4：3になりました。最初の兄と弟の所持金はそれぞれいくらでしたか。

兄(　　　円) 弟(　　　円)

8 右の図のような長方形の土地に同じ幅の道をつくると，CとDを合わせた面積はAとBを合わせた面積の3倍になりました。このとき，アの長さは何mですか。(　　　m)

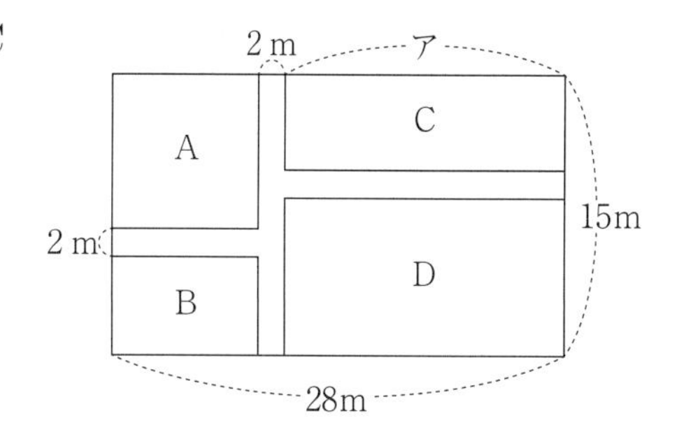

9 図のように，上の目の数字が1の状態のサイコロがマス上を左上のマスから時計回りにすべらずに転がっていきます。ちょうど1周して左上のマスにもどったとき，サイコロの上の目の数字は[　　　]です。

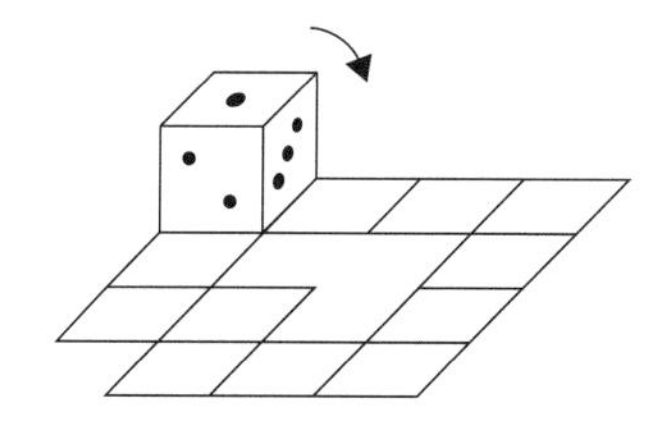

10 下の【図1】のような，底面の一辺が10cm，上面の一辺が8cmの正四角すい台があります。これを5つはり合わせ，一辺が10cmでふたが無い立方体の容器【図2】を作ります。このとき，【図2】の容器そのものの体積を求めなさい。(　　　cm^3)

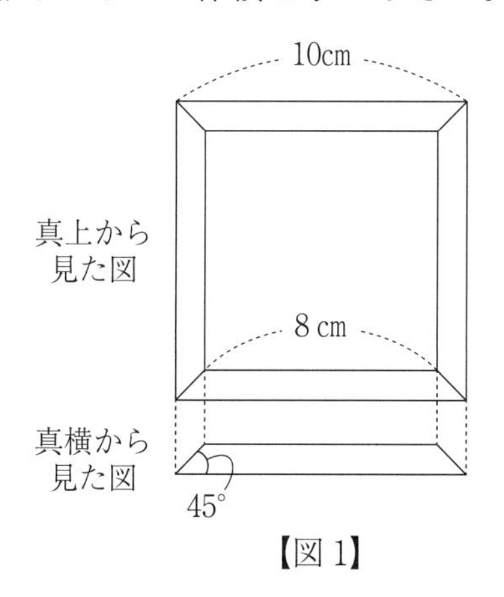

【図1】

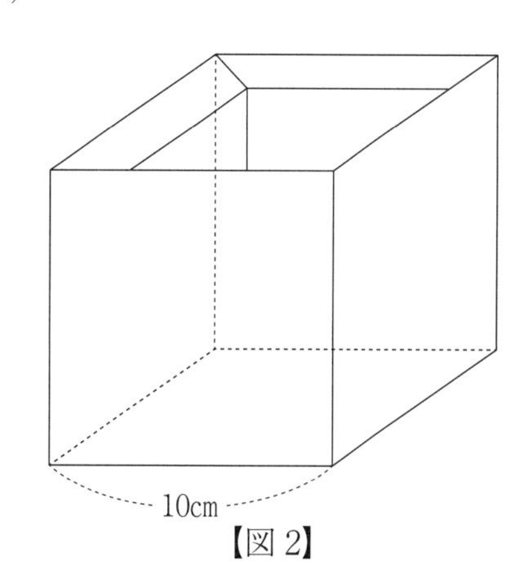

【図2】

日々トレ 27

所要時間

点　　分　　秒

問題に条件がない時は，□にあてはまる数を答えなさい。

1　$32.5 \div 1.3 - (5.4 + 3.5 \times 3.6)$　(　　　)

2　$(20 \times 14 - 20 \div 14) \div \dfrac{20}{14}$　(　　　)

3　$\left(3 \times \dfrac{1}{5} + 2\dfrac{2}{3} \div \square\right) \div 1\dfrac{2}{3} = 1$

4　2つの時計 A，B を1月1日の午前0時に正しい時刻に合わせました。時計 A が1月1日の午前0時59分40秒を表示したとき，時計 B は1月1日の午前1時0分10秒を表示していました。この2つの時計はそれぞれがこのままの速さで動き続けます。

時計 A が1月8日の午前11時を表示したとき，時計 B は1月8日の午後□時□分を表示しています。

5　ある品物を1個100円で仕入れて，30％の利益を見込んで定価をつけました。1日目は500個売れました。2日目は値下げをして売ったので，3750個売れましたが，利益は1日目と同じでした。2日目は定価の何％引きで売りましたか。(　　　％)

6　A さんと B さんがそれぞれいくらかずつお金を持っています。A さんが B さんに300円渡すと2人の所持金は等しくなります。逆に，B さんが A さんに800円渡すと，A さんの所持金は B さんの所持金の12倍になります。A さんの所持金はいくらでしたか。(　　　円)

7 ある川が上流から下流に向かって一定の速さで流れています。船はこの川を上るときは時速22km，下るときは時速38kmで進みます。この船の静水時の速さは時速［ア　　　］kmです。また，この川を静水時の速さが時速40kmの船で96km下るのには［イ　　　］時間かかります。

8 右の図の平行四辺形ABCDで，各辺上の点は各辺を等分しています。このとき，斜線部分と平行四辺形ABCDの面積の比を最もかんたんな整数の比で表しなさい。

（　　：　　）

9 右の［　　　］に当てはまる数を求めなさい。ただし，図にある四角形は，すべて長方形です。（　　　）

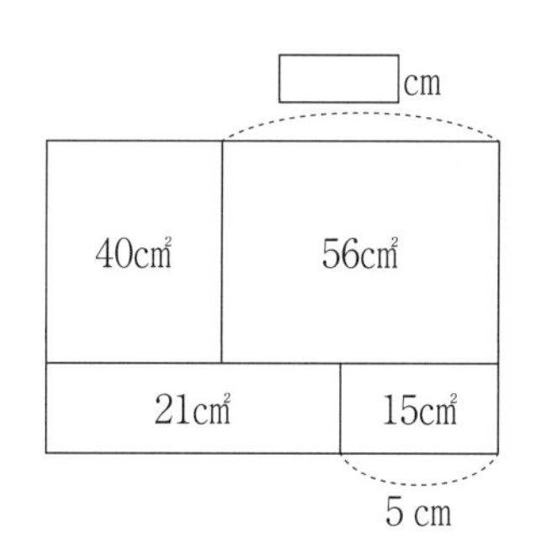

10 右の図の斜線部分は，1辺の長さが2cmの正方形から，1辺の長さが1cmの正方形1つと直角をはさむ辺の長さが1cmと2cmの直角三角形2つを切り取った図形です。この図形を直線ABを軸として1回転させたときにできる立体の体積を求めなさい。ただし，円周率は$\frac{22}{7}$とする。（　　　cm³）

日々トレ 28

所要時間
点　分　秒

問題に条件がない時は，□にあてはまる数を答えなさい。

1　(13.2 ÷ 0.22 − 1.3 ÷ 0.325) × 0.625　(　　　)

2　2014 × 2013 − 2013 × 2012 + 2014 × 2012 − 2012 × 2012　(　　　)

3　ある数から2を引いて3倍するところ，まちがって2倍してから3を足してしまいましたが，同じ結果になりました。ある数を答えなさい。(　　　)

4　2014年4月1日(火)から2015年3月31日までの1年間に水曜日は□回ある。

5　AとBの2人が，ある家の壁(かべ)にペンキを塗(ぬ)ります。2人でペンキを塗ると45分かかります。また，はじめにAだけで36分ペンキを塗り，その後2人で残りを塗ると合計66分かかります。はじめからAだけでペンキを塗ると□分かかります。

6　よしき君とお母さんの現在の年れいの比は1：5ですが，2年後には1：4になります。現在のよしき君の年れいは□さいです。

7 太郎君はお年玉を一万円もらい，次郎君は八千円もらいました。2人は同じ金額を出し合って，ゲーム機を買いました。その結果，残った2人のお年玉の合計は，はじめの7割5分になりました。次郎君のお年玉はいくら残っていますか。（　　　円）

8 右の図は，長方形，おうぎ形，半円と2本の直線を組み合わせてできた図形である。しゃ線部分の面積の和を求めなさい。ただし，円周率は3.14とする。（　　　cm^2）

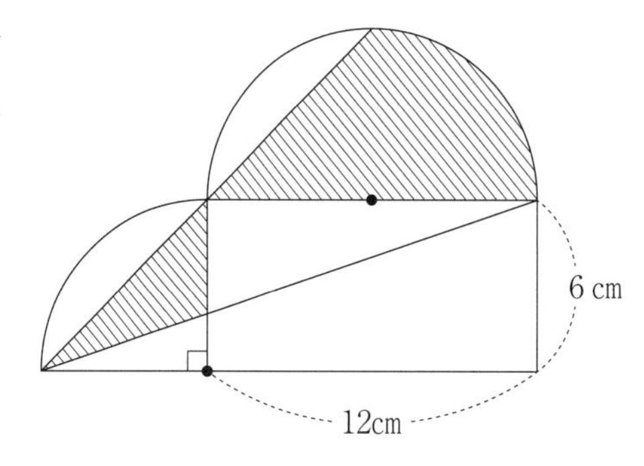

9 1辺12cmの正方形と1辺6 cmの正方形が，右の図のように重なっているとき，影（かげ）をつけた部分の面積は□cm^2です。ただし，円周率を3.14とします。

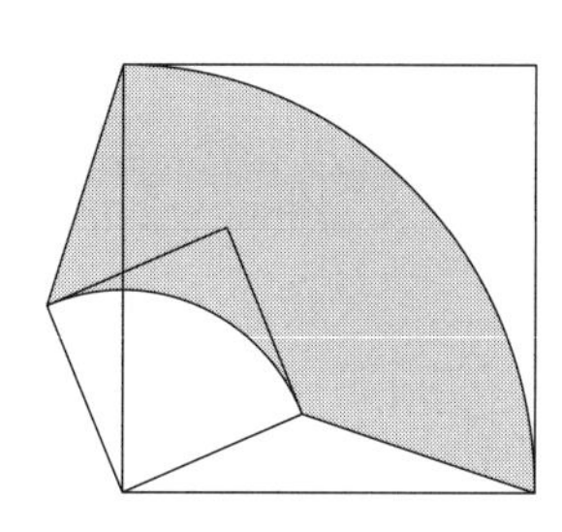

10 右の色のついた部分の面積を求めなさい。（　　　cm^2）

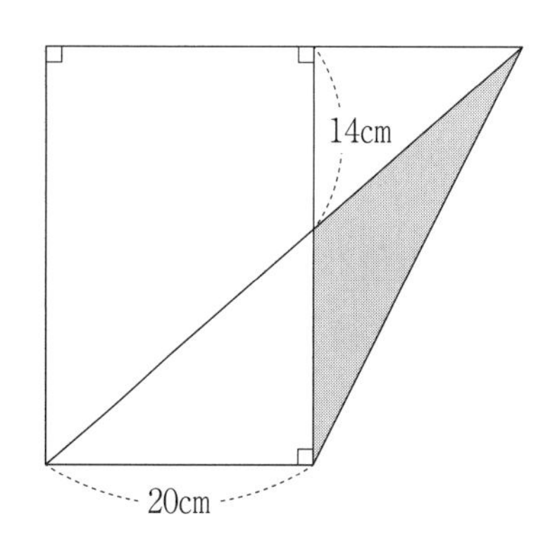

日々トレ 29

所要時間　　点　　分　　秒

問題に条件がない時は，□にあてはまる数を答えなさい。

1　$\dfrac{7}{15} - \dfrac{1}{6} + \dfrac{3}{10}$　（　　　）

2　$6789 \times 6789 \times 6789 - 6788 \times 6789 \times 6790$　（　　　）

3　$2 \div \left\{6 \times \left(\dfrac{11}{18} - \square\right) - \dfrac{2}{3}\right\} = 1\dfrac{1}{3}$

4　25 本で重さが 20g のくぎがあります。このくぎを 300g 買うと代金が 750 円です。1100 円では，このくぎを何本買うことができますか。（　　　本）

5　ある仕事を 1 人でするのに，A さんは 16 日，B さんは 24 日，C さんは 36 日かかります。3 人でこの仕事をし始めましたが，C さんが何日か休んでしまったため，終わるのに 8 日かかりました。C さんは何日休みましたか。（　　　日）

6　赤色ペンキ職人は，ある長い壁（かべ）を一定の速さで赤色ペンキで塗（ぬ）り続けています。一方，青色ペンキ職人は，赤く塗られた部分の上を別の速さで青色ペンキで重ねて塗ります。青色ペンキ職人 2 人で塗ると，5 分で赤く塗られた部分が無くなります。青色ペンキ職人 3 人で塗ると，3 分で赤く塗られた部分が無くなります。青色ペンキ職人 4 人で塗ると，何分で赤く塗られた部分が無くなりますか。（　　　分）

7　Aさんは川の上流に向かってP地点から船に乗って出発しました。出発してから5分後に流れ下る浮き輪とすれ違いました。そのまま，さらに上流のQ地点まで行き，すぐに折り返したところ，船はその浮き輪と同時にP地点に着きました。PQ間の距離は［　　　］kmです。ただし，船の静水での速さを毎時6km，川の流れは毎時1.2kmとします。

8　右の図のような平行四辺形があります。斜線部分の面積は，平行四辺形全体の面積の［　　　］倍です。

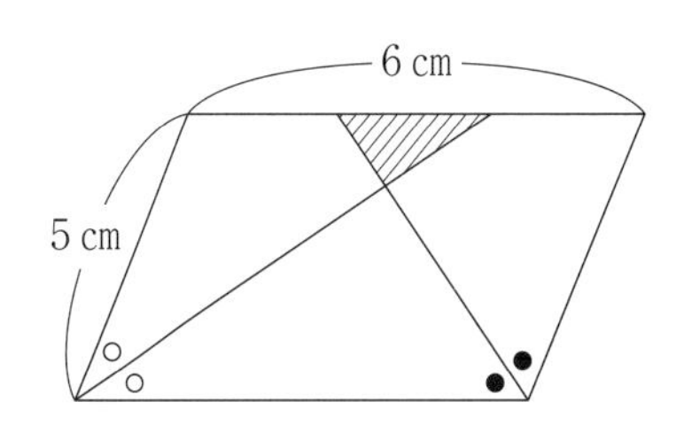

9　右の図の2つの直角三角形ABCとBEDはまったく同じ形で同じ大きさの三角形です。AB = 3cm，BC = 4cm，AC = 5cmのとき，図の斜線(しゃせん)部分の四角形FBEGの面積は［　　　］cm^2です。

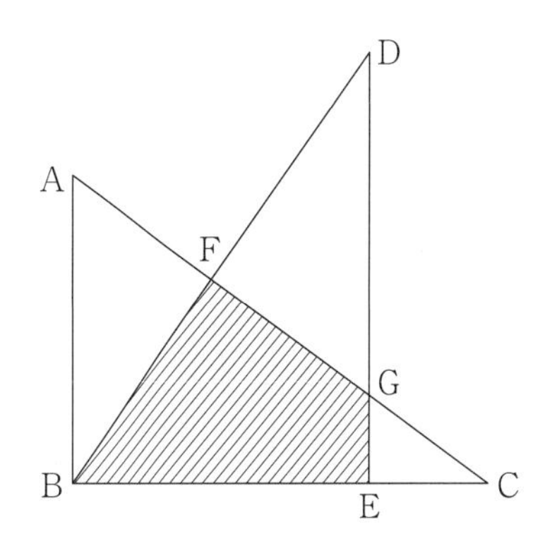

10　右図のような直角二等辺三角形を，直線PQを軸(じく)として180度回転させたときにできる立体の体積は［　　　］cm^3です。ただし，円周率は3.14とします。

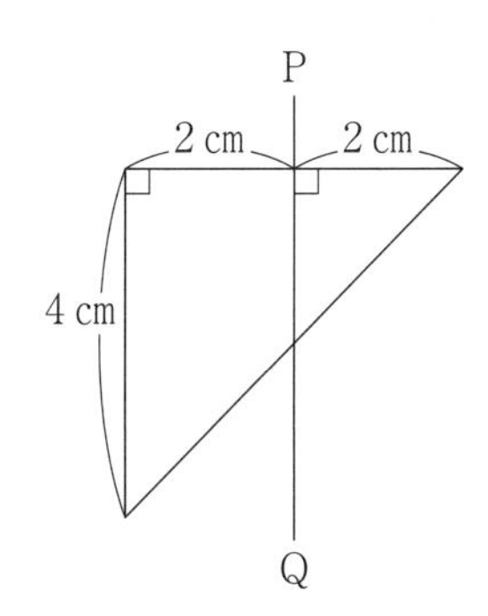

日々トレ 30

所要時間

点　　分　　秒

問題に条件がない時は，□にあてはまる数を答えなさい。

1　$3\frac{3}{4}+\frac{2}{3}-2\frac{1}{6}$　（　　　）

2　$40 \div 0.15 + 200 \div 1.05 - 165 \div 0.55$　（　　　）

3　$1 \div \{1 + 1 \div (3 + 1 \div \square)\} = \frac{2015}{2016}$

4　水が氷になると，氷の体積は水の体積の $\frac{1}{11}$ だけ増えます。体積が 132cm^3 の氷が水になるとき，その体積は□ cm^3 減ります。

5　ある仕事をするのにA君が一人ですると2時間40分かかります。途中B君が50分間手伝ったところ2時間で終わりました。B君が一人でこの仕事をすると何時間何分かかりますか。

（　　時間　　分）

6　42個のおはじきを，たて6個ずつ，横7個ずつの長方形に並べました。いちばん外側の1列だけで，いくつ並んでいますか。（　　　個）

7 文房具屋で鉛筆5本とボールペン9本を買い，代金を1070円払いました。ところが店の人が鉛筆とボールペンの値段を取り違えて計算していたことに気づき240円追加で払いました。鉛筆1本の正しい値段は［　　　］円です。

8 図の正三角形ABCにおいて，斜線の三角形はすべて正三角形です。正三角形ABCの面積が$128cm^2$のとき，斜線部分の面積の合計は［　　　］cm^2になります。

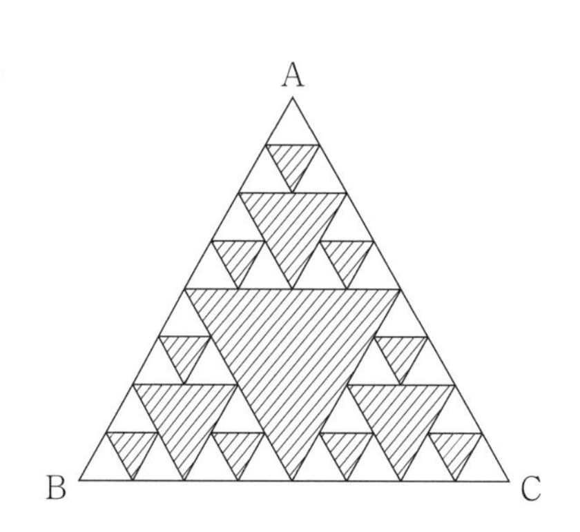

9 正方形ABCDを，右の図のようにBEを折り目として折りました。かげをつけた部分の面積が$57cm^2$のとき，DEの長さは［　　　］cmです。

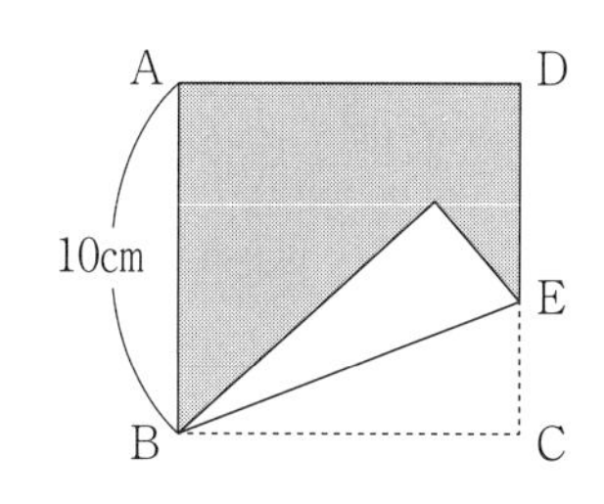

10 右の図形の角㋐の大きさは［　　　］度です。

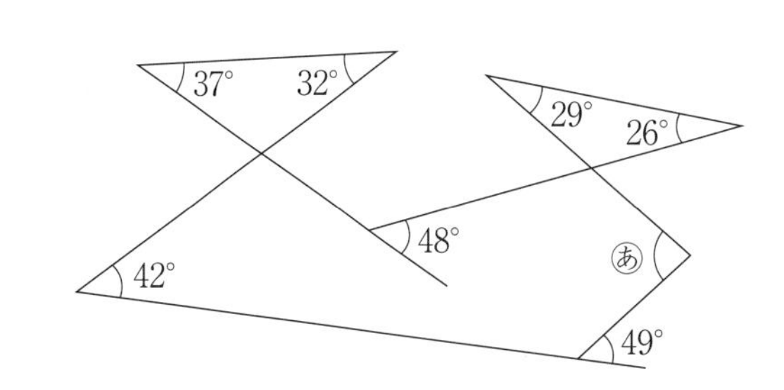

日々トレ 31

所要時間

点　　分　　秒

問題に条件がない時は，□にあてはまる数を答えなさい。

1　$1 + \frac{1}{3} + \frac{1}{9} + \frac{1}{27} + \frac{1}{81}$　（　　　）

2　$2017 \times 12 + 2016 \times 11 + 2015 \times 10 - 2014 \times 9 - 2013 \times 8 = 2015 \times 16 + \square$

3　$\left\{\frac{1}{3} + \left(\frac{2}{3} + \frac{\boxed{ア}}{\boxed{イ}}\right) \times 1\frac{1}{3}\right\} \div 1\frac{1}{3} = 1$

4　太郎くんが，□m 離れている A 町から B 町まで行きました。はじめは分速 180m で走っていましたが，全体の $\frac{2}{3}$ 進んだ地点からは，分速 60m で歩いて行くと，A 町から B 町まで行くのに 70 分かかりました。

5　ある遊園地では，開園時に入口には 360 人の行列が出来ていて，さらに毎分 6 人の割合で行列に人が並びます。入口が 2 か所のときには 45 分で行列がなくなります。このとき，入口を 3 か所にすると□分で行列がなくなります。ただし，どの入口も同じ割合で入場できるものとします。

6　5 円玉，10 円玉，50 円玉，100 円玉をそれぞれ合わせると 25200 円あります。その枚数の比は順に 20：15：7：12 です。50 円玉は何枚ありますか。（　　　枚）

7 りんご3個とみかん4個の合計の値段は1332円で，りんご7個とみかん9個の合計の値段は3072円です。りんご13個とみかん14個を買い，200円の箱に入れてもらうと合計の値段は何円ですか。ただし，消費税は考えないものとします。(　　　円)

8 右の図のような三角形ABCと長方形DEFGが重なった図形があります。BE = GH = CF，DH：HG = 3：2です。三角形ADHの面積と三角形ABCの面積の比を最も簡単な整数の比で表すと あ ： い です。

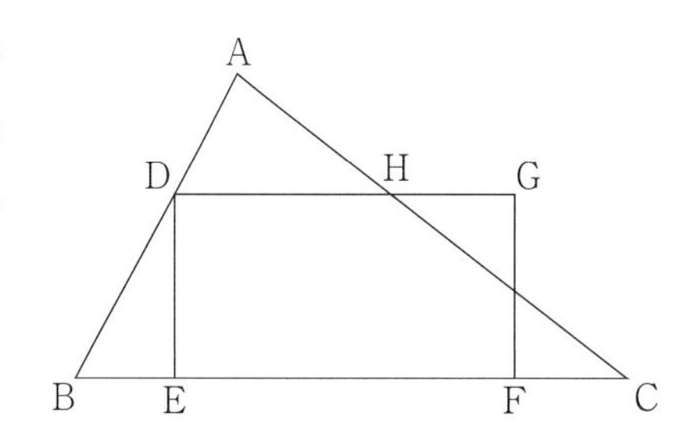

9 右図において，AB，BC以外の辺は，すべてABまたはBCと平行になっています。この図形の周囲の長さを求めなさい。(　　　cm)

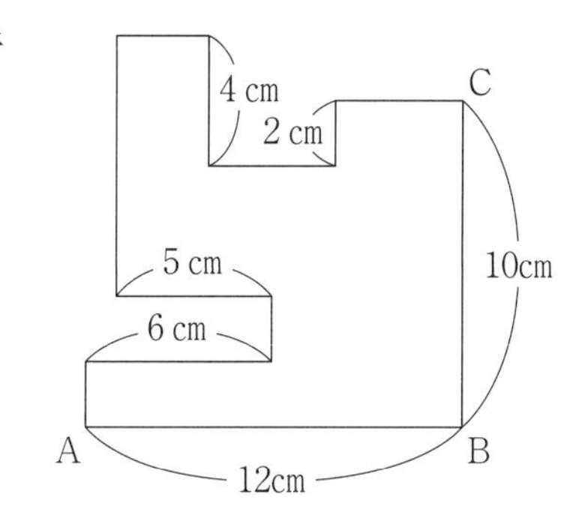

10 右の図で，円はすべて半径が2 cmです。色をつけた部分の面積の和を求めなさい。ただし，円の中心はすべて七角形の頂点です。また，円周率は3.14とします。(　　　cm^2)

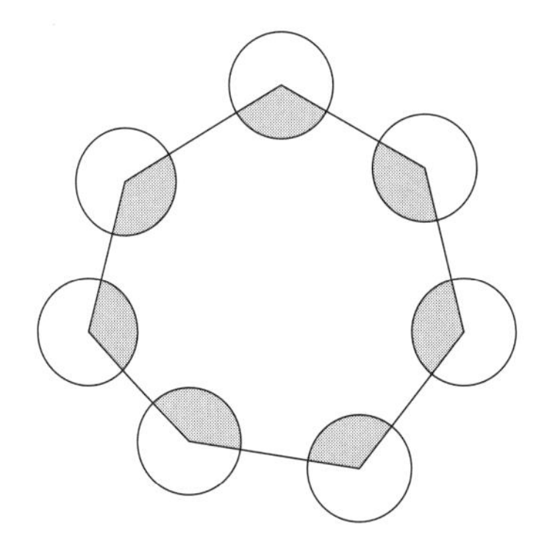

日々トレ 32

所要時間

点　分　秒

問題に条件がない時は，□にあてはまる数を答えなさい。

1　$\frac{3}{4} \div \frac{5}{12} \times \frac{7}{18} \div \frac{2}{5}$　（　　　）

2　$(1.09 \times 1 + 2.18 \times 2 + 3.27 \times 3 + 4.36 \times 4 + 5.45 \times 5) \div 0.545$　（　　　）

3　$111 \times 11 - \{121 \times 9 + 11 \times 11 \times (\square \times 11 - 11)\} = 11$

4　$3.2\text{L} : 1\frac{3}{5}\text{dL} = \square : 1$

5　あるコンサート会場には，1分間に30人が通過できる入り口が2か所あります。入場開始前から行列ができ，一定の割合で行列に人が加わっていきます。入り口を1か所だけ開けたとすると，行列は20分でなくなります。また，入り口を2か所開けたとすると，行列は5分でなくなります。このとき，1分間に何人の人が行列に加わっていきますか。（　　　人）

6　容器Aには8％の食塩水200g，容器Bには12％の食塩水40gが入っています。8％より小さいある濃(のう)度の食塩水を容器A，Bに同量ずつ入れたところ，容器A，Bの濃度はともに□％になりました。

7　6000円をAさん，Bさん，Cさんの3人で分けました。Aさんの金額は，Bさんの2倍より100円多くなるように分けました。また，Bさんの金額は，Cさんの2倍より100円多くなるように分けました。Bさんの金額は何円でしょう。(　　　円)

8　右図のように，高さ4mの木の影（かげ）が太線部分になりました。段差のないまっすぐな道では，1.5mの身長の人の影の長さが2.5mとなるとき，太線部分の長さは［　　　］mです。

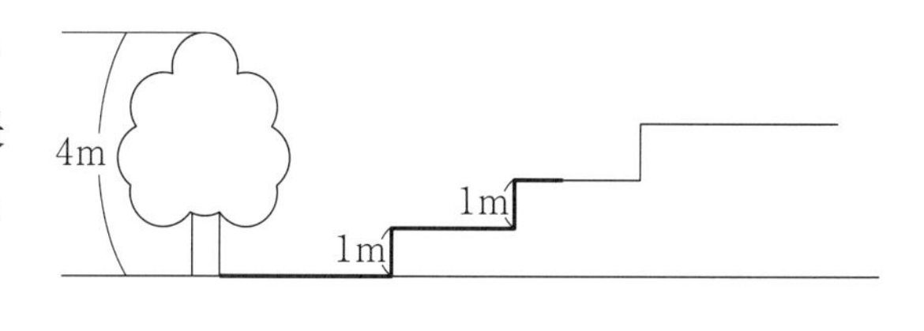

9　図1は，底面の半径が6cm，高さが15cmの円柱と，底面の半径が3cm，高さが8cmの円柱を組み合わせた形の容器です。この容器に水を入れて傾（かたむ）けると，図2のようになりました。次に，この容器をさかさまにして水平な机の上に置くと，図3のようになりました。このとき，机の面から水面までは何cmでしょう。ただし，容器の厚さは考えません。また，円周率は3.14とします。

(　　　cm)

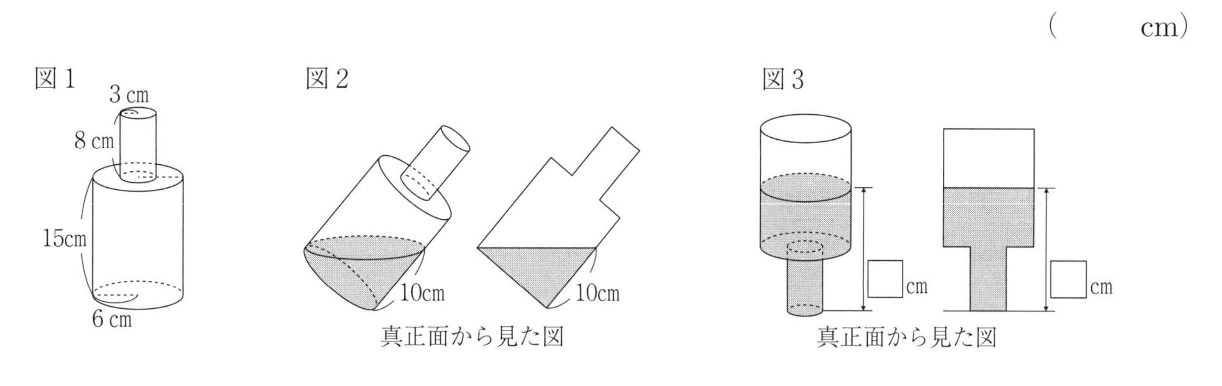

10　右の図のように，平行四辺形の形をした土地ABCDに，幅2mの道をつくりました。道の部分を除いた土地の面積は［　　　］m^2です。

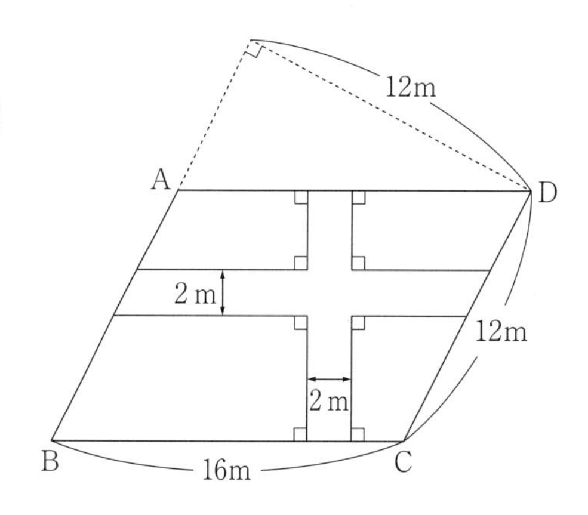

日々トレ 33

所要時間
点　分　秒

問題に条件がない時は，□にあてはまる数を答えなさい。

1　$1\frac{7}{8} \div \frac{2}{3} \div 1\frac{3}{4} \times \frac{7}{9}$　(　　　)

2　$\frac{1}{13} \times (27 \times 2015 - 26 \times 2014)$　(　　　)

3　$\left\{5 - (\square + 1.6) \div 1\frac{4}{7}\right\} \times \frac{2}{3} + 0.2 \div \frac{1}{4} = 2$

4　姉と妹がキャンディをもっていて，個数の比は5：3です。妹が友だちからキャンディを何個かもらったので姉と妹の個数の比は4：3になり，2人合わせると70個になりました。妹がもらったキャンディは何個ですか。(　　　個)

5　太郎は貯金を持っていて，毎月同じ金額のおこづかいをもらっています。毎月2000円ずつ使うと6か月で，毎月1800円ずつ使うと10か月で持っているお金はなくなります。太郎が初めに持っていた貯金はいくらですか。(　　　円)

6　A君とB君が2260m離(はな)れた場所にいます。A君とB君は相手に向かって一定の速さで同時に歩き出しました。A君は毎分80mの速さで歩き，4分歩くごとに2分休けいします。B君は6分歩くごとに2分休けいします。A君が1600m進んだところで2人が出会うとき，考えられるB君の歩く速さはもっとも速くて毎分何mですか。(毎分　　　m)

7　0，1，2，8 だけからできている整数を小さい順に次のように並べていきます。

0，1，2，8，10，11，12，18，20，21，22，28，80，…

このとき，2018 は最初から数えて［　　　］番目の整数です。

8　右図において，三角形 PCD の面積は 24.3cm^2 です。AP：PB を最も簡単な整数の比で答えなさい。AP：PB＝(　　：　　)

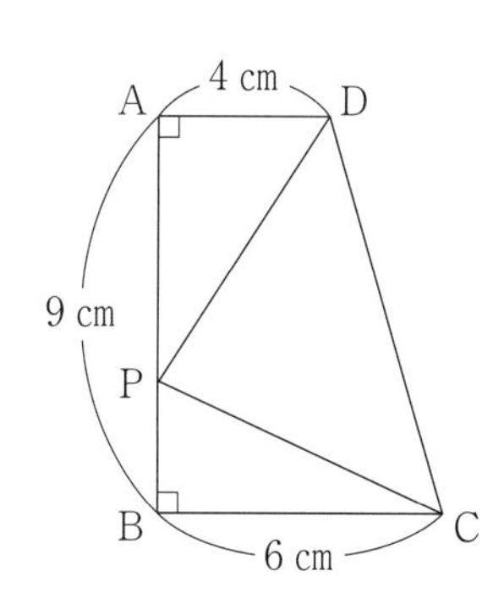

9　右の図において，点 P は毎秒 1cm で A から B まで，点 Q は毎秒 2cm で B から C，D を通って E まで，それぞれ辺上を動くものとします。線分 PQ によって分けられる 2 つの図形のうち，頂点 A を含むものを㈠，頂点 B を含むものを㈡とします。8 秒後の㈠と㈡の面積の比を最も簡単な整数の比で答えなさい。㈠：㈡(　　：　　)

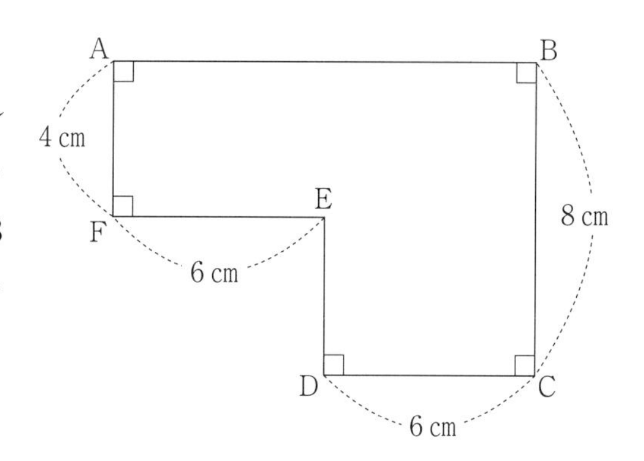

10　右の図のような，直方体の上に底面が正方形の直方体を重ねた容器があります。この容器に水を底面から 13cm のところまで入れてから，ふたをして逆さまにしたところ，底面から水面までの高さは 22cm になりました。ⓐの長さは何 cm ですか。(　　　cm)

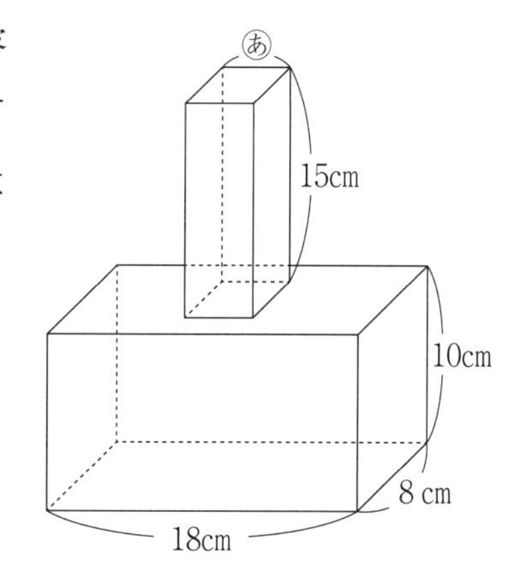

日々トレ 34

所要時間
点　分　秒

問題に条件がない時は，□にあてはまる数を答えなさい。

1　$12 \div 7 \div 2 + \frac{4}{3} \times \frac{6}{7} - \frac{1}{7}$　（　　）

2　$\frac{2}{5} + \left(\frac{2}{5} + \frac{1}{4}\right) + \left(\frac{2}{5} + \frac{1}{4} - \frac{2}{3}\right) + \left(\frac{2}{5} + \frac{1}{4} - \frac{2}{3} - \frac{1}{2}\right) + \left(\frac{2}{5} + \frac{1}{4} - \frac{2}{3} - \frac{1}{2} + 1\right)$

（　　）

3　$100 \div (4 \times \square - 6) + [3 \div \{7 \div 11 + (12 + 4 \times 2) \div 55 + 9\}] \times 10 = 5$

4　AとBの体重の比は3：2で，BとCの体重の比は4：3である。AとBの体重の差が26kgのとき，Cは□kgである。

5　あるクラスの生徒をいくつかの班に分けます。1班3人にしても，1班5人にしても，ちょうど分けることができます。1班5人のときの班の数(かず)が1班3人のときよりも，6つ少なくなるとき，このクラスには全員で□人います。

6　$\frac{1}{1}$, $\frac{1}{2}$, $\frac{2}{2}$, $\frac{1}{3}$, $\frac{2}{3}$, $\frac{3}{3}$, $\frac{1}{4}$, $\frac{2}{4}$, $\frac{3}{4}$, $\frac{4}{4}$, $\frac{1}{5}$, $\frac{2}{5}$, ……と分数がある規則にしたがって並んでいます。初めから数えて31番目の分数は㋐□で，$\frac{3}{13}$は初めから数えて㋑□番目の分数です。

7　1周3600mのコースを自動車Aと自動車Bが同じ場所から同時に走ります。逆方向に走ると2分後にすれ違い，同じ方向に走ると，1時間後にAがBよりちょうど5周多く周ります。自動車Aの速さは時速何kmですか。（時速　　　　km）

8　右の図において，正方形ABCDの面積は［　　　］cm^2となります。

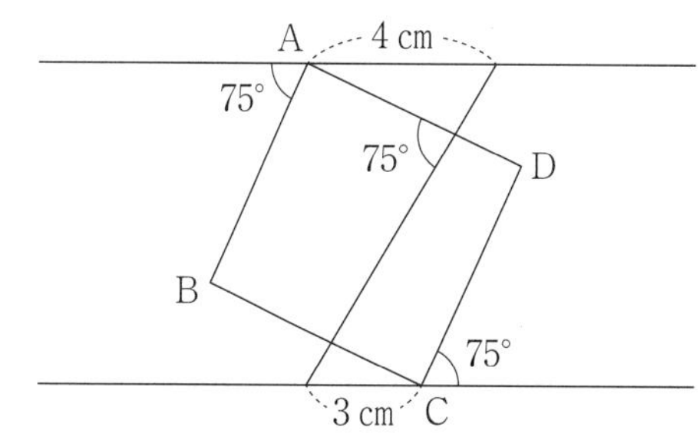

9　右の図のように，平行な2直線の間に正五角形と正六角形がおかれています。角アは何度ですか。（　　　　度）

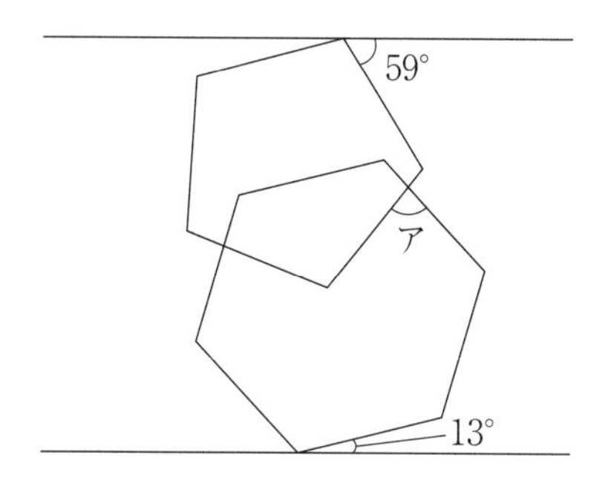

10　図のような長方形ABCDがあります。点Pは頂点Aを出発して，長方形の周上を時計回りと逆向きでA→B→C→D→Aの順に，点Qは頂点Aを出発して，長方形の周上を時計回りでA→D→C→B→Aの順に，それぞれ一定の速さで一周するものとします。2点P，Qが同時に頂点Aを出発してから5.2秒後に，点Pは辺BC上に，点Qは辺DC上にあり，三角形APQが直角二等辺三角形になりました。2点P，Qが重なるのはそれから何秒後ですか。

（　　　　秒後）

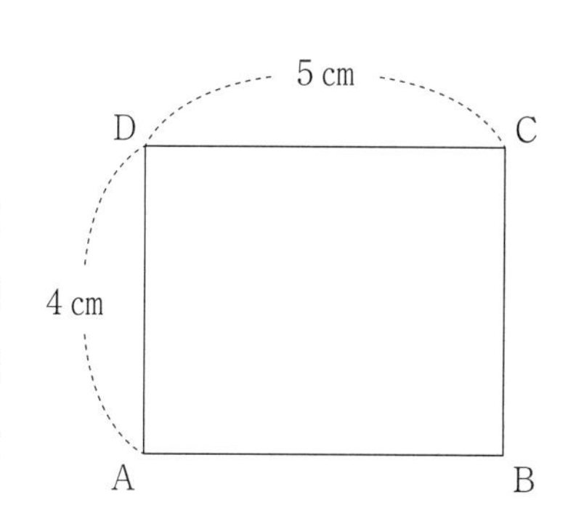

日々トレ35

所要時間

点　　分　　秒

問題に条件がない時は，$\square$にあてはまる数を答えなさい。

1　$(52 - 17 \times 2) \div 1\frac{2}{7}$　（　　　）

2　$(678 + 789 + 896 + 967) \div (123 + 234 + 341 + 412)$　（　　　）

3　$\left(\frac{7}{\square} + \frac{5}{7}\right) \div \left\{31 \times \left(\frac{1}{7} + \frac{1}{5} - \frac{1}{3}\right)\right\} = 4$

4　「家に自転車が何台あるか」を調査しました。60人に聞いたところ，平均の台数は1.5台でした。自転車を1台ももっていない家庭から，最高3台もっている家庭もありました。また，「1台もっている」と答えた人は10人で，「2台もっている」と答えた人は25人でした。「家に自転車を3台もっている」と答えた人は何人ですか。（　　　人）

5　1本50円の鉛筆と1本90円のボールペンを合わせて40本買うつもりでお金をちょうど用意しましたが，鉛筆とボールペンを買う本数を逆にして買ったため，560円あまりました。鉛筆を何本買いましたか。（　　　本）

6　家から山頂まで3000mの道のりを，兄と弟が往復します。兄と，分速100mで歩く弟が，同時に家を出発しました。兄は弟より先に山頂に到着（とうちゃく）し，8分間休んでから，家に向かって出発しました。家を出発してから22分30秒後に，兄と弟ははじめて出会いました。ただし，兄は上るときと下るときの速さが異なり，その比は5：6です。兄の下りの速さは分速$\square$mです。

7 次のようなきまりで，1，2，3，……の数をAとBとCで表します。

数	1	2	3	4	5	6	7	8
表し方	A	B	C	AA	AB	AC	BA	BB
	9	10	11	12	13	14	15	16
	BC	CA	CB	CC	AAA	AAB	AAC	ABA

このとき，次の問いに答えなさい。

(1) BBBが表す数は何ですか。(　　　)

(2) 45をA，B，Cを使って表しなさい。(　　　)

(3) $2 \times 3 \times 3 \times 3 + 1 \times 3 \times 3 + 3 \times 3 + 2 \times 1$をA，B，Cを使って表しなさい。(　　　)

8 3辺の長さの比が3：4：5になる三角形は直角三角形です。右の図形の面積は□cm^2です。

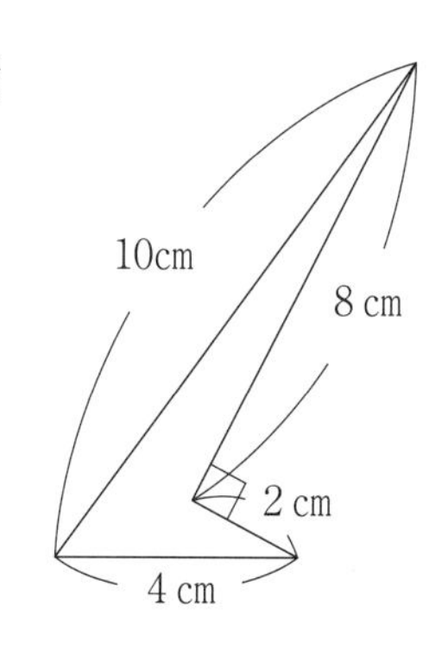

9 右の図のような直方体があります。ひもを頂点Aから辺BCを通って頂点Gまで巻きつけます。ひもの長さが最も短くなるとき，ひもの長さを1辺とする正方形の面積は何cm^2か求めなさい。(　　　cm^2)

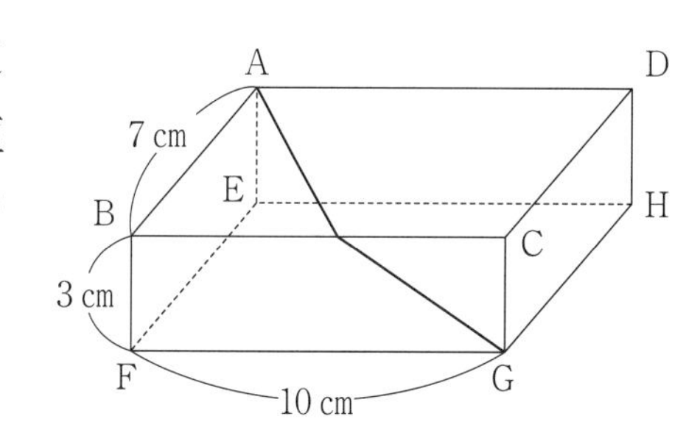

10 サイコロは向かい合った面の目の数の和が7になっています。右の図のように3つのサイコロを，同じ目の数の面どうしをくっつけて机の上に置きました。このとき，いろいろな向きから見ることができる面の目の数の和を求めなさい。(　　　)

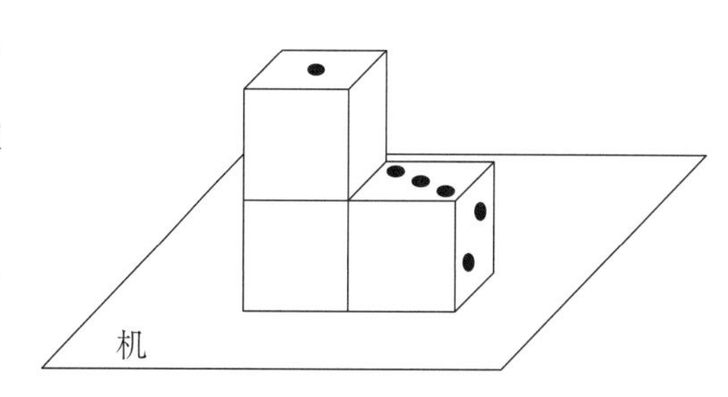

日々トレ 36

所要時間　点　分　秒

問題に条件がない時は，□にあてはまる数を答えなさい。

1　$\frac{7}{8}-\frac{3}{8}\div\left(\frac{5}{4}-\frac{1}{8}\right)$　(　　　)

2　(5035 × 6042 − 4028 × 7049) ÷ 1007　(　　　)

3　$\left\{\frac{1}{15}+\frac{1}{18}\times\frac{1}{60}\div\left(\frac{1}{48}-\frac{1}{\square}\right)\right\}\div\frac{1}{6}-\frac{1}{5}=1$

4　右の図①は半径 12cm の円グラフで A の面積は 75.36cm^2 です。この円グラフを，図②のような縦 3cm，横 20cm の帯グラフで表したとき，A の面積は何 cm^2 か答えなさい。

(　　　cm^2)

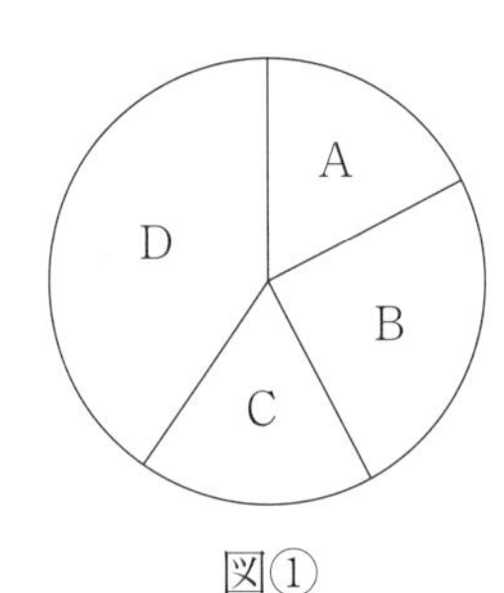

図①

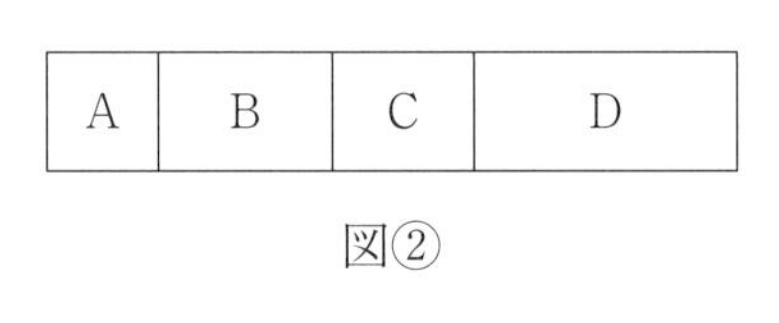

図②

5　人数が偶数のクラスがあります。このクラス全員に鉛筆を 5 本ずつ配ると 16 本足りません。2 人組になって，じゃんけんを勝負がつくまでしてもらい，勝った人にだけ 6 本ずつ配ると 36 本余りました。クラスの人数は何人ですか。(　　　人)

6　同じ重さの 2 つのコップ A，B に水が入っています。A のコップから B のコップへ水を 24g 移すと，水を含(ふく)めた 2 つのコップ A，B の重さの比は 3 : 2 から 5 : 4 に変わり，入っている水の重さの比は 3 : 2 になりました。コップ 1 つの重さは何 g かを求めなさい。(　　　g)

7　姉と妹が同じ本を読みました。2人は同じ日に読み始め，姉は毎日24ページずつ，妹は毎日16ページずつ読んでいったところ，姉がとちゅうで4日間読まない日があったため，姉と妹は同じ日にちょうど読み終わりました。このとき，この本のページ数は［　　　］ページです。

8　図の斜線（しゃせん）部分は，正六角形ABCDEFの頂点Aから，30cmの糸をたるまないように張った状態にし，正六角形の周りを一周させたときに，糸が通過する部分を表したものです。斜線部分の面積は［　　　］cm^2です。ただし，円周率は3.14とします。（小数第3位を四捨五入した数を書きなさい）

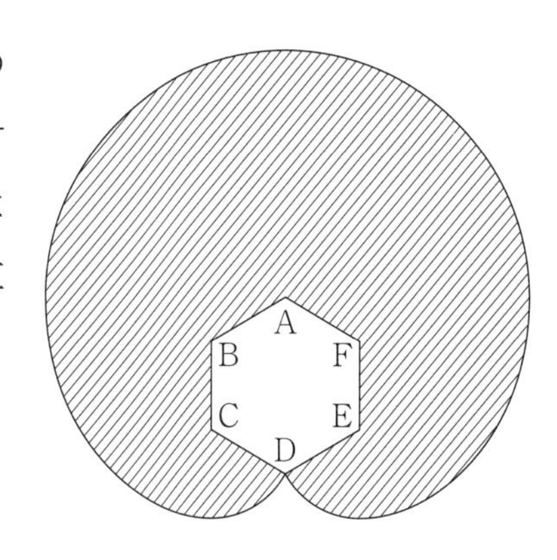

9　右の図は，直方体の一部を切り取った立体です。この立体の体積は何cm^3ですか。（　　　cm^3）

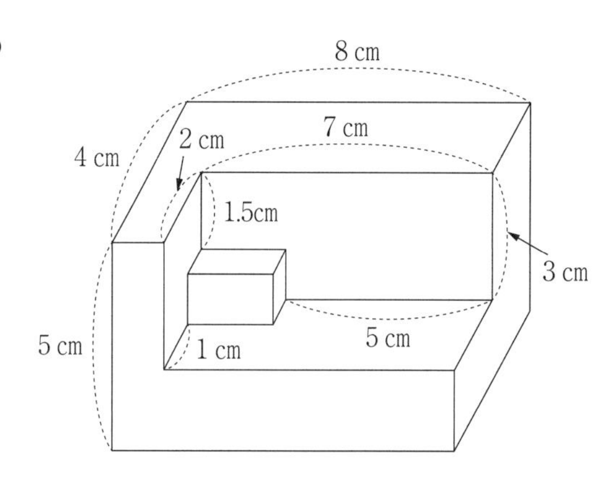

10　図のような，すべての角が等しい六角形ABCDEFにおいて，AB = 10cm，CD = 20cm，DE = 40cm，EF = 30cmのとき，BCの長さは［　　　］cmになります。

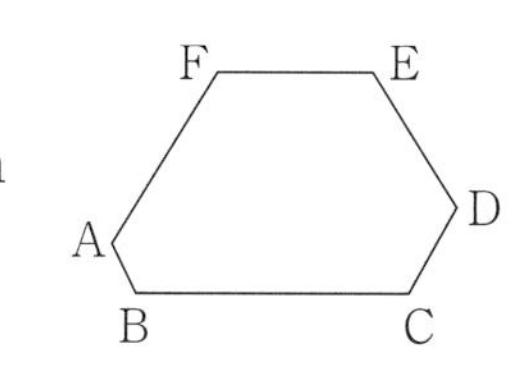

日々トレ 37

所要時間

点　　分　　秒

問題に条件がない時は，□にあてはまる数を答えなさい。

1　$\left(\frac{1}{2}-\frac{1}{3}\right)\div\left(\frac{1}{4}-\frac{1}{5}\right)\div\left(\frac{1}{6}-\frac{1}{7}\right)$　(　　　)

2　$3\frac{7}{50}\times14-6\frac{7}{25}\div\frac{1}{2}+15.7\div\frac{1}{18}$　(　　　)

3　$\left(\frac{128}{7}-3.75\times\frac{\square}{3}\right)\times3\frac{8}{9}-\frac{85}{6}=8\frac{1}{3}$

4　X★Y = X + Y × (X + Y) − X ÷ (Y − X) と計算することにします。このとき，2★4 を計算しなさい。(　　　)

5　3 種類の花チューリップ，ゆり，バラがあります。1 本の値段(ねだん)を比べるとチューリップはゆりより 25 円高く，バラより 35 円安いです。チューリップ，ゆり，バラの本数の合計が 20 本になるように買ったところ，バラのみを 20 本買ったときより 285 円安くなりました。このとき，チューリップを買ったのは□本です。

6　3 つの整数 a，b，c があります。a は c より 8 大きい整数で，a と b の和は 39，a と c の和は 52 です。b の値を求めなさい。(　　　)

7　Aさんは，友達と図書館で待ち合わせをして，午前9時に家を出発しました。毎分60mの速さで歩いて行くと，待ち合わせの時刻に4分おくれます。毎分160mの速さで自転車に乗って行くと，待ち合わせの時刻の11分前に着きます。Aさんの家から図書館までの道のりは何mですか。

（　　　m）

8　右の図のように，高さ4.2mの街灯ABと高さ3mの街灯CDが地面に垂直に立っています。B地点とD地点の距離（きょり）は15mです。B地点からD地点に向かって9m進んだ地点をEとし，E地点に身長120cmのT君が立っています。このとき，街灯ABによるT君のかげの長さと街灯CDによるT君のかげの長さの合計は何mですか。（　　　m）

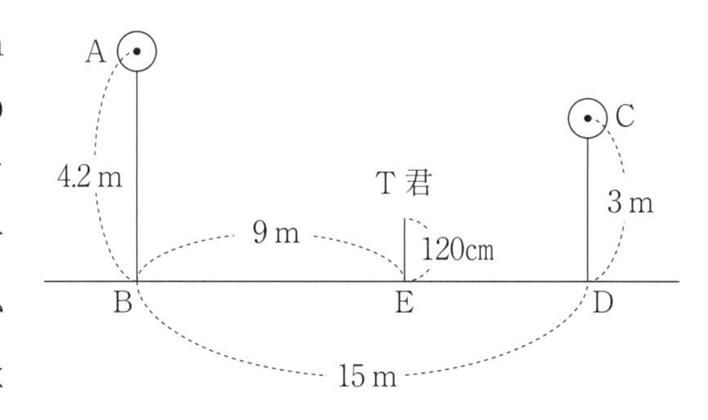

9　右の図は，長方形ABCDを対角線ACで折り曲げたものです。AB = 12cm，BC = 16cm，AC = 20cmのとき，BEの長さは［　　］cmです。

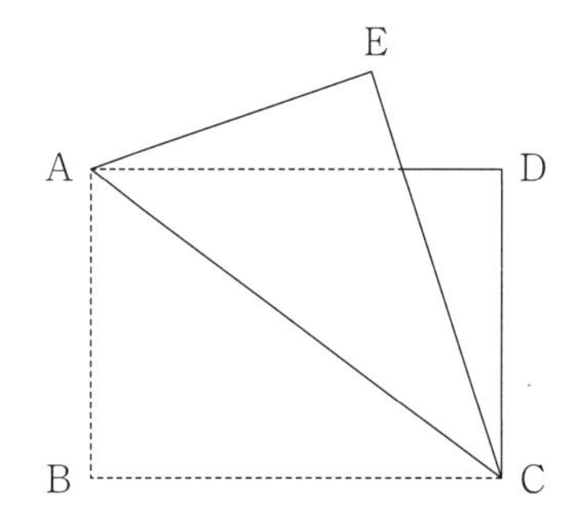

10　図の四角形ABCDは長方形です。点PはAを出発してAB上をAからBまで毎秒1.5cmの速さで動きます。また，点EはAから10cmのところにあります。このとき，次の問いに答えなさい。

① 点Pが動き始めてから8秒後の三角形PCEの面積は何cm^2ですか。（　　　cm^2）

② 三角形PCEの面積が$330cm^2$になるのは，点Pが動き始めてから何秒後ですか。（　　　秒後）

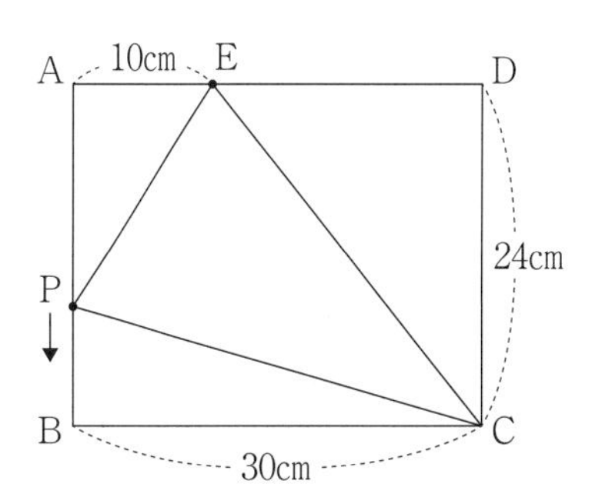

日々トレ 38

所要時間

点　分　秒

問題に条件がない時は，□にあてはまる数を答えなさい。

1　$\left(3-\frac{3}{4}\right)\div\left(4-\frac{2}{5}\right)\times\left(5-\frac{1}{3}\right)\times\left(6-\frac{3}{7}\right)\div\left(7-\frac{1}{2}\right)$　(　　　)

2　$\left(\frac{3}{2}+\frac{5}{3}+\frac{7}{4}+\frac{9}{5}\right)-\left(\frac{2}{3}+\frac{4}{5}+\frac{3}{4}+\frac{1}{2}\right)$　(　　　)

3　$\frac{4}{3}\div\frac{12}{7}\div\frac{1}{3}\times\frac{3}{7}+\frac{5}{2}\div\square+\frac{5}{2}\times\frac{3}{5}-\frac{9}{5}\div\frac{18}{5}\times 8=2$

4　池のまわりを姉妹で反対方向に走って回ります。姉は1周するのに24秒，妹は1周するのに28秒かかります。姉妹が同時に出発し，再びスタート地点で出会うのは出発してから□分□秒後です。

5　大人1人と子ども1人の入場料の比が5：2である水族園があります。大人5人と子ども15人の入場料の合計は16500円でした。入場者が150人の合計が154800円だったとき，大人の入場者数は□人です。

6　1周5000mのコースを太郎さん，次郎さん，花子さんの3人が走ります。太郎さんと次郎さんは同じ方向に，花子さんは逆方向に走ります。太郎さんは毎分200mで走り，次郎さんに2時間5分ごとに追いぬかれます。また，太郎さんと花子さんは10分ごとに出会います。このとき，次郎さんの走る速さは毎分[あ]mで，花子さんの走る速さは毎分[い]mです。

7　大西君の所持金は中西君の $\frac{2}{3}$ で，中西君の所持金は小野君の $\frac{2}{3}$ である。また，3人の所持金の合計は，3800円である。このとき，大西君の所持金は［　　　］円である。

8　右の図のように，正方形状に並んでいる12個の円の外側をすべることなく1つの円を転がしていきます。外回りに1周転がすとき，転がす円の中心Aが描（えが）く図形の周の長さを答えなさい。ただし，円の半径はすべて2cmとします。また，円周率は3.14とします。（　　　cm）

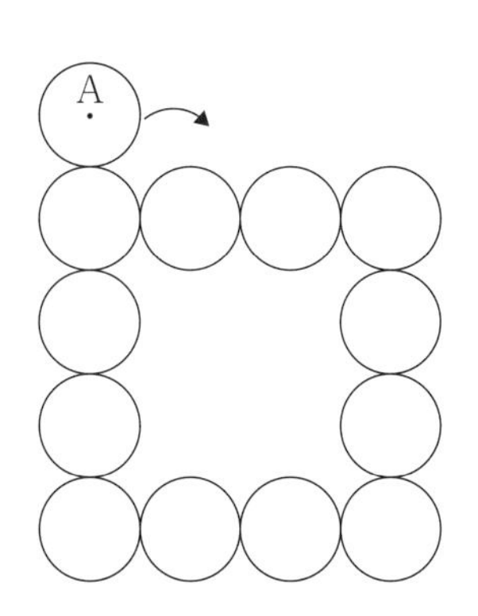

9　四角形ABCDは長方形で点Pは頂点Aを出発して毎秒2cmの速さで辺AD上を往復します。また，点Qは頂点Bを出発して毎秒3cmの速さで辺BC上を往復します。

ただし，PとQが同時に動き始めるとします。このとき，次の問いに答えなさい。

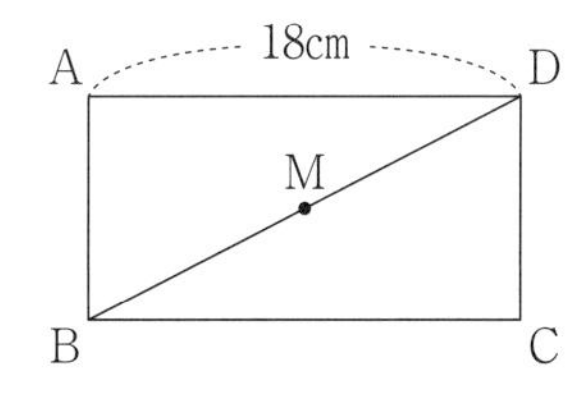

①　PQがはじめて辺ABと平行になるのは出発してから何秒後ですか。（　　　秒後）

②　PQがはじめて対角線BDの真ん中の点Mを通るのは出発してから何秒後ですか。

（　　　秒後）

10　右の図のように，たてが6cm，横が4cmの2枚の長方形の紙を重ねました。重なった部分と重なっていない部分（白い部分の面積の合計）の面積が等しいとき，重なっている部分の面積は何cm^2ですか。（　　　cm^2）

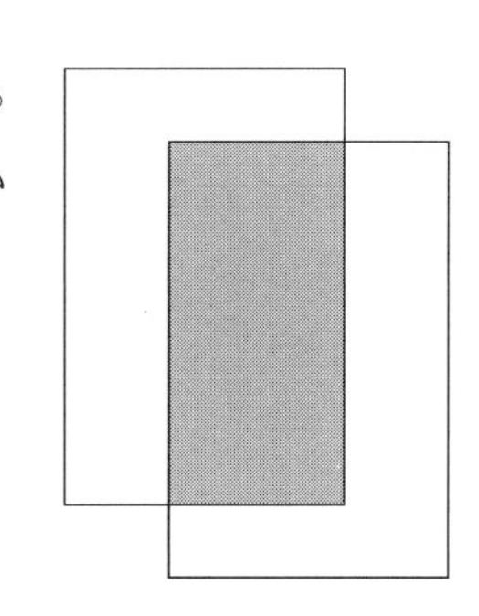

日々トレ 39

所要時間

点　　分　　秒

問題に条件がない時は，□にあてはまる数を答えなさい。

1　$\left(\frac{3}{5}+1\frac{1}{2}\right)\times 1\frac{2}{3}-\frac{7}{8}\div 2\frac{1}{4}$　(　　　)

2　23 + 34 + 45 + 56 + 17 + 26 + 35 + 44　(　　　)

3　$1\frac{5}{13}\times\left(14.4-9\frac{1}{4}\div 1.11\right)-\left(\square-\frac{3}{5}\right)\div 0.0625=6$

4　1から100の整数の中で，3でも4でも割り切れない数はいくつありますか。(　　　個)

5　点Pは，はじめは右の図の点Aの位置にあって，コインを1枚投げて表が出れば時計回りに点2つ分，裏が出れば反時計回りに点1つ分進みます。コインを4回投げた後の点Pの位置として考えられる点をすべて答えなさい。

(　　　)

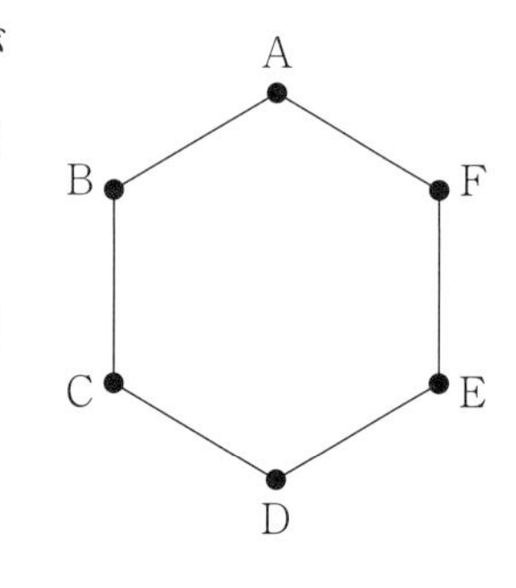

6　水そういっぱいに入った水をすべてくみ上げるのに，ポンプAだけでは6時間，ポンプBだけでは4時間かかります。2つのポンプが15分間にくみ上げる水量の差が1.8Lであるとき，この水そうの容量は何Lですか。(　　　L)

7　6％の食塩水があります。この食塩水を煮詰めて12％の食塩水にした後，4％の食塩水を400g混ぜると8％の食塩水になりました。はじめ6％の食塩水は何gあったか求めなさい。(　　　g)

8 図のように，半径 1 cm の半円を，中心が一直線上にあるように 5 個つなげてできた図形 A があります。

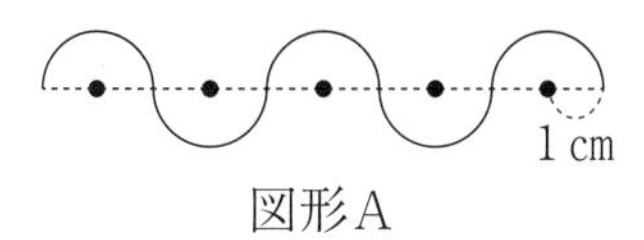

下の図のように，半径 3 cm の円が(ア)の位置から(イ)の位置まで図形 A と離(はな)れないように転がるとき，この円の中心が動いてできる線の長さを求めなさい。ただし，円周率は $\frac{22}{7}$ とします。（　　　cm）

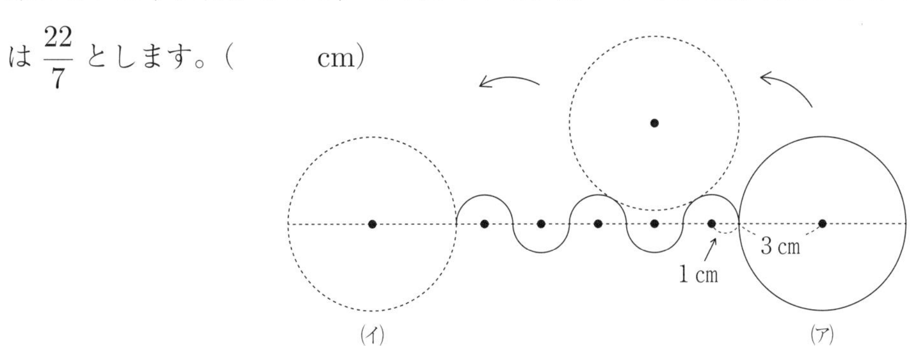

9 右の図のように，たて 6 cm，横 12cm の長方形 ABCD と CD を直径とする半円を組み合わせました。点 E は半円の周のまん中の点です。斜線(しゃせん)部分の面積は何 cm^2 ですか。ただし，円周率は 3.14 とします。（　　　cm^2）

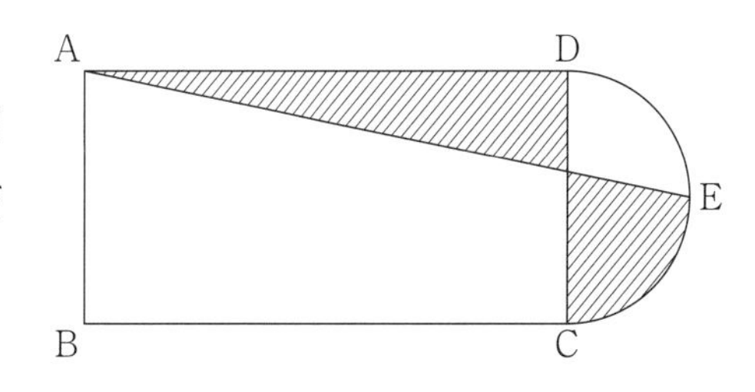

10 図 1 のような直方体の形をした水そうに水が入っています。図 2 のような直方体の形をしたおもりを水そうの中にしずめると，おもりが完全に水につかり，水そうがちょうどいっぱいになります。ただし，図の □ には同じ数が入ります。

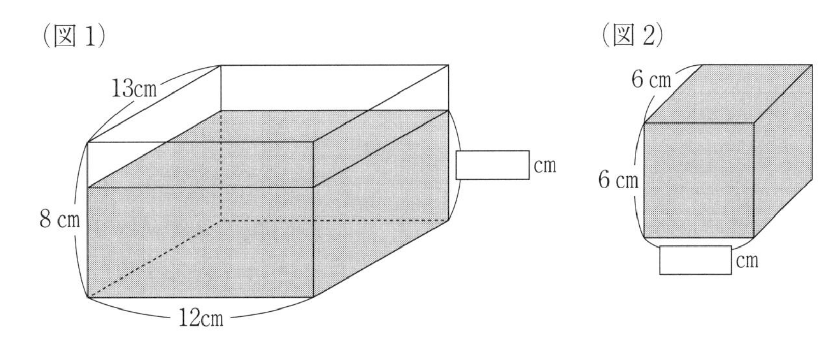

日々トレ 40

所要時間
点　分　秒

問題に条件がない時は，□にあてはまる数を答えなさい。

1　$1\frac{4}{7} \div \frac{3}{5} \times \frac{9}{2} - 1\frac{4}{5} \times \frac{9}{14} \div \frac{3}{8}$　（　　　）

2　$1.25 \times 2.4 + 0.625 \times 14.4 + 3.75 \times 4.8$　（　　　）

3　$(\square + 21 \times \square) \div 11 + \square \times 11 = 91$　（ただし，□には同じ数が入ります。）
（　　　）

4　$30\text{cm} + 248\text{mm} + 0.43\text{m} + \frac{7}{10000}\text{km} = \square\text{cm}$

5　兄と弟の2人が2.7kmはなれたA地点とB地点を自転車で往復しました。兄はA地点を出発してからもどってくるまで分速200mで走りました。弟は兄と同時に分速160mでA地点を出発しましたが，兄とすれちがったところからは分速240mで走りました。
(ア)　弟が兄とすれちがったのは，B地点から何mのところですか。（　　　m）
(イ)　どちらが何分早くA地点にもどりましたか。（　　が　　　分）

6　60個のおはじきを3人に分けます。はじめにAさんの個数の3倍が，Bさんの個数になるように残らず分けました。その後，AさんとBさんは持っているおはじきから5個ずつをCさんにわたしました。このときAさん，Bさん，Cさんの持っているおはじきの個数の比を最も簡単な整数の比で答えなさい。（　　：　　：　　）

7　ある時計は長針は1時間で1周しますが，短針は24時間で1周します。この時計で午前11時20分のとき，短針と長針のつくる角のうち，小さいほうは何度ですか。（　　　度）

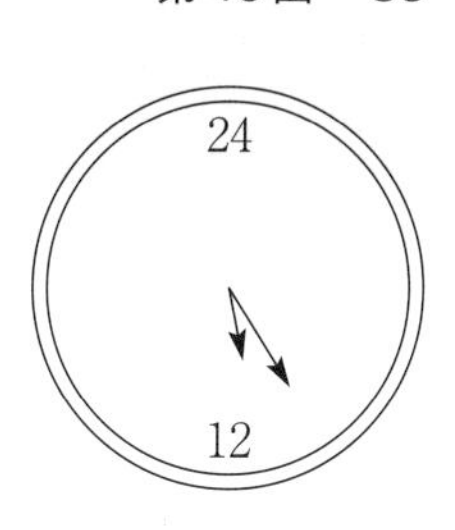

8　右の図は，ある立体の展開図になっています。これを組み立ててできる立体について，次の問いに答えなさい。ただし，円周率は3.14とします。

①　体積を求めなさい。（　　　cm^3）

②　表面積を求めなさい。（　　　cm^2）

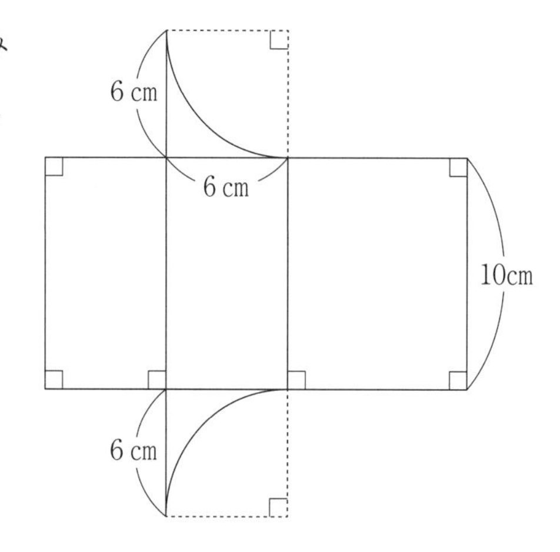

9　図のように，2つの長方形㋐，㋑と直角三角形㋒があります。㋐，㋑，㋒の面積がすべて同じであるとき，直角三角形㋒の辺ABの長さと辺BCの長さをそれぞれ求めなさい。

ABの長さ（　　　cm）　BCの長さ（　　　cm）

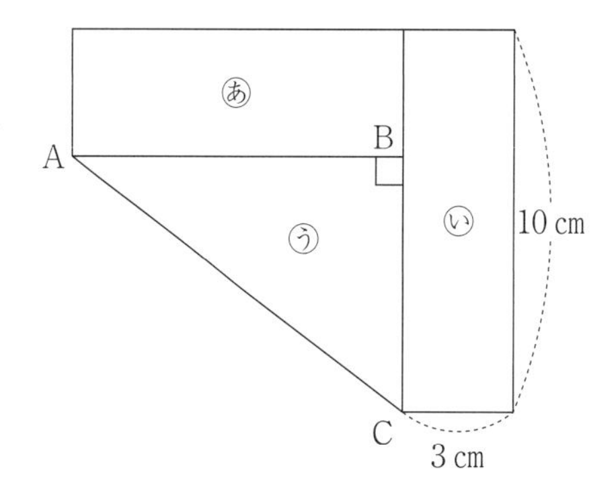

10　右の図の直方体ABCD—EFGHでAI：IB＝1：2で，四角形IFHJはその切断面です。直方体をこの切断面で2つの立体に分けるとき，小さい立体の体積と大きい立体の体積の比を最も簡単な整数の比で表しなさい。（　：　）

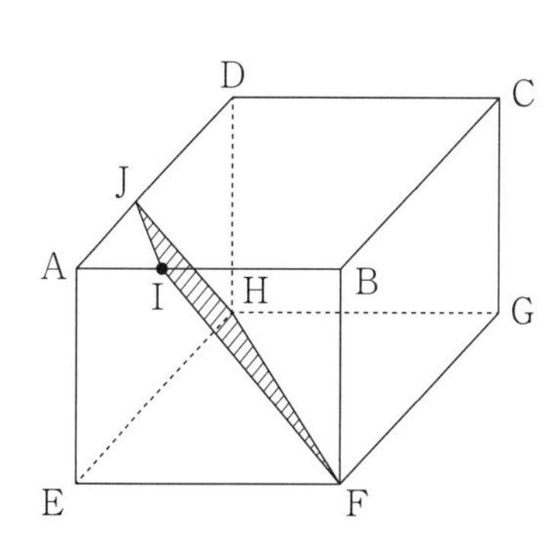

日々トレ 41

所要時間
点　　分　　秒

問題に条件がない時は，□にあてはまる数を答えなさい。

1　$4 \times \left\{ \frac{1}{4} - \frac{1}{6} \div \left(2 - \frac{1}{3} \right) \right\}$　（　　　）

2　$88 \times 0.375 - 40 \times 0.125 + 24 \times 0.125 - 40 \times 0.375$　（　　　）

3　$\frac{36}{5} \div \frac{\square}{5} = \frac{36}{5} - \frac{\square}{5}$ $\left(\right.$ただし，□には同じ整数が入り，$\frac{\square}{5}$はそれ以上約分できない分数とする$\left.\right)$　（　　　）

4　1本350mLの水，7本では□kgです。

5　21kmはなれた2つの町P，Qを往復するバスA，Bがあります。どちらのバスも一定の速度で走り，バスAの速さは時速60km，バスBの速さは時速45kmです。バスAがP町を，バスBがQ町を同時に出発するとき，2つのバスがはじめて出会うのは［ア］分後です。また，2つのバスは町に到着すると，それぞれ5分間停車し，再び出発します。2つのバスが2回目に出会うにはP町から［イ］kmはなれた地点です。

6　たて96m，よこ54mの長方形の土地のまわりに，等間隔（とうかんかく）でできるだけ少ない木を植えるとき，必要な木の本数は，□本です。ただし，長方形の四隅（よすみ）には必ず木を植えるものとします。

7 数の列1，2，4，8，16，32，64，…があります。京子さんは，1番目から10番目までの数をすべて足した数を2倍しようとしましたが，［　　　］番目の数を足すのをわすれて計算してしまったため，答えが2014となってしまいました。

8 1辺が2cmの正六角形があります。点Pと点Qは点Oを同時に出発して，それぞれ矢印の向きに正六角形の周上を移動します。点Pの速さは，毎秒2cm，点Qの速さは毎秒1cmです。このとき，14秒後までに点Pと点Qが重なる回数は［　　　］回です。

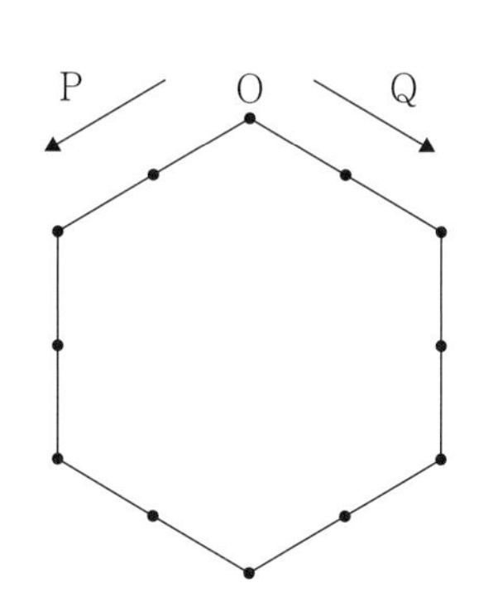

9 右図は長方形を2回折ってできた図形です。xを求めなさい。

x =（　　　）

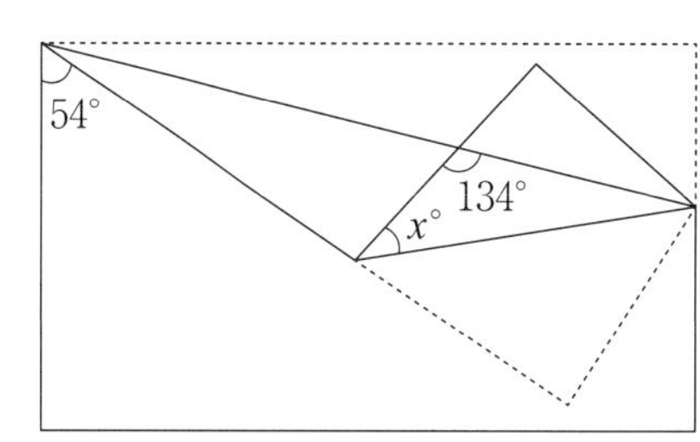

10 右の図のように，直角二等辺三角形ABCの直角の頂点Aを通って，BCに平行な線をひきました。この平行線上にBCとBDの長さが等しくなるように点Dをとり，点Bと点Dを結ぶとき，角㋐の大きさを求めなさい。（　　　度）

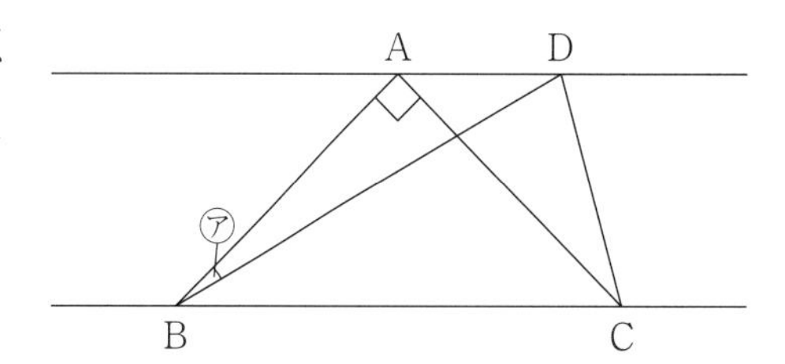

日々トレ 42

所要時間
点　　分　　秒

問題に条件がない時は，□にあてはまる数を答えなさい。

1　$\frac{5}{6}+\frac{1}{2}\times\left\{3\frac{1}{2}-\left(1+2\frac{1}{6}\right)\right\}$　（　　　）

2　$(123.45\times99.99+0.2345)\div100-23.45$　（　　　）

3　$7\times(60\div\square-26\times3)=24\times91$

4　600000kL ÷ 5 ha × 10m = □ a ［kL，ha，m，a は単位］

5　1つの円の周上を，同じ方向に走っているA君とB君がいます。A君は2分間に10周，B君は1分間に10周の速さで走っています。ある時刻にA君とB君が同時に周上のP地点を通過しました。この後の500秒間で2人が同時にP地点を通過する回数を求めなさい。（　　　回）

6　流れの速さが一定の川を，ある船が毎時12kmの速さで40km上るのに5時間かかりました。帰りは毎時16kmの速さで同じ距離（きょり）を下ると何時間かかりますか。（　　　時間）

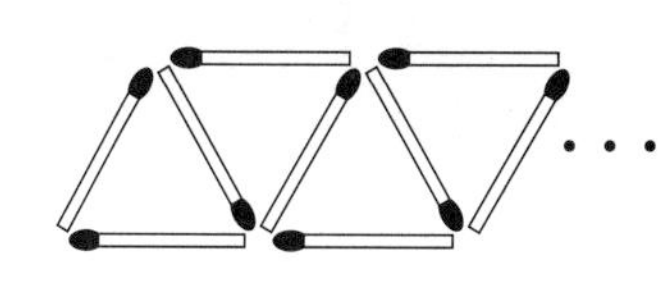

7　右の図のように，マッチ棒をつぎつぎに並べて三角形をつくっていきます。三角形を100個つくるためには，マッチ棒は何本必要か求めなさい。(　　　本)

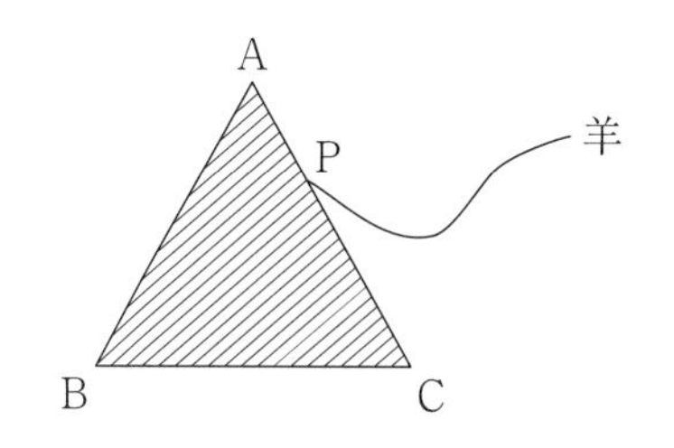

8　右の図の斜線（しゃせん）部分は，1辺の長さが9mの正三角形ABCで，さくに囲まれていて中に入ることができません。さくACの途中のP地点に結びつけられた長さ9mのロープに羊がつながれています。APの長さが3mのとき，この羊が動くことのできる部分の面積は何m^2ですか。ただし，円周率は3.14とします。(　　　m^2)

9　右の図の三角形を，直線ℓを軸（じく）として1回転させたときにできる立体の体積は何cm^3ですか。ただし，円周率は3.14とします。(　　　cm^3)

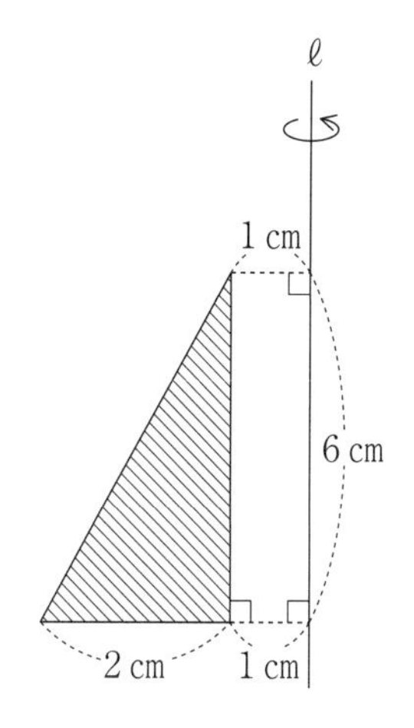

10　右の図で，直線aと直線bは平行です。このとき，アの角の大きさは何度ですか。ただし，同じ印のついている角の大きさは等しいものとします。

(　　　度)

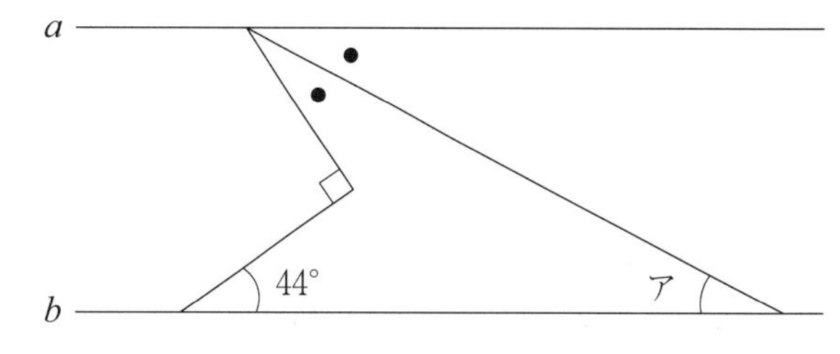

日々トレ 43

所要時間
点　分　秒

問題に条件がない時は，□にあてはまる数を答えなさい。

1 $\left\{\left(2\frac{2}{7}-1\frac{3}{4}\right)\div 3+2\frac{1}{14}\right\}\times\frac{2}{5}$ (　　　)

2 $\frac{1}{2\times 3}+\frac{1}{3\times 4}+\frac{1}{4\times 5}+\frac{1}{5\times 6}+\frac{1}{6\times 7}$ (　　　)

3 $(7+77+777)\div(7+77+7\times 7-\square)=7$

4 2014 年 1 月 20 日は月曜日です。2014 年の 1 年間で水曜日は何回ありますか。(　　　回)

5 長さ 180m の普通列車が，橋をわたり始めてからわたり終わるまでに 50 秒かかりました。同じ橋を，長さ 240m の急行列車が，普通列車の 1.4 倍の速さでわたり始めてからわたり終わるまでに 40 秒かかりました。急行列車の速さは秒速何 m ですか。また，橋の長さは何 m ですか。

(秒速　　　m)(　　　m)

6 10000 円で仕入れた品物に 4 割の利益を見込んで定価をつけた。この品物を定価の 25 %引きで売ると，利益は□円である。

7　2 m の棒をすべて長さの違う 4 本の棒に切りました。順に 10cm ずつ長くなっています。一番長い棒は［　　　］cm です。

8　半径 1 cm の円が，右のような図形の辺にそって外側を 1 周するとき，この円の中心が通ったあとの長さは何 cm ですか。ただし，円周率は 3.14 とします。（　　　cm）

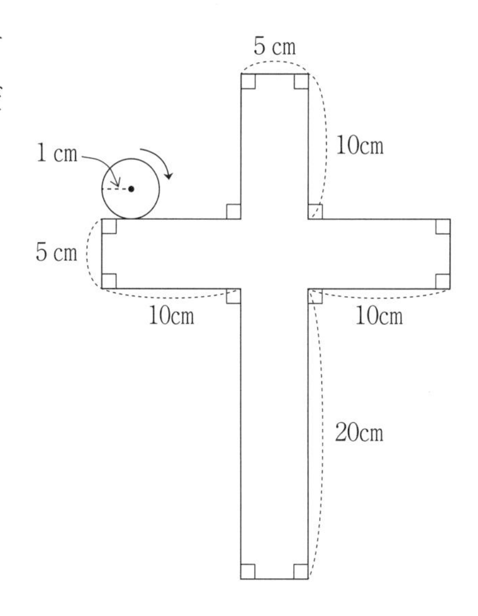

9　右の図において，AF = FD，CE = EF，BD = DE とします。三角形 ABC の面積が 63cm^2 のとき，三角形 DEF の面積は［　　　］cm^2 です。

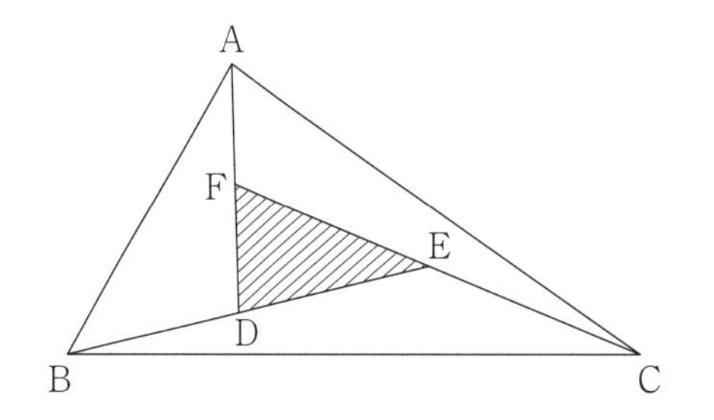

10　右の図のように，底面の半径が 10cm の空き缶をぴったり並べて，ひもでしばっています。このとき，斜線部分の面積は何 cm^2 ですか。ただし，円周率は 3.14 とします。（　　　cm^2）

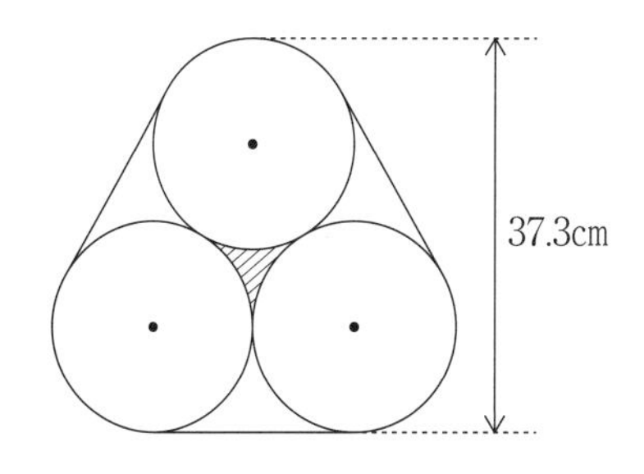

日々トレ 44

所要時間

点　　分　　秒

問題に条件がない時は，$\boxed{}$ にあてはまる数を答えなさい。

1 $\dfrac{5}{6}+\dfrac{1}{2}\times\left\{3\dfrac{1}{2}-\left(1+2\dfrac{1}{6}\right)\right\}$ （　　　）

2 $\dfrac{1}{1\times4}+\dfrac{1}{4\times7}+\dfrac{1}{7\times10}+\dfrac{1}{10\times13}$ （　　　）

3 次の式について，$\boxed{}$ には同じ数が入ります。$\boxed{}$ に当てはまる数を求めなさい。（　　　）

$$\boxed{}\times\left\{\left(6-\dfrac{11}{4}\right)\times\dfrac{12}{13}-1\right\}-10\div0.5+(129\div4-250\div8)\times\boxed{}=31$$

4 1階から4階まで階段を上ると48秒かかる人が，同じペースで1階から8階まで階段を上ると何秒かかるでしょうか。（　　　秒）

5 A君の130m東にB君が立っています。時速54kmで東に向かって走る電車の先頭がA君の目の前を通ったちょうど11秒後に，電車の最後尾(さいこうび)がB君の目の前を通過しました。この電車の長さは $\boxed{}$ mです。

6 右の図は，中心が同じ大中小3つの円を5等分した図形です。この図形を，ある決まりにしたがってぬりつぶし，そのぬりつぶし方によって数を表すこととします。次の問いに答えなさい。

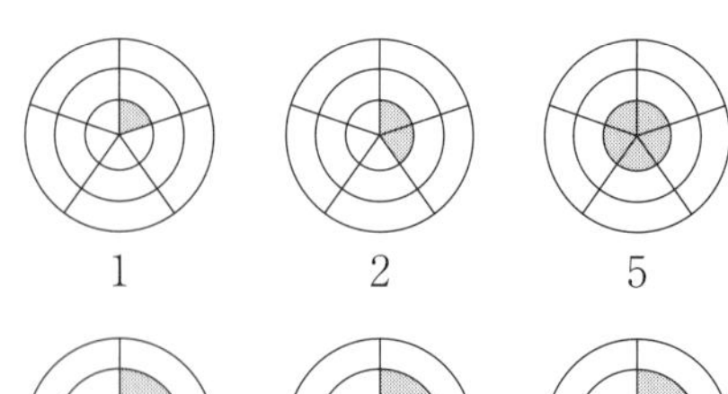

(1) 15はどのように表しますか。

(2) 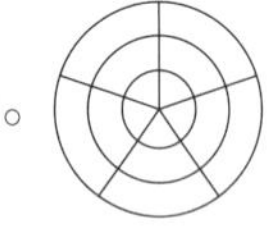 が表す数はいくらですか。（　　　）

(3) この表し方で，最大でいくらまで表すことができますか。（　　　）

(4) 大中小3つの円の半径をそれぞれ3cm，2cm，1cmとするとき，185を表す図形のぬりつぶされた部分の面積は何cm^2ですか。ただし，円周率は3.14とします。（　　　cm^2）

7　最初，容器Aには20％の食塩水300g，容器Bには4％の食塩水500gが入っていました。まず，Aから食塩水を100g取り出し，Bに入れてよくかき混ぜました。次に，Bから食塩水を150g取り出し，Aに入れてよくかき混ぜました。この入れかえの後，Aの食塩水にふくまれている食塩の量は何gですか。（　　　g）

8　1辺の長さ3cmの正三角形と1辺の長さ6cmの正方形が図1のように置かれています。このときの正三角形の頂点がある位置を図1のようにア，イ，ウとし，アの位置にある正三角形の頂点をPとします。この状態から，図2のように，正三角形が正方形の周りをすべらないように転がります。正三角形が1周してもとの位置に戻(もど)ってきたとき，次の問いに答えなさい。

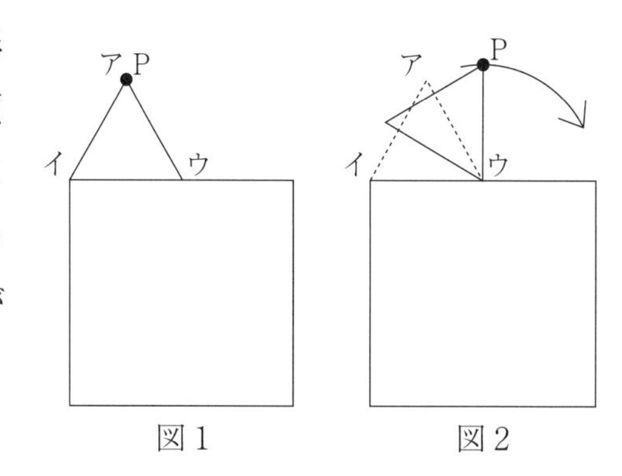

図1　　図2

① 頂点Pは，ア，イ，ウのどの位置に来ますか。（　　）
② 頂点Pが通過してできる線の長さを求めなさい。（　　　cm）

9　縦の長さ，横の長さ，高さがそれぞれ15cm，12cm，30cmの直方体の形をした容器の高さ25cmのところまで水が入っています。この容器の中に，1辺の長さが10cmの立方体の形をしたおもり2個を水面から出ないように沈(しず)めたところ，水が容器からあふれました。あふれた水の量は[ア].[イ]Lです。

10　1辺が1cmの立方体を右の図のように，1段目は1個，2段目は3個，3段目は6個，…と次々に重ねて立体を作っていきます。5段重ねたときにできた立体の体積は[　　]cm^3，表面積は[　　]cm^2です。

1段

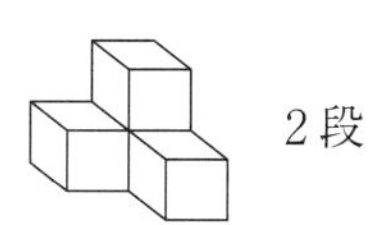
2段

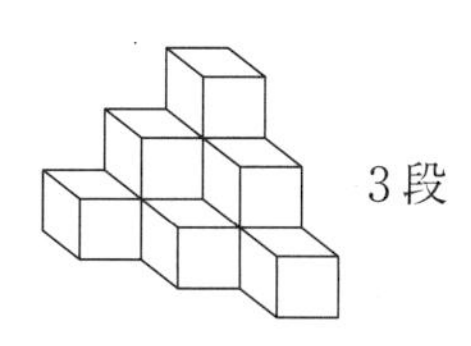
3段

日々トレ 45

所要時間

点　　分　　秒

問題に条件がない時は，□にあてはまる数を答えなさい。

1　$\frac{7}{6} - 0.25$　（　　　）

2　$\frac{1}{5 \times 7} + \frac{1}{7 \times 9} + \frac{1}{9 \times 11} + \frac{1}{11 \times 13} + \frac{1}{13 \times 15} + \frac{1}{15 \times 17}$　（　　　）

3　$\frac{2}{5} \div (1 + \square) + \left\{1 - \frac{1}{12} \div \left(\frac{1}{2} - \frac{1}{4}\right) \times \frac{1}{3}\right\} \times \frac{1}{2} = \frac{2}{3}$

4　時速 24km －秒速 $3\frac{1}{3}$m ＝分速□m

5　ある列車が長さ 1292m の橋にさしかかってから完全に渡りきるまでに 73 秒かかります。また長さも速さも同じ列車とすれちがうのに 5 秒かかります。この列車の長さを求めなさい。（　　　m）

6　原価が 1000 円の品物に原価の 4 割増しの定価をつけましたが，その定価から値引きをして品物を売ることにしました。このとき，原価の 15 %の利益を確保できていればよいとすると，定価からの値引きは最大で何割何分まで可能ですか。（　　割　　分）

7　480m はなれて２本の電柱が立っています。この間に電柱から６m おきに杭(くい)が並んでいます。電柱から 30m おきにある杭は赤，その他の杭は青で塗(ぬ)られています。

いま，赤い杭を取り除きます。新たに青い杭を打って，２本の電柱の間に電柱から２m おきに青い杭が並ぶようにします。新たに打つ青い杭は何本ですか。(　　　本)

8　図のような AB = 3 cm，AD = 6 cm，AE = 3 cm の直方体があります。３つの点 A，F，H を通る平面でこの直方体を切ってできる三角すい AEFH の表面積を求めなさい。(　　　cm^2)

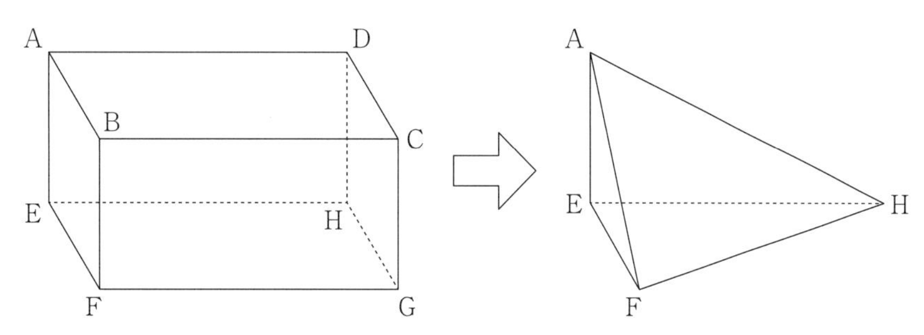

9　右の図の台形 ABCD で，点 E は辺 AB の真ん中の点で，DF と FC の長さの比は８：５です。三角形 DEF の面積は何 cm^2 ですか。(　　　cm^2)

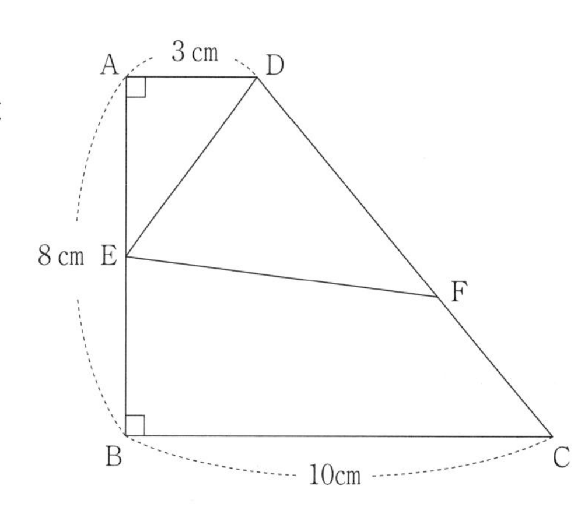

10　図のように，円を４等分したおうぎ形を，もとの円の中心が円周上にくるように折りました。このとき，図のあの角度は［　　　］度です。

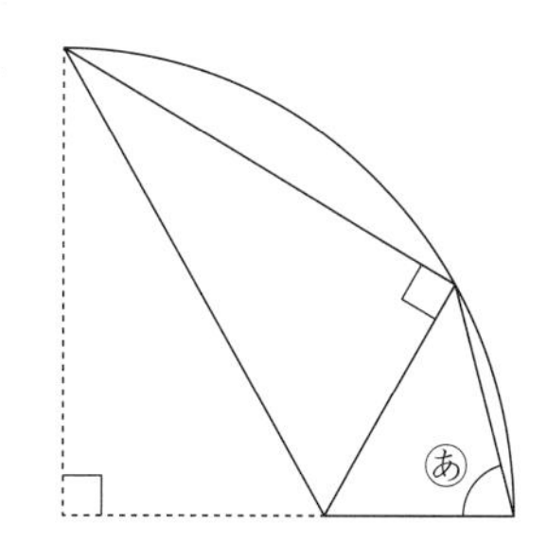

日々トレ 46

所要時間

点　　分　　秒

問題に条件がない時は，□にあてはまる数を答えなさい。

1　$1.25 \div \dfrac{10}{7} \times \dfrac{3}{14}$　（　　　）

2　$\dfrac{3}{1 \times 4} + \dfrac{3}{4 \times 7} + \dfrac{3}{7 \times 10} + \dfrac{3}{10 \times 13} + \dfrac{3}{13 \times 16} = \square$

3　$\left\{\left(\dfrac{1}{13} + \dfrac{1}{39} + \dfrac{1}{117}\right) - \left(\dfrac{1}{37} + \dfrac{1}{111} + \dfrac{1}{999}\right)\right\} \div \left(\square + \dfrac{1}{279} + \dfrac{1}{837}\right) = 2$

4　$0.75\text{L} + 60000\text{mm}^3 = \square\ \text{cm}^3$

5　船Aと船Bは，武庫(むこ)川の上流にある甲武(こうぶ)橋と下流にある上武庫(かみむこ)橋の間を往復します。船Aは甲武橋を，船Bは上武庫橋をそれぞれ同時に出発し，20分後に初めてすれちがいました。その10分後に，船Aは上武庫橋につきました。流れのないところでは船Aは毎分60m，船Bは毎分75mの速さで進みます。このとき，次の問いに答えなさい。ただし，船の長さは考えないものとします。

①　武庫川の流れの速さは毎分何mですか。（毎分　　　m）

②　船Aと船Bが2回目にすれちがうのは，甲武橋から何mはなれたところですか。（　　　m）

6　ある品物を定価で買おうと思いましたが，200円足りませんでした。ところが，お店の人に定価の8％引きにしてもらったので，96円余りました。はじめに持っていたお金は□円です。

7　ユウイチ君は球形の団子を積み重ねて，お月見団子を作ります。右図は2段重ねと3段重ねのお月見団子を斜(なな)め上から見たものです。6段重ねのお月見団子を作るときに必要な団子は何個か求めなさい。(　　　個)

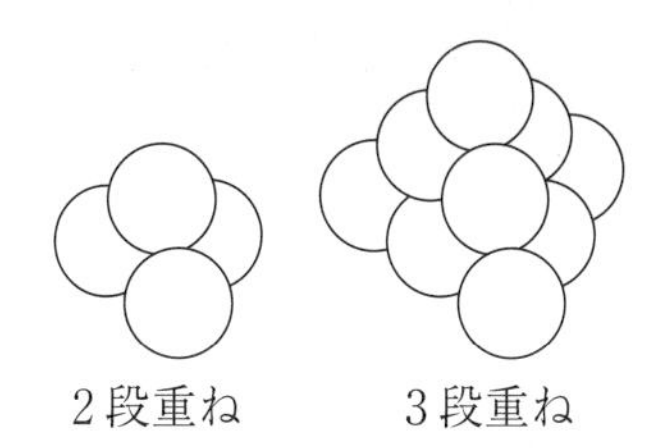

8　右の展開図を組み立ててできる立体の表面積は $62.8cm^2$ である。［　　］の値を求めなさい。ただし，円周率は3.14とします。(　　　)

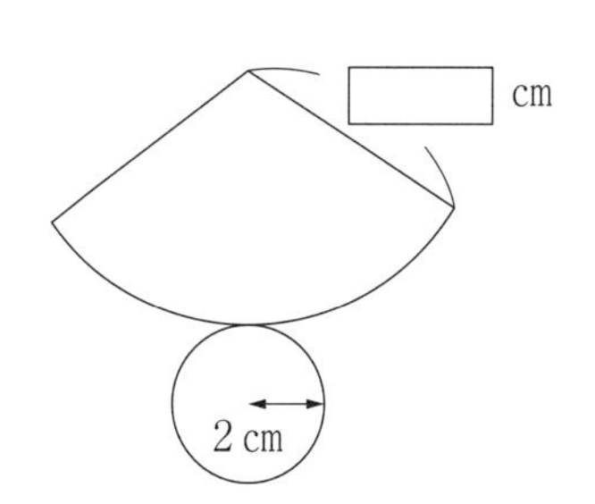

9　底面の半径が2cmの円柱をななめに切ってつなげると，図のような立体になりました。この立体の体積は［　　］cm^3 です。ただし，円周率は3.14とします。

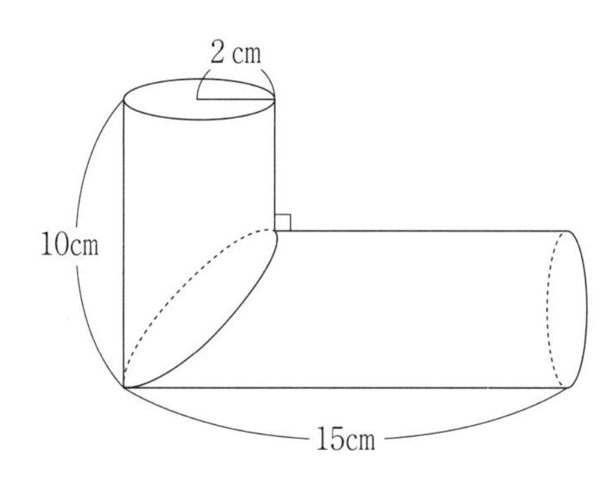

10　右の図は6枚の同じ正方形を組み合わせたものです。角 x は何度ですか。(　　　度)

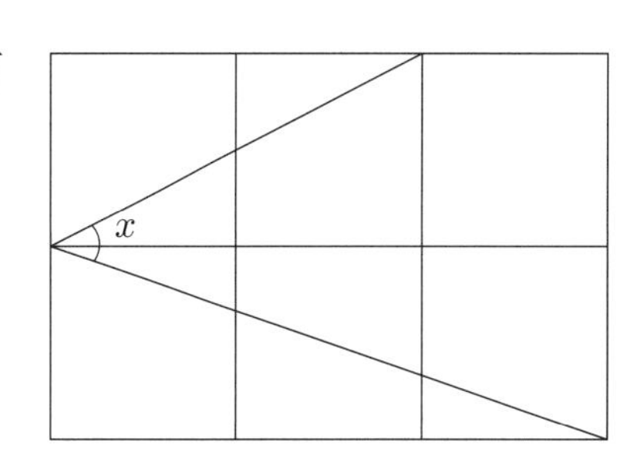

日々トレ 47

所要時間

点　　分　　秒

問題に条件がない時は，□にあてはまる数を答えなさい。

1　$\frac{35}{8} \times 0.6 - \frac{9}{4}$　（　　　）

2　$\frac{2}{3 \times 5} + \frac{2}{5 \times 7} + \frac{2}{7 \times 9} + \frac{2}{9 \times 11} + \frac{2}{11 \times 13}$　（　　　）

3　$\{2020 \times 20 - (\square - 20) \times 20\} \div 20 = 20$

4　プロ野球のあるチームの成績は現在65勝40敗で，残り試合は39試合です。優勝するためには，6割以上の勝率が必要なのですが，あと何試合以上勝たなくてはならないでしょうか。

ただし，勝率は，$\frac{(\text{勝った試合数})}{(\text{全試合数})} \times 10$ で求め，引き分けはないものとします。

（　　　試合以上）

5　川の上流のA町と下流のB町の間を船で往復します。A町からB町までは42分かかり，B町からA町までは1時間52分かかります。船の静水での速さは川の流れる速さの何倍か答えなさい。船の静水での速さと，川の流れる速さはそれぞれ一定とします。（　　　倍）

6　4％の食塩水300gと6％の食塩水150gがあります。同時に同じ量の食塩水を取り出し，もう一方の容器に入れたところ，2つの容器に入っている食塩水の濃度は等しくなりました。このとき，入れ替えた食塩水の量は［ア　　］gで，できた食塩水の濃度は［イ　　］％です。

7　列車A，Bが同じ向きにそれぞれ一定の速さで進んでいます。列車Aの長さは200mで速さは時速72kmです。列車Bの長さは150mで速さは時速□kmです。健太くんは列車Aに乗っていて，列車Bの先頭が健太くんの横に並んでから最後尾（さいこうび）が通りすぎるまでに45秒かかりました。

8　右の図のように，底面の半径が5cmの円柱の形をした水そうに水が12cmの高さまで入っています。その中に，底面の半径が3cmの円すいの形をした石をしずめると，水面が0.8cm上がりました。この円すいの高さを求めなさい。ただし，水そうの厚みは考えないものとします。また，円周率は3.14とします。（　　　cm）

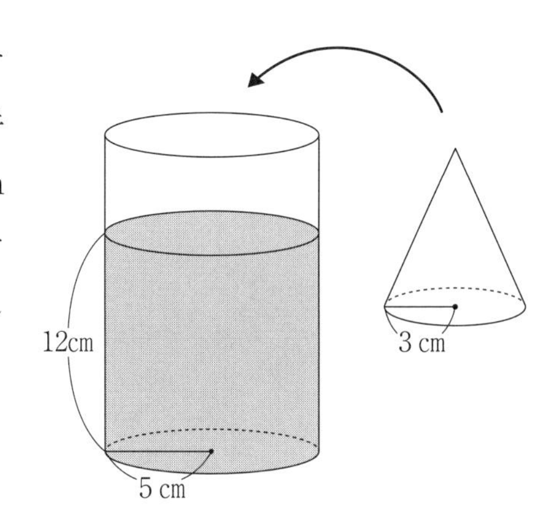

9　一辺1cmの立方体を図のようにあわせて大きな立方体を作りました。色のついた部分を反対側までまっすぐくりぬくと，残された立体の体積は□cm^3になりました。ただし，くりぬいても立体はくずれないものとします。

10　図の三角すいO―ABCは，底面がAB = ACの直角二等辺三角形で，側面である三角形OABと三角形OACは共に頂点Aが直角の直角三角形であり，辺OAが辺ABの2倍の長さとなっています。

辺OB，辺OCにそれぞれ点P，点Qをとり，AP + PQ + QAが最小になるようにした場合，その最小値が14cmになります。このとき底面である三角形ABCの面積は□cm^2です。

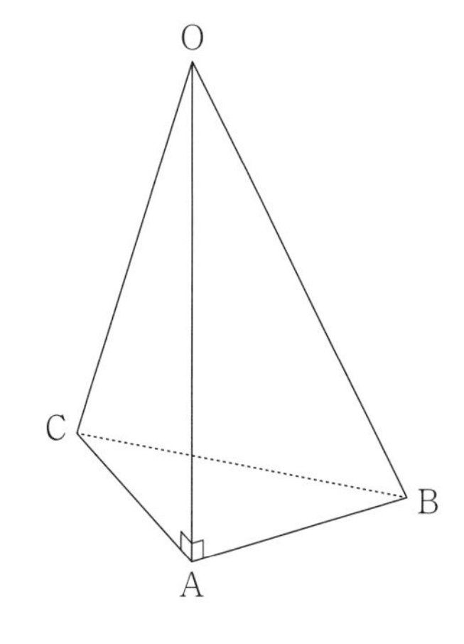

日々トレ 48

所要時間

点　　分　　秒

問題に条件がない時は，□にあてはまる数を答えなさい。

1　$\frac{1}{3} \div 0.75 - \frac{3}{2} \times \frac{1}{9}$　（　　　）

2　$\frac{3}{2 \times 5} + \frac{3}{5 \times 8} + \frac{3}{8 \times 11} + \frac{3}{11 \times 14} + \frac{3}{14 \times 17} + \frac{3}{17 \times 20} + \frac{3}{20 \times 23} + \frac{3}{23 \times 26}$

（　　　）

3　$\frac{11}{12} \div 2.5 \times \left(\square - \frac{3}{5}\right) \div \left(4\frac{1}{3} - 1\frac{7}{12}\right) = \frac{1}{3}$

4　売り値 10000 円の商品に消費税 8 ％をつけて，そこから 8 ％値引きした価格は，もとの売り値の□％引きです。

5　川下の A 町から川上の B 町まで往復するのに，時速 2 km で流れている川を行きはボートに乗ってさかのぼり 3 時間かかりましたが，帰りは同じボートで下り 2 時間で帰ることができました。ボートで往復した距離を求めなさい。（　　　km）

6　大小 2 つの整数があります。この 2 つの整数の平均は 72 で，差は 14 です。この 2 つの整数をそれぞれ求めなさい。大（　　　）　小（　　　）

7 下の図のような規則にしたがって，マスに色が塗られています。これについて，次の各問いに答えなさい。

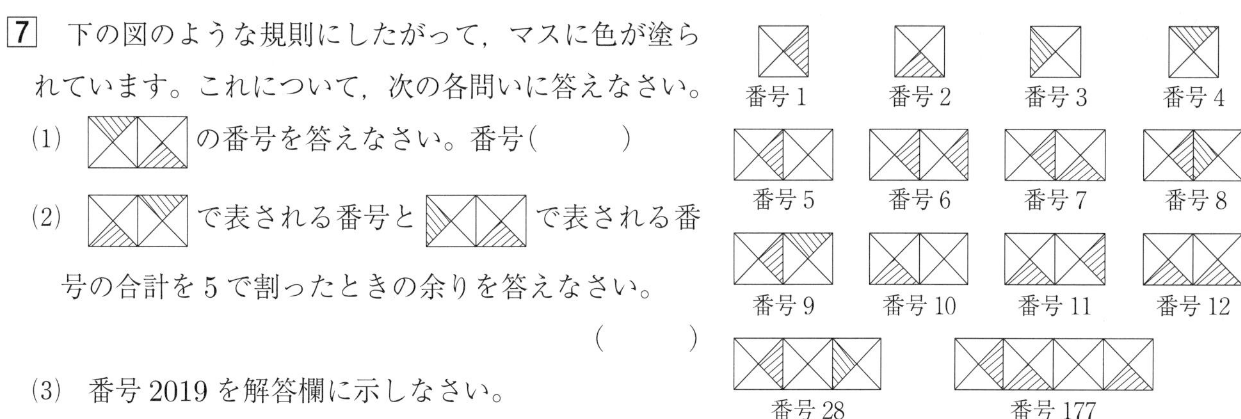

(1) の番号を答えなさい。番号(　　　)

(2) で表される番号と で表される番号の合計を5で割ったときの余りを答えなさい。

(　　　)

(3) 番号2019を解答欄に示しなさい。

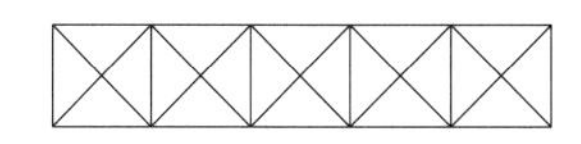

8 右の図のように，たて2cm，横4cmの長方形を2枚使ってできる図形を軸(じく)のまわりに1回転させてできる立体の体積と表面積を求めなさい。ただし，円周率は3.14とします。体積(　　　cm^3)　表面積(　　　cm^2)

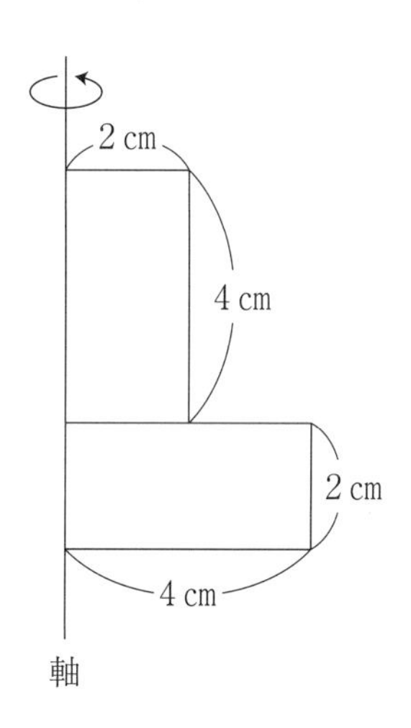

9 右の図は，形も大きさも同じ2つの直角三角形を重ねたものです。かげをつけた部分の面積が$12cm^2$のとき，直角三角形ABCの面積は［　　　］cm^2です。

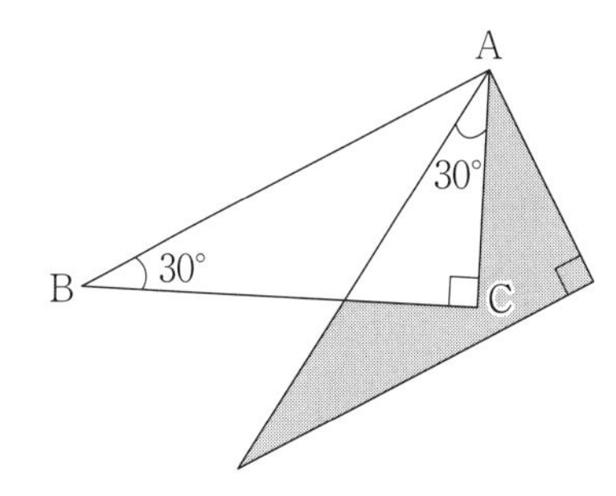

10 図のように，底面が台形の四角柱の容器に水を入れ，もれないようにふたをする。水平なゆかの上に面BCGFが下にくるように置いたとき，水面の高さは9cmであった。この容器を面ABCDが下にくるように置いたときの水面の高さを求めなさい。(　　　cm)

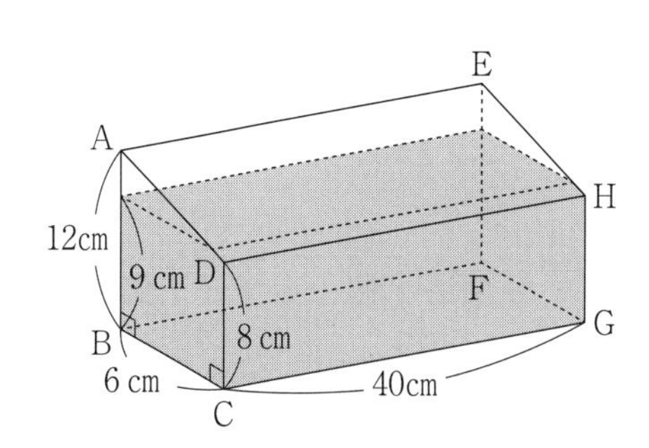

日々トレ 49

所要時間
点　分　秒

問題に条件がない時は，□にあてはまる数を答えなさい。

1 $0.25 \times \frac{1}{2} \div 0.2 - \frac{3}{8}$　(　　　)

2 $\frac{1}{20} + \frac{1}{30} + \frac{1}{42} + \frac{1}{56}$　(　　　)

3 分数の分母の中に分数がある分数を連分数(れんぶんすう)といいます。連分数は，右の例のように計算することができます。

[例] $\frac{1}{\frac{1}{2}} = 1 \div \frac{1}{2} = 2$

$1 + \cfrac{3}{1 + \cfrac{3}{\square}} = \frac{11}{5}$ のとき，□にあてはまる数を答えなさい。(　　　)

4 家から学校まで15分かかる道のりを兄と弟が同時に同じ速さで歩き出しました。歩き出してから□分後に兄が忘れ物に気付き，家にそれまでと同じ速度で取りに帰り，2分間探し物をした後，家から学校にそれまでの2倍の速度で向かいました。弟は，兄が忘れ物に気付いた地点から学校にそれまでの半分の速度で向かったところ，兄と弟は同時に学校に着きました。

5 午前1時から午後11時までの間で時計の長針と短針が重なるときは□回ある。

6 レタス1個はトマト1個より80円高く，レタス5個とトマト6個で1390円です。このとき，トマト1個は何円になるか答えなさい。(　　　円)

7　7枚のカード[0]，[1]，[2]，[2]，[3]，[3]，[3]があります。この7枚のカードの中から3枚取り出して3けたの整数をつくります。このとき，3の倍数は[　　　]通りできます。

8　右の図で，1辺の長さが10cmの正方形ABCDの真ん中から，1辺の長さが2cmの正方形をくりぬいた図形を直線ℓの回りに90°回転させます。このとき，この図形が動いたあとの立体の体積は何cm^3ですか。ただし，円周率は3.14とします。（　　　cm^3）

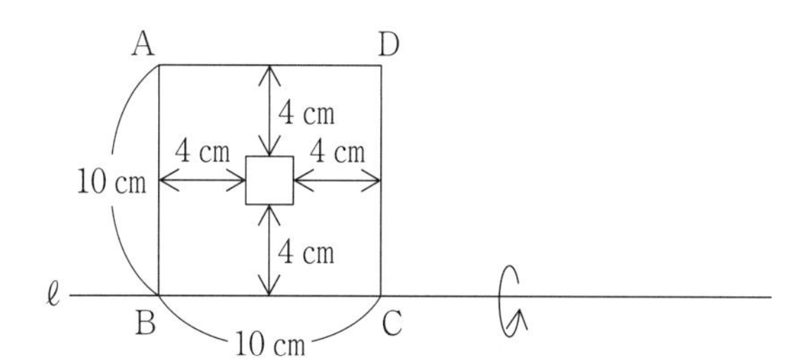

9　右の図の角アの大きさは何度ですか。ただし，五角形ABCDEは正五角形です。（　　　度）

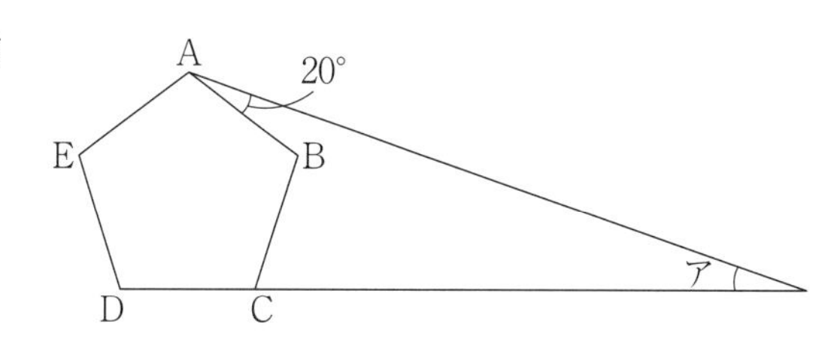

10　図は1辺の長さが6cmの立方体で，3点A，B，Cはいずれも各辺を3等分する点です。3点A，B，Cを通る平面でこの立方体を切ったとき，2つの立体の表面積の差は何cm^2ですか。（　　　cm^2）

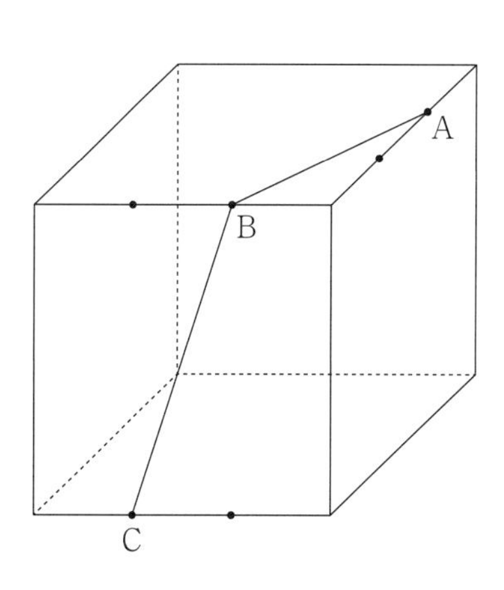

日々トレ 50

所要時間

点　　分　　秒

問題に条件がない時は，□にあてはまる数を答えなさい。

1　$1-\left(1.8-\dfrac{1}{5}\right)\times\dfrac{5}{8}$　（　　　）

2　$\dfrac{1}{2}-\dfrac{1}{3}=\dfrac{1}{6}$ である。このことを利用して計算すると，$\dfrac{1}{2}+\dfrac{1}{6}+\dfrac{1}{12}+\dfrac{1}{20}+\dfrac{1}{30}+\dfrac{1}{42}+\dfrac{1}{56}+\dfrac{1}{72}+\dfrac{1}{90}=$ □ となる。

3　次の□にあてはまる数を求めなさい。ただし，3つの□は同じ数です。（　　　）

□ × □ ＋ □ ＝ 756

4　まったく同じ2つの容器AとBがあり，どちらも満水の状態です。Aは3時間で，Bは4時間で水がなくなります。A，Bから同時に水を抜（ぬ）き始め，ある時間経（た）ったとき，水面の高さがBはAの2倍になりました。何時間何分前に水を抜き始めましたか。（　　時間　　分前）

5　4時00分から4時30分までの間に，時計の長針と短針のつくる角が76°になるのは，4時□分です。

6　右の図において，点Aから点Iは円周を9等分した点です。9点のうち3点を結んで三角形を作るとき，二等辺三角形と正三角形は全部で□個できます。

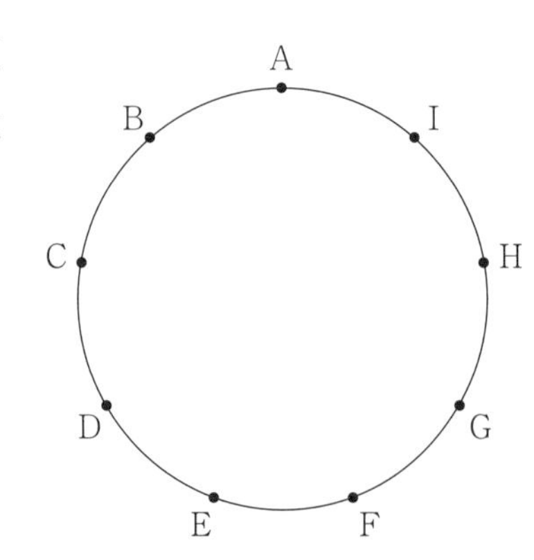

7 ある牧場では，10頭の牛を放すと6日間で草を食べつくし，15頭の牛を放すと3日間で草を食べつくします。この牧場で，8頭の牛を4日間放した後，さらに何頭か牛を加えたところ，加えてから3日間で草は食べつくされました。後から加えた牛は何頭ですか。ただし，1日に生える草の量は一定とし，またどの牛も1日で食べる草の量は同じであるとします。（　　　頭）

8 図1のように1辺が2 cmの正方形が集まってできた図形があります。この図形を直線ABを回転軸（じく）として90°回転させたとき，色のついている部分が通過してできる立体の体積は何cm^3ですか。ただし，円周率は3.14とします。（　　　cm^3）

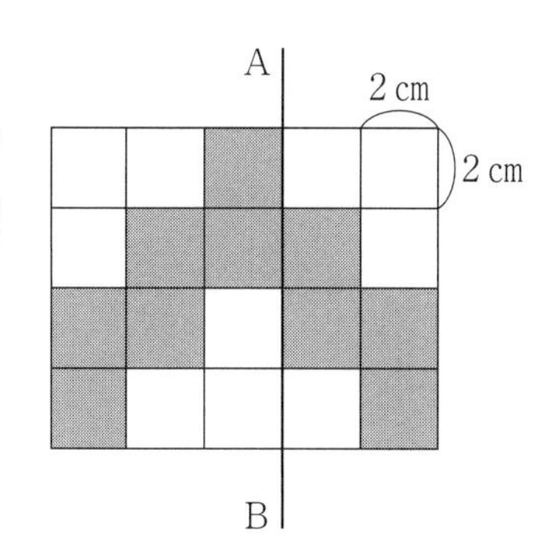

9 右の図は，ある立体の展開図です。三角形ABL，BCD，KHIはそれぞれ直角二等辺三角形であり，四角形BDGL，DEFG，LGHKはそれぞれ1辺が6 cmの正方形です。この立体の体積を求めなさい。（　　　cm^3）

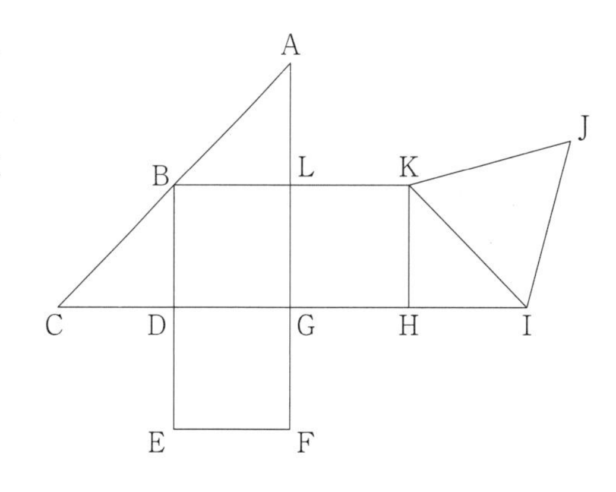

10 図のような，面積が$60cm^2$の平行四辺形ABCDで，AE：EB＝1：1，AF：FD＝1：2です。

このとき，斜線部の面積を求めなさい。（　　　cm^2）

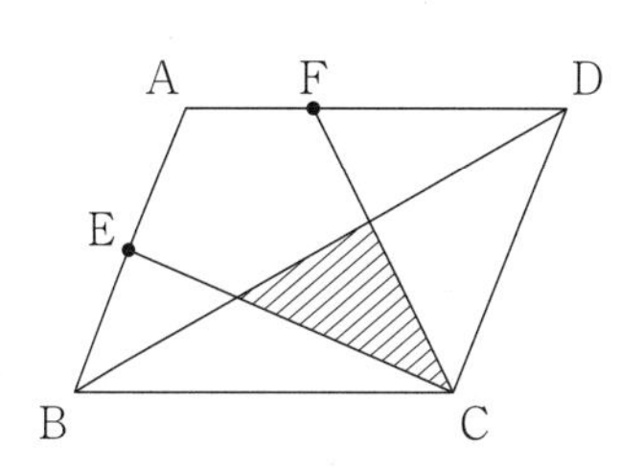

日々トレ 51

所要時間
点　　分　　秒

問題に条件がない時は，□ にあてはまる数を答えなさい。

1　$\left\{1\frac{1}{4}+1\div(1-0.2)\right\}\div\frac{1}{5}$　(　　　)

2　$\frac{2}{3}+\frac{2}{15}+\frac{2}{35}+\frac{2}{63}+\frac{2}{99}$　(　　　)

3　$(5+3\times2.5)\times\frac{16}{4\times\square-9}+\left(\frac{1}{3}+\frac{4}{3}\times1.75\times\frac{3}{7}\div0.5\right)=5$

4　4 人の生徒が 10 点満点のテストを受けました。最高点をとった人が 2 人，平均点と同じ点数の人が 1 人いて，最高点と平均点の差は 2 点，最低点は 3 点でした。平均点はいくらですか。(　　　点)

5　午後 6 時から午後 7 時の間で，時計の長針と短針が重なるのは午後 3 時 □ 分です。

6　普通列車と特急列車があります。駅で止まっている普通列車を特急列車が追いこすときには 23 秒かかります。普通列車と特急列車がすれ違うときには 14 秒かかります。普通列車の速さが分速 540m のとき，特急列車の速さは分速何 m ですか。(分速　　　m)

7　8両編成の電車が350mの橋をわたり始めてからわたり終えるまでに17秒かかりました。電車の速さが分速1.8kmのとき，電車1両の長さを求めなさい。(　　　　)

8　右の図のような直方体ABCDEFGHは
面ABCDと平行な面で切った場合は表面積が24cm^{2}増えます。
面ABFEと平行な面で2回切った場合は表面積が96cm^{2}増えます。
面BFGCと平行な面で切った場合は表面積が36cm^{2}増えます。
この直方体の表面積は［　　　　］cm^{2}です。

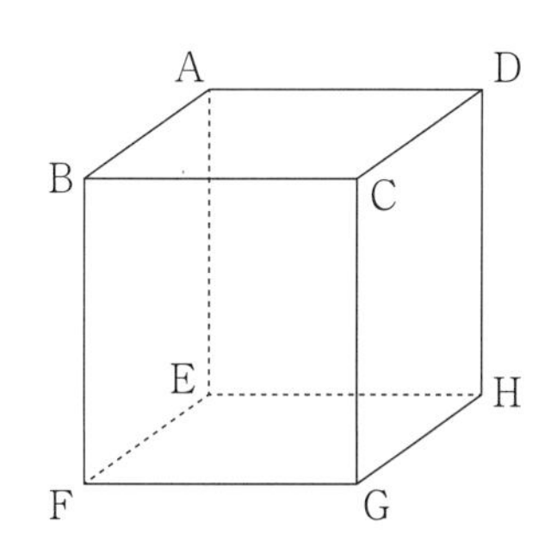

9　右の図のように，半径5cmの半円OABを，直線ℓ上をすべらないように転がします。中心Oが初めて直線ℓ上にもどるまでに中心Oが動いたあとの長さは何cmですか。ただし，円周率は3.14とします。(　　　　cm)

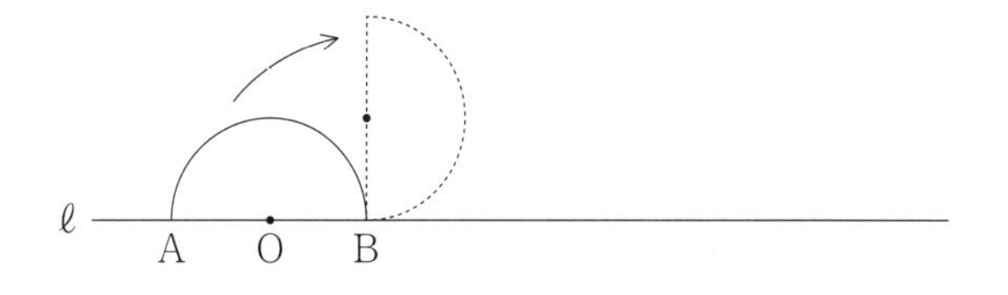

10　右の図のような底面が正方形で高さが30cmの四角すいの形をした容器と，0.65dLの水が入るグラスがあります。このグラス26はい分の水で，容器はちょうどいっぱいになります。
この容器の底面の正方形の一辺の長さを求めなさい。

(　　　　cm)

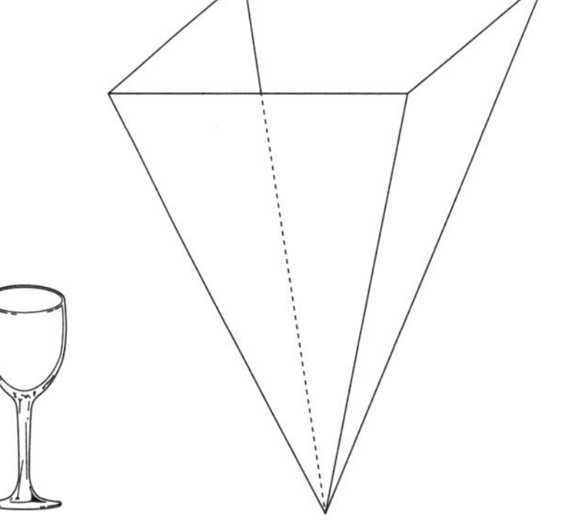

日々トレ 52

所要時間

点　　分　　秒

問題に条件がない時は，□にあてはまる数を答えなさい。

1　$(0.6 \times 3 - 0.3 \times 5) \times 2 + 1.2 \div \frac{1}{2}$　（　　　）

2　$\frac{4}{3 \times 5 \times 7} = \frac{1}{3 \times 5} - \frac{1}{5 \times 7}$ です。

$\frac{1}{3 \times 5 \times 7} + \frac{1}{5 \times 7 \times 9} + \frac{1}{7 \times 9 \times 11} + \frac{1}{9 \times 11 \times 13} + \frac{1}{11 \times 13 \times 15}$ を計算しなさい。

（　　　）

3　$\frac{1}{\square + 1} = \frac{3}{\square + 4}$（2つの□の中には，同じ数が入ります。）（　　　）

4　40人のクラスでソフトボール投げをした結果が，右の表のようになりました。このクラスでは，25m以上投げた人が45％いました。㋐と㋑に入る数を答えなさい。㋐（　　　）　㋑（　　　）

きょり(m)	人数
10以上 ～ 15未満	㋐
15 ～ 20	6
20 ～ 25	11
25 ～ 30	8
30 ～ 35	㋑
35 ～ 40	4
合計	40

5　右の図のような，ア～エの4つの部分に分かれた図形があります。赤，緑，青，黄，黒の5色から2色を選んで，この4つの部分をぬり分けます。同じ色がとなり合わないようにすると，ぬり分け方は全部で何通りありますか。

（　　　通り）

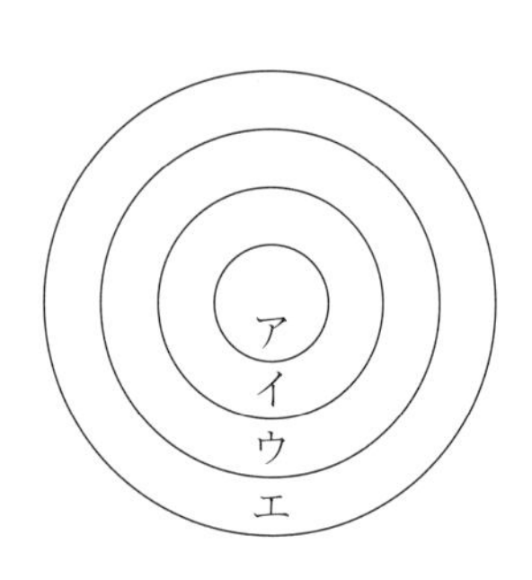

6　原価200円の品物を100個仕入れ，原価の2割の利益を見込（みこ）んで定価をつけました。しかし売れ残ったので，残りを原価の1割引きで売ったところ，すべて売ることができ，8％の利益を得ることができました。定価で売った品物は□個です。

7 Aさんの家では，お母さんにお金を預けると1か月後にその金額の $\frac{1}{5}$ だけ増やして返してくれます。Aさんはもらったお年玉の中から1000円を使い，残りをお母さんに預けました。1か月後，返してもらったお金の中から1000円を使い，残りをお母さんに預けました。その1か月後に返してもらったお金は8160円でした。

Aさんが最初にもらったお年玉はいくらですか。(　　　円)

8 右の図は，円柱を2か所で斜(なな)めに切断してできる立体です。この立体の体積は何 cm^3 ですか。ただし，円周率は3.14とします。(　　　cm^3)

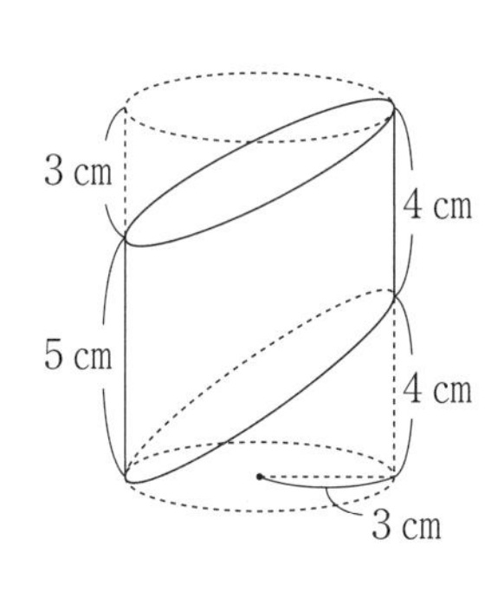

9 右の図のように，対角線の長さが6cmと10cmのひし形2つを中心であわせました。このとき，しゃ線部分の面積は何 cm^2 になりますか。(　　　cm^2)

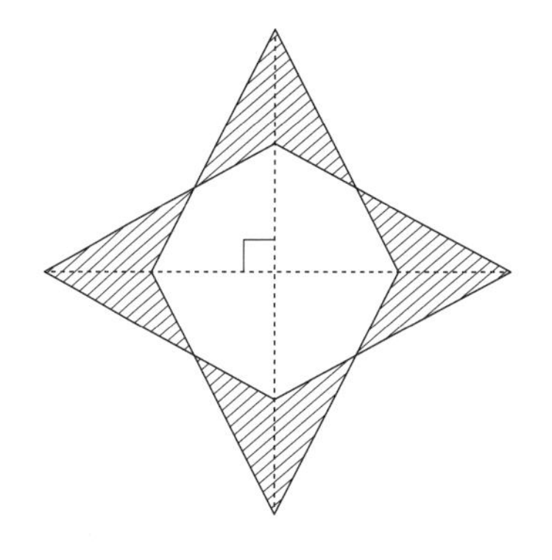

10 右の図の立体は円柱の一部です。この立体の体積と表面積を求めなさい。

ただし，各面は底面に垂直または平行です。また，円周率は3.14とします。体積(　　　cm^3)　表面積(　　　cm^2)

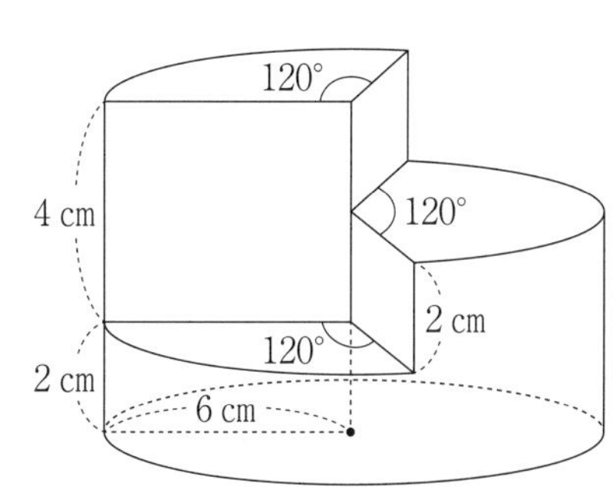

日々トレ53

所要時間
点　　分　　秒

問題に条件がない時は，$\boxed{}$ にあてはまる数を答えなさい。

1　$\dfrac{5}{6} \div 0.75 \div \dfrac{8}{9} - 1\dfrac{1}{33} \times \dfrac{11}{17}$　（　　　）

2　$\{(5+10+15+20+\cdots\cdots+125)-(4+8+12+16+\cdots\cdots+100)\} \div (3+6+9+12+\cdots\cdots+75)$　（　　　）

3　$\dfrac{2018}{\boxed{}+1} = \dfrac{2017}{\boxed{}-1}$（2つの $\boxed{}$ の中には，同じ数が入ります。）（　　　）

4　$3! = 3 \times 2 \times 1 = 6$，$6! = 6 \times 5 \times 4 \times 3 \times 2 \times 1 = 720$

のように「!」をその整数から1ずつ小さくして1まで整数をかけあわせてできる数を表すとします。今，$\dfrac{4}{5!} = \dfrac{1}{4!} - \dfrac{1}{5!}$ と変形できるとき，

$\dfrac{1}{2!} + \dfrac{2}{3!} + \dfrac{3}{4!} + \dfrac{4}{5!} + \dfrac{5}{6!} = \boxed{}$

5　父，母，兄，妹の4人が一列に並ぶとき，父と母が隣り合う並び方は何通りありますか。

（　　　通り）

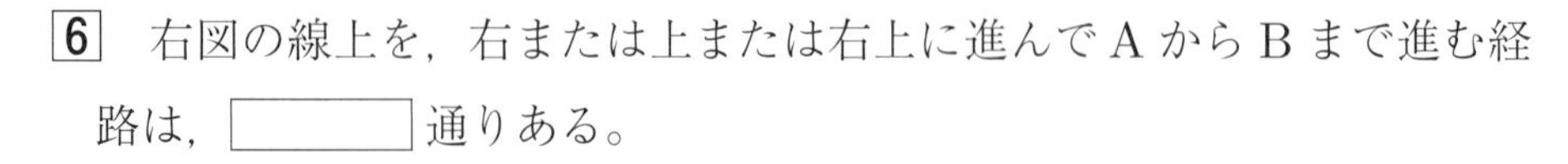

6　右図の線上を，右または上または右上に進んでAからBまで進む経路は，$\boxed{}$ 通りある。

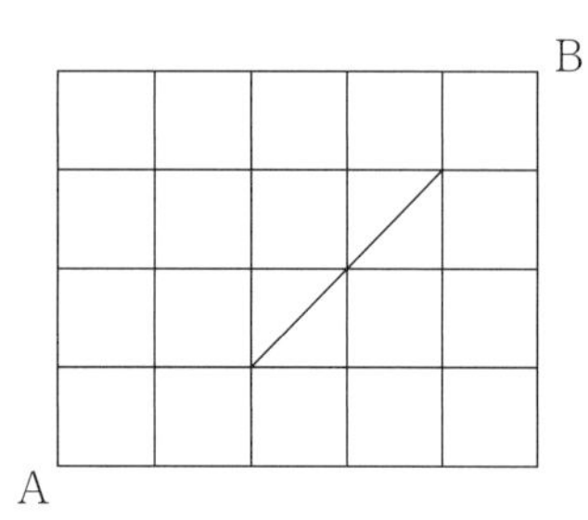

7　A，B，C，D，Eの5人で100m走をしました。A，B，C，D，Eは順に1，2，3，4，5のゼッケンをつけています。このとき，次のア～カのことがわかりました。

ア　5人ともゼッケンの番号が順位ではない。

イ　A，Bは3位ではない。

ウ　Cは2位か5位だった。

エ　Dは1位か2位だった。

オ　EはCより先にゴールした。

カ　順位がゼッケン番号より小さかったのは3人でした。

A，B，C，D，Eを1位から順に答えなさい。

1位(　　　)　2位(　　　)　3位(　　　)　4位(　　　)　5位(　　　)

8　右の図のように，6個の正方形が並んでいます。このとき，角㋐，角㋑，角㋒の大きさの和は□度になります。

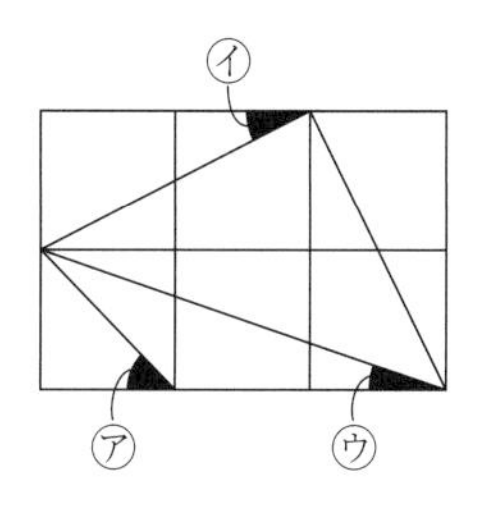

9　図の展開図を組み立ててできる立体の表面積は何cm^2ですか。ただし，円周率は3.14とします。(　　　cm^2)

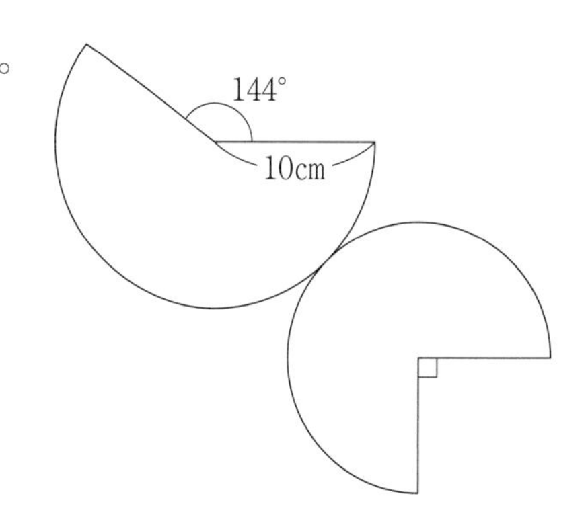

10　右の図は1辺の長さが6cmの立方体から，底面が正方形である直方体をくりぬいた立体です。この立体を4点A，B，C，Dを通る平面で切ったときにできる2つの立体のうち，小さい方の立体の体積は□cm^3です。

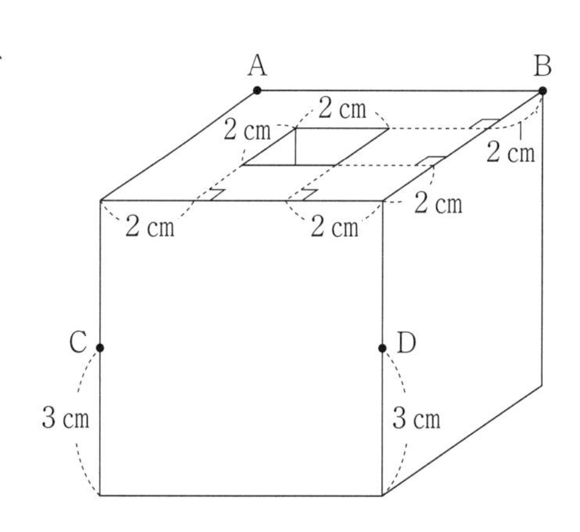

日々トレ 54

所要時間

点　　分　　秒

問題に条件がない時は，$\square$ にあてはまる数を答えなさい。

1　$\dfrac{7}{3} - \left(1\dfrac{3}{8} - 0.4\right) \times \dfrac{5}{3} + \dfrac{7}{24}$　（　　　）

2　$12 + 20 + 28 + 36 + 44 + 52 + 60 + 68 + 76 + 84 + 92 + 100$　（　　　）

3　$(\square + 335) \times (\square - 335) = 2019$　（$\square$ には同じ数が入ります。）（　　　）

4　3つの整数A，B，Cがある。AをBで割ると商が3，余りが2になり，CをAで割ると商が4，余りが3になる。CがBで割り切れるのは，Bが $\square$ のときである。

5　A君，B君，C君，D君，E君，F君の6人から4人の委員を選ぶのに，A君が必ず選ばれる方法は $\square$ 通りあります。

6　AとBの2つのかごがあり，Aのかごには123個のボールが，Bのかごには $\square$ 個のボールが入っています。いま，Aのかごから12個を取り出してBのかごに入れたら，Bのかごのボールの個数の3倍がAのかごのボールの個数となりました。

7 1時間で10分ずつ遅れる時計があります。この時計を午前8時30分に正しい時刻に合わせました。その後，この時計が同じ日に午後6時30分を指しているとき，正しい時刻は午後［ア］時［イ］分です。ア（　　　）　イ（　　　）

8 右の図1のように，立方体の3つの面に対角線をひきました。図2の展開図にこの対角線をかきいれなさい。

図1

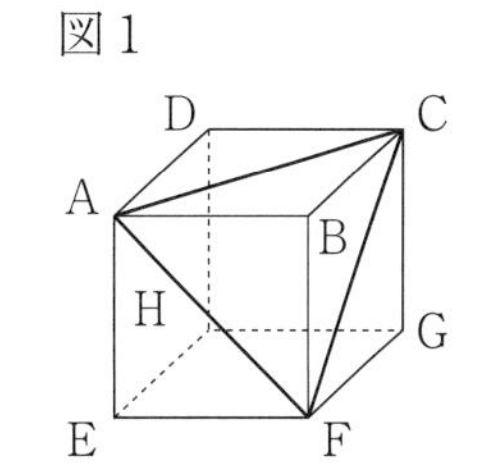

図2

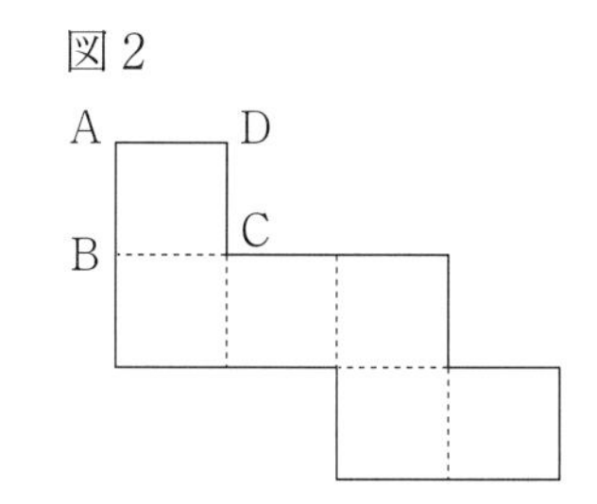

9 右の図のような，直角三角形を2つ組み合わせた図形があります。2つの三角形の面積の和が12.9cm^{2}であるとき，BCの長さは何cmですか。

（　　　cm）

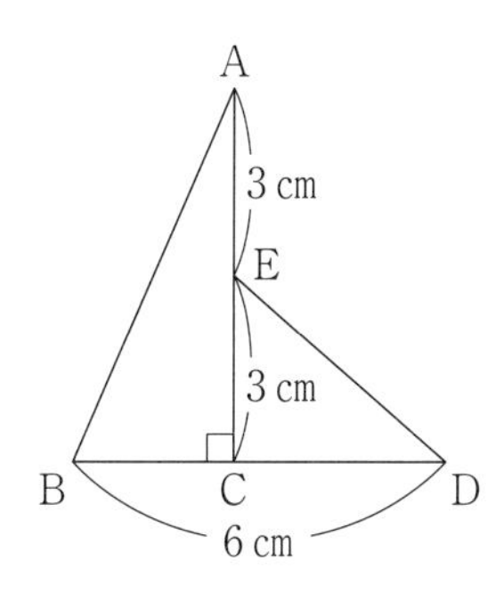

10 縦と横の長さの比が1：2の4つの長方形を右の図のように並べました。五角形ABCDEを直線ECを軸として1回転させたときにできる立体を①，五角形ABCDEを直線FDを軸として1回転させたときにできる立体を②とするとき，①と②の体積の比を最も簡単な整数の比で表しましょう。ただし，円周率は3.14とします。

（　　：　　）

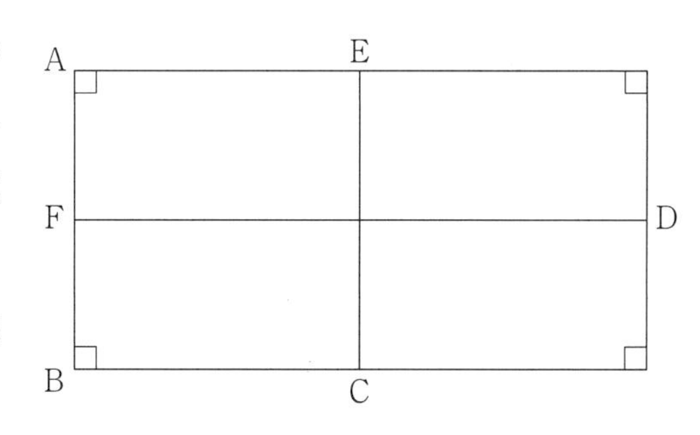

日々トレ 55

所要時間
点　分　秒

問題に条件がない時は，□にあてはまる数を答えなさい。

1　$\left\{\left(1.5 + 1\frac{7}{8}\right) \times \frac{5}{12} - \frac{3}{4}\right\} \div 2.625$　（　　　）

2　$1 + 2 + 3 + 4 + \cdots + 96 + 97 + 98 + 99$　（　　　）

3　2 倍して 3 をひき，一の位を四捨五入すると 40 になる整数は□個です。

4　ある月の月曜日の日付をすべて足すと 62 になります。この月の 1 日は□曜日です。

5　濃度 6 %の食塩水 300g と濃度□%の食塩水 150g と水 30g とを混ぜ合わせると濃度 7.5 %の食塩水ができます。

6　ある店で A さんはプリンだけを 20 個買いました。B さんはプリンを 5 個とケーキを 9 個買いました。C さんはケーキだけを□個買いました。このときの代金は，3 人とも同じでした。

7　AとBの所持金の比は最初5：2でしたが，AがBに180円渡したので7：4になりました。Aの最初の所持金はいくらですか。(　　　円)

8　右の図は，直方体と三角柱を組み合わせた立体の，真上から見た図，真正面から見た図，右横から見た図を組み合わせた図です。この立体の体積は何cm^3ですか。

(　　　cm^3)

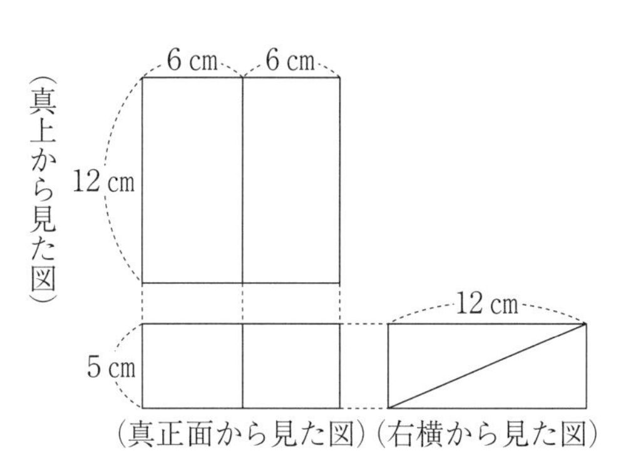

9　右の図のように，正五角形ABCDEと正三角形FCDがあります。このとき，角(ア)の大きさは[　　　]度です。

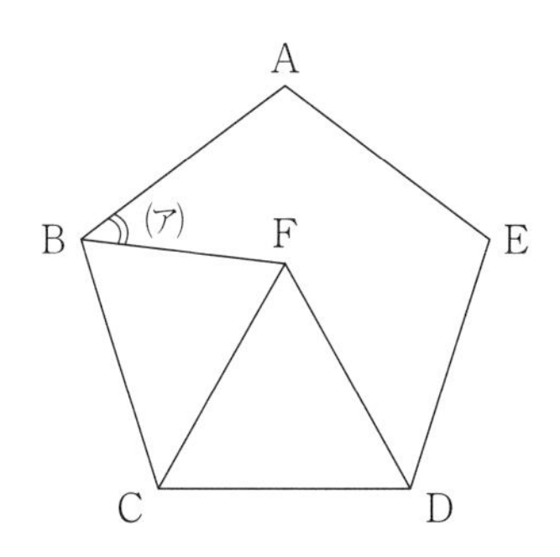

10　立方体を図のように4等分して4つの直方体を作りました。このとき，4つの直方体の表面積の和は，もとの立方体の表面積より294cm^2増えました。もとの立方体の体積は，[　　　]cm^3です。

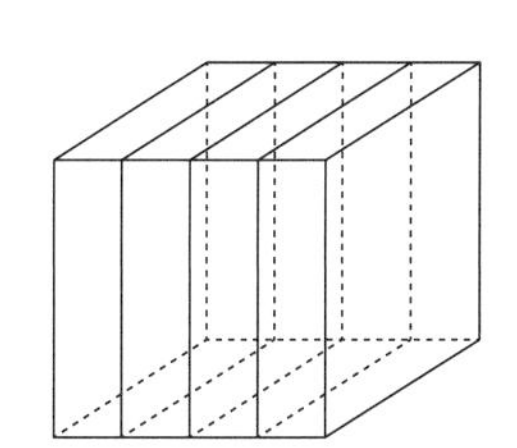

日々トレ 56

所要時間

点　　分　　秒

問題に条件がない時は，□にあてはまる数を答えなさい。

[1]　$\frac{1}{5}+\left\{5.7-\left(2.4-\frac{3}{5}\right)\div 0.4\right\}\times\frac{4}{3}$　（　　　）

[2]　1 + 4 + 7 + 10 + 13 + 17 + 20 + 23 + 26 + 29　（　　　）

[3]　ある数に 3.14 をかけるところを，まちがえて 3 をかけて 0.14 をたしてしまったので，正しい答えよりも 1.12 小さくなりました。正しい答えはいくつですか。（　　　）

[4]　2014 年 4 月 1 日（火）から 500 ページある本を読むことにしました。月曜日から金曜日は 5 ページずつ，土曜日と日曜日は 10 ページずつ読むと何月何日に読み終わるか求めなさい。

（　　月　　日）

[5]　2 %の食塩水 60g と 4 %の食塩水 120g に水と食塩を混ぜて 200g の食塩水を作る予定でした。しかし，水の重さと食塩の重さを逆にしてしまったため，予定していた濃さより 3 %濃い食塩水ができました。予定していた食塩水の濃さは何%でしたか。（　　　%）

[6]　2 つの数 a，b があり，その和は 281 です。a を b でわると，商が 6 であまりが 15 でした。a にあてはまる数を求めなさい。（　　　）

7　7個のみかんを3人に配ります。1人に少なくとも1個は与え，7個全部を配るようにするとき，配り方は［　　　］通りあります。

8　1つの立方体を，同じ大きさの小さな立方体［　　　］個に分けると，小さな立方体の表面積の合計は，もとの立方体の表面積の6倍になります。

9　正五角形ABCDEを頂点Bが辺DE上にくるように折ったら，右の図のようになりました。ア，イの角度をそれぞれ求めなさい。ア(　　　度)　イ(　　　度)

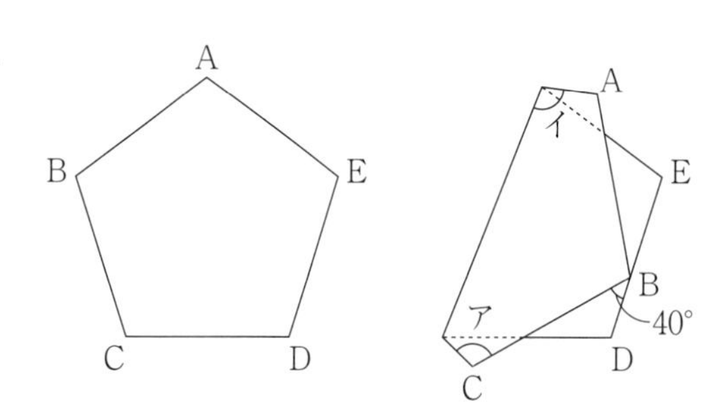

10　右の図は，五角柱の展開図です。この展開図を組み立てたとき，頂点Kと重なる点は全部で［ア　　］個あります。また，辺LKの長さは［イ　　］cmです。

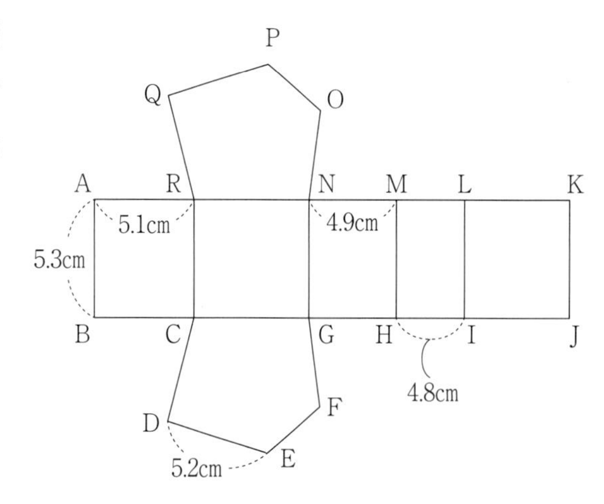

日々トレ57

所要時間
　　　　点　　　　分　　秒

問題に条件がない時は，□にあてはまる数を答えなさい。

1　$8.2 \times 0.125 - \left(\frac{1}{2} + \frac{3}{5}\right) \div 4 + \frac{17}{4}$　（　　　）

2　$2 + 4 + 6 + \cdots + 48 + 50 - 49 - 47 - 45 - \cdots - 3 - 1$　（　　　）

3　$1 + 1 \div \{2 + 1 \div (3 + 4 \div \square)\} = \frac{582}{407}$

4　ある小学校では，生徒全体の37.5 %が女子です。この小学校では，男子全体の40 %，女子全体の60 %がメガネをかけています。メガネをかけている男女の比を最も簡単な整数の比で表しなさい。
（　　：　　）

5　2つの容器A，Bのそれぞれに食塩水が入っています。食塩水に溶(と)けている食塩の重さは容器Aの方が容器Bよりも5g少なく，食塩水の重さは容器Aの方が容器Bよりも40g少ないそうです。また，容器Bの食塩水をすべて容器Aに入れ，よくかき混ぜると容器Aの食塩水の濃(のう)度は11 %で重さは100gになるそうです。容器Aに入っている食塩水の濃度は何%ですか。（　　　%）

6　池のまわりに植える木を120本用意しましたが，間隔(かんかく)を予定より2m長くしたので，20本余りました。最初は□m間隔で植える予定でした。

7　10円玉と50円玉と100円玉がそれぞれ何枚かずつあり，その合計金額は1190円でした。10円玉は50円玉より5枚多く，50円玉は100円玉より3枚多いことが分かっているとき，10円玉の枚数は何枚ですか。（　　　枚）

8　右の図のように，1辺が40cmの立方体の容器に，底面の半径が20cm，高さが40cmの円柱が入っています。この容器と円柱のすき間に水を入れると，［　　　］cm^3 の水が入ります。円周率は3.14とします。

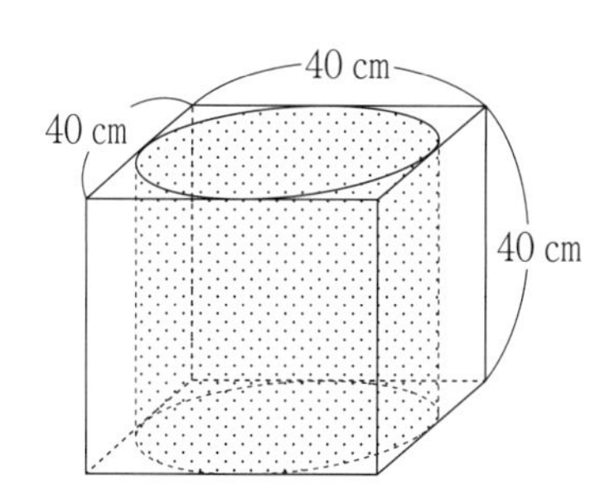

9　右の図のように，2つの合同な直角三角形ABCとA′B′Cが重なっています。ただし，点Bは辺A′B′の上にあります。角アの大きさは［　　　］度です。

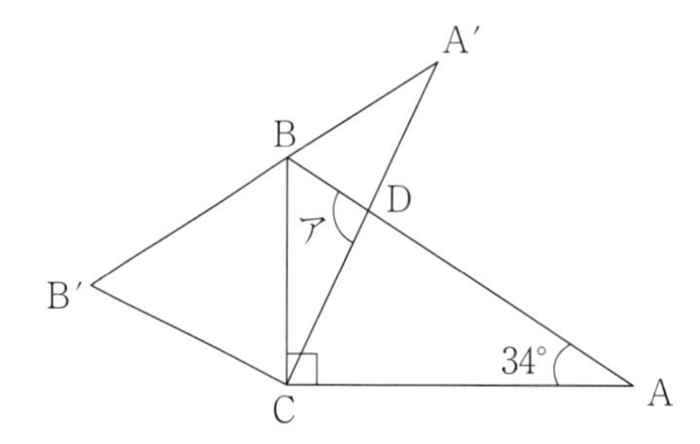

10　三角形があります。この三角形の底辺の長さは変えないで，高さを10cm長くして新しい三角形をつくると，面積がもとの三角形の3倍の $75cm^2$ になりました。この三角形の底辺の長さを求めなさい。（　　　cm）

日々トレ 58

所要時間　　点　　分　　秒

問題に条件がない時は，□にあてはまる数を答えなさい。

1　$\left\{0.625 \div 1\frac{1}{9} - (1 - 0.25) \times \frac{5}{7}\right\} \times \left(6 - \frac{2}{3}\right)$　(　　　)

2　$\frac{1}{1 \times 2} - \frac{1}{2 \times 3} - \frac{1}{3 \times 4} - \frac{1}{4 \times 5}$　(　　　)

3　$990 \div \left\{\left(33\frac{1}{6} - \square\right) \times \frac{15}{26}\right\} + 875 = 2019$

4　$\frac{5}{9}$ で割っても，$3\frac{3}{4}$ をかけても整数になる分数のうち，最も小さい分数は ア $\frac{イ}{ウ}$ です。

5　[ABCDE]は，16 × A + 8 × B + 4 × C + 2 × D + 1 × E を計算したものです。ただし，A，B，C，D，E には，0 か 1 のどちらかが入るものとします。このとき，次の問いに答えなさい。

① [01010]は，いくつになりますか。(　　　)

② [ABCDE]は 23 です。A，B，C，D，E をそれぞれいくつにすればよいですか。

A (　　) B (　　) C (　　) D (　　) E (　　)

③ [1B0D1]は，いくつになりますか。すべて求めなさい。(　　　　)

6　何人かの子どもにクッキーを配ります。2 枚ずつ配ると 8 枚あまり，3 枚ずつ配ると 7 枚足りなくなります。クッキーは何枚あるか答えなさい。(　　　枚)

7　10％の食塩水100gと5％の食塩水300gと食塩15gを混ぜて，さらに水を何gか加えると，8％の食塩水になりました。水を何g加えましたか。（　　　g）

8　右の図のように円柱を組み合わせた容器があります。右のグラフは，この容器に水を入れ始めてからの時間と水面の高さの関係を表しています。

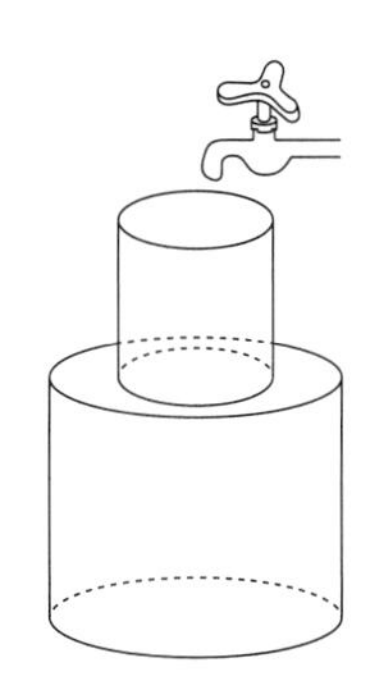

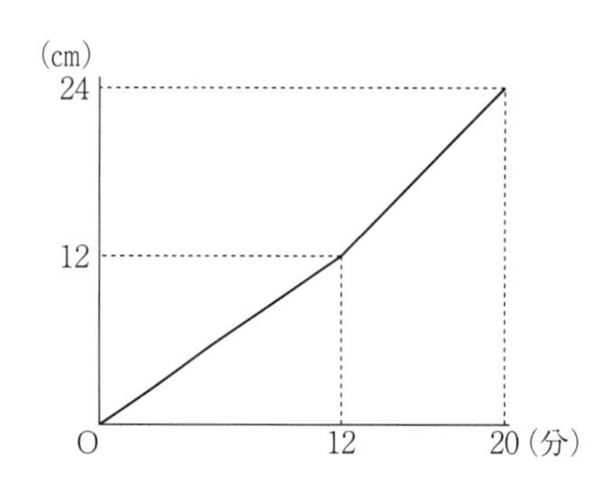

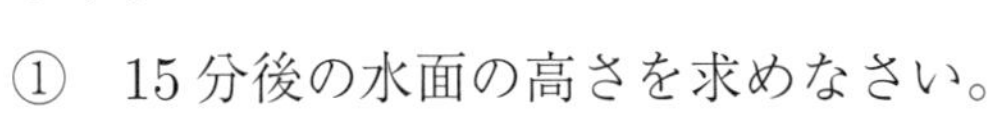
①　15分後の水面の高さを求めなさい。

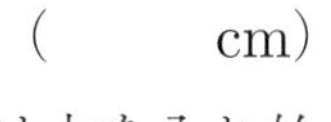
（　　　cm）

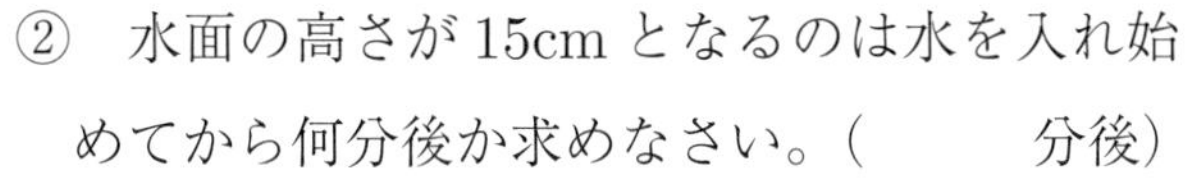
②　水面の高さが15cmとなるのは水を入れ始めてから何分後か求めなさい。（　　　分後）

9　右の図は，長方形と半円でできた展開図です。この展開図を組み立てたときの立体の体積は何cm^3か求めなさい。ただし，円周率は3.14とします。（　　　cm^3）

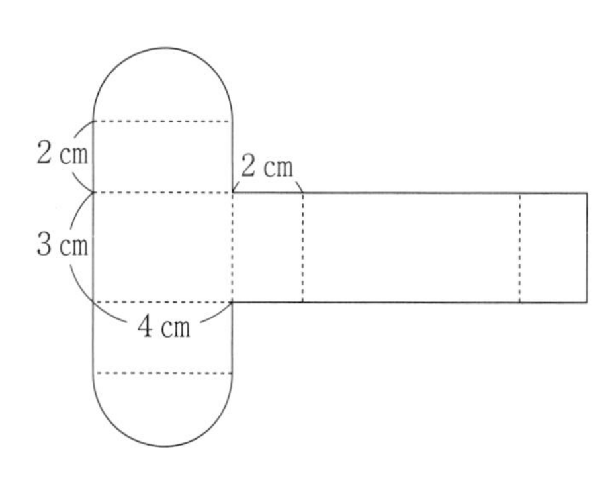

10　20個の同じ大きさの立方体をつなげて，ある立体を作りました。この立体は前後，左右，上下，いずれの方向から見ても，図のように見えました。この立体の表面積が$1152cm^2$のとき，この立体の体積を求めなさい。（　　　cm^3）

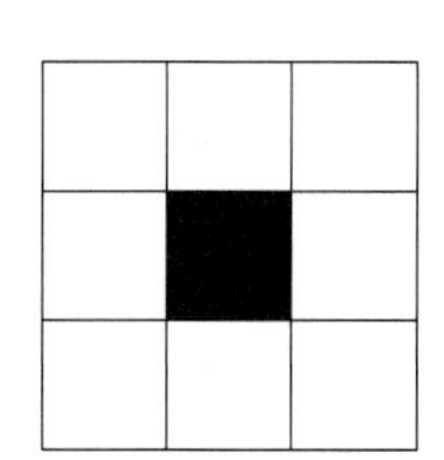

（黒い部分は，立体の反対側まで立方体は使われていません。）

日々トレ 59

所要時間
点　分　秒

問題に条件がない時は，□にあてはまる数を答えなさい。

1　$0.375 \div \dfrac{1}{3} + \left\{0.625 - 0.125 \times \left(1 - \dfrac{1}{3}\right)\right\} \div 2\dfrac{3}{5} - \dfrac{1}{6}$　（　　　）

2　$\left(\dfrac{1}{2} - \dfrac{1}{4}\right) + \left(\dfrac{1}{3} - \dfrac{1}{5}\right) + \left(\dfrac{1}{4} - \dfrac{1}{6}\right) + \left(\dfrac{1}{5} - \dfrac{1}{7}\right) + \left(\dfrac{1}{6} - \dfrac{1}{8}\right) + \left(\dfrac{1}{7} - \dfrac{1}{9}\right)$

（　　　）

3　$\left(7\dfrac{6}{11} - 4\dfrac{1}{16} \div 6.875\right) \div \left\{15 - \left(\square + 5\dfrac{1}{3}\right)\right\} = 6\dfrac{3}{4}$

4　A さん，B さん，C さんの算数の得点の比は 6：7：9 で平均点は 66 点でした。A さんの得点は何点ですか。（　　　点）

5　下のように，○や●を 5 つ並べて，ある約束のもとで整数を表しています。

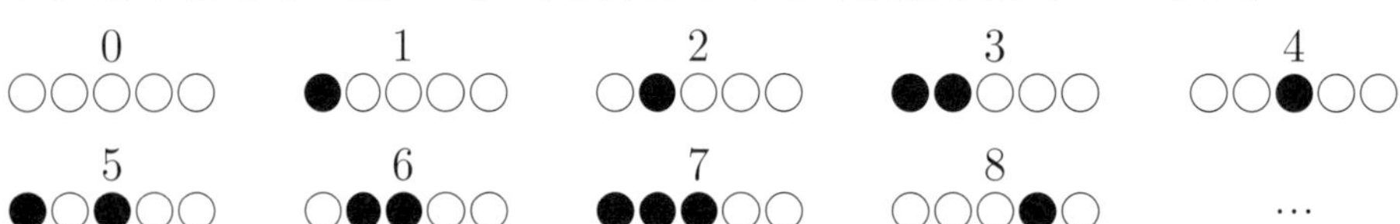

(1)　●●○●○＋○○●●○はいくつを表していますか。（　　　）

(2)　必要な○を●にぬりつぶして，31 を表しなさい。（○○○○○）

6　1 個の値段がそれぞれ 60 円，73 円，80 円のおかしを合わせて 24 個買うと，合計金額は 1777 円になりました。80 円のおかしは□個買いました。

7　2020m の道路の片側に 15m または 20m の間隔(かんかく)で木を植えていきます。合計で 121 本植えるとき，15m の間隔を何か所にすればちょうど植えることができますか。ただし，両端にはそれぞれ 1 本ずつ植えるものとします。(　　　か所)

8　底面の半径が 10cm で高さが 40cm の円柱の形をした容器に水が入っています。この容器を横にして水平な机の上に置いたところ，次の図のようになりました。容器に入っている水の体積は何 cm^3 ですか。ただし，円周率は 3.14 とします。(　　　cm^3)

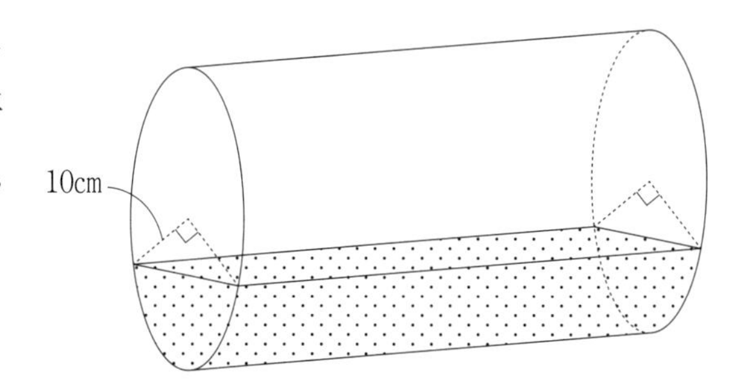

9　四角形 ABCD は平行四辺形で，辺 AB と辺 QP は平行です。辺 BP と辺 PC の長さの比が 1：2 で，しゃ線部分の面積が $12cm^2$ のとき，四角形 ABCD の面積は □ cm^2 です。

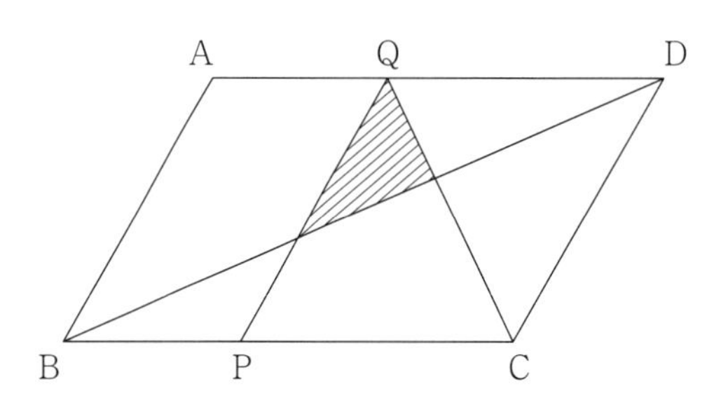

10　図のように，同じ直角二等辺三角形が 3 個ならんでいます。半径 3 cm の円がその上をすべらないように A から B までころがります。このとき，次の問いに答えなさい。ただし，円周率は 3.14 とします。

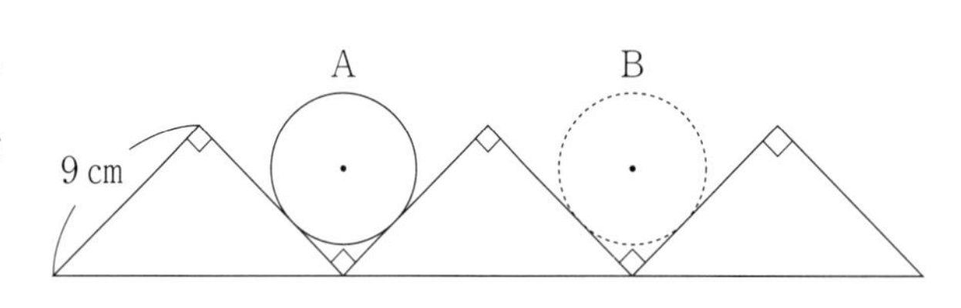

①　円の中心が動いたあとの長さは何 cm ですか。(　　　cm)

②　円が動いたあとの部分の面積は何 cm^2 ですか。(　　　cm^2)

日々トレ 60

所要時間
点　　分　　秒

問題に条件がない時は，□にあてはまる数を答えなさい。

1　$\left(1.36 - 1\frac{1}{2} \div 1\frac{1}{4}\right) \div \left\{\left(2\frac{1}{3} + \frac{7}{15}\right) \times \frac{2}{5}\right\}$　（　　　）

2　10 から 100 までのすべての奇数の和は□です。

3　$\left(\frac{1}{3} - \frac{1}{673}\right) \div 10 = \frac{3 \div 0.0375 + \square}{4038}$

4　今年の 1 月 17 日（土）で阪神淡路大震災（はんしんあわじだいしんさい）から 20 年が経（た）ちました。地震が発生した 1995 年 1 月 17 日は何曜日ですか。（　　曜日）

5　右の図のように，ある規則にそって□に色をぬることで数を表していきます。このとき，次の各問いに答えなさい。

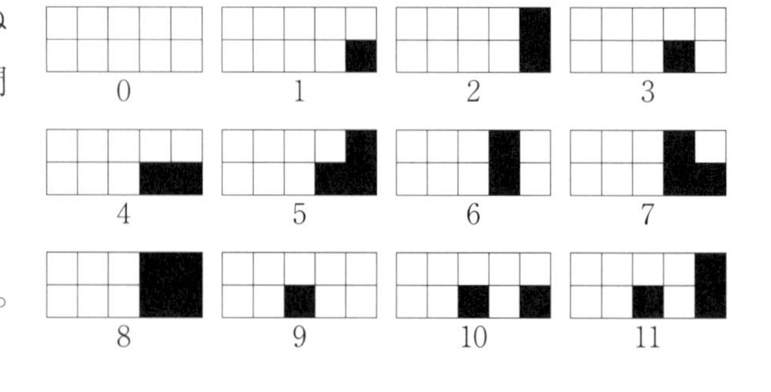

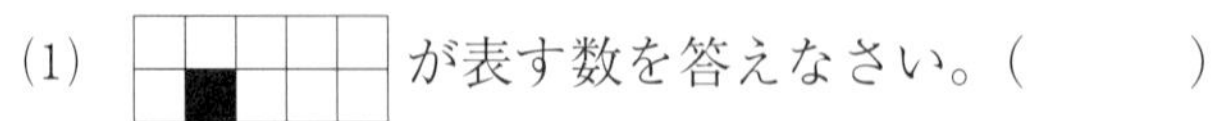

(1)　が表す数を答えなさい。（　　　）

(2)　解答らんの□に色をぬって，115 を表しなさい。

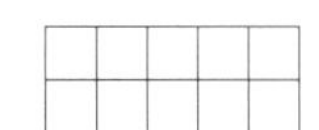

6 長さ100mの電車Aは毎秒25mの速さで走り，長さ300mの電車Bは毎秒30mの速さで走ります。電車Aと電車Bの先頭が同時にトンネルに入り，同時に最後尾がトンネルから出たときトンネルの長さは［　　　］mです。

7 地点Aから4200m離れた地点Bまで，最初は時速3kmで歩き，途中から時速10kmで走ったところ，Bに到着するまでの平均の速さは時速6kmとなりました。歩いた距離は［　　　］mです。

8 右の図は，26個のサイコロを同じ向きに積み重ねたものです。サイコロどうしが接している面の目の合計はいくつになるか答えなさい。（　　　）

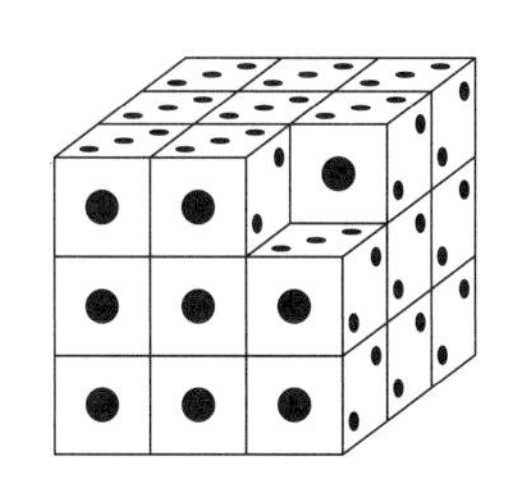

9 図の立体は，直方体ABCDEFGH，四角すいRPQHG，四角すいRBAEFによってできています。ABとQRはSで交わり，EFとHRはTで交わっています。GC：CP ＝ 2：1，HD：DQ ＝ 2：1のとき，立体STFBQHGPの体積は，四角すいRSAETの体積の［　　　］倍になります。

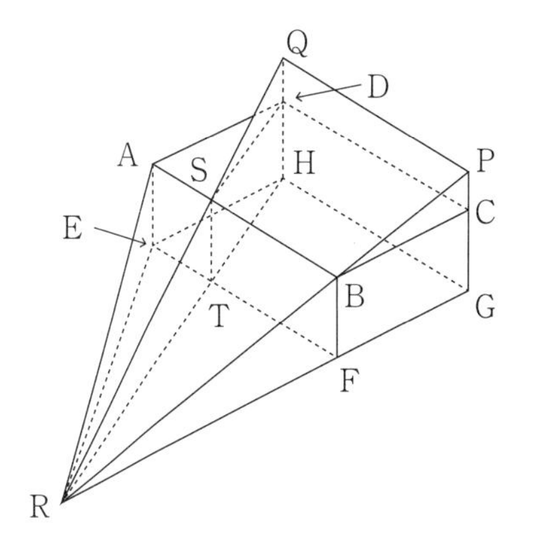

10 右の図のように，1辺の長さが4cmの正方形と半径が2cmの円がぴったりくっついています。点Pは辺ABのまん中の点Mを出発して，毎秒3.14cmの速さで反時計回り（矢印の方向）に円周を1周します。また，点Aと点Pはゴムひもでつながれ，いつもぴんと張った状態になっています。点Pが点Mを出発して，2.5秒後から3秒後までに，ゴムひもが通過した部分の面積を求めなさい。ただし，円周率は3.14とします。（　　　cm^2）

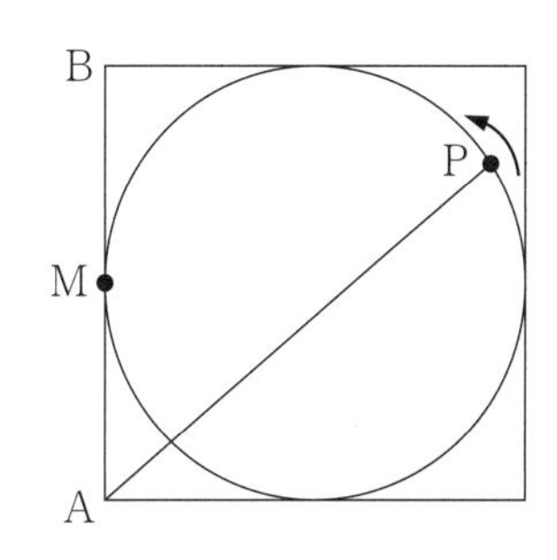

~MEMO~

~MEMO~

~MEMO~

解答・解説

第 1 回

1 46	2 500	3 5	4 ①	5 63	6 15（才）	7 21	8 60	9 50.24（cm）	10 18.42（cm^2）

解　説

1 与式 $= 85 - 39 = 46$

2 600 兆 $=$ 6000000 億，1 億 2000 万 $=$ 1.2 億より，$6000000 \div 1.2 = 5000000$ なので，500 万。

3 $\frac{3}{4} - \frac{1}{3} = \frac{9}{12} - \frac{4}{12} = \frac{5}{12}$ より，$1 \div \left(15 - \square \div \frac{5}{12}\right) = 1 - \frac{2}{3} = \frac{1}{3}$ なので，$15 - \square \div \frac{5}{12} = 1 \div \frac{1}{3} = 3$　よって，$\square \div \frac{5}{12} = 15 - 3 = 12$ なので，$\square = 12 \times \frac{5}{12} = 5$

4 時速にそろえると，①は時速，$4000 \times 60 \times 60 \div 100 \div 1000 = 144$（km）で，②は時速，$2100 \times 60 \div 1000 = 126$（km）　よって，最も速いのは①。

5 $201 \div 111 = 1.8108108\cdots$ より，小数第 1 位から 8，1，0 の 3 個の数字がくり返される。$20 \div 3 = 6$ あまり 2 より，小数第 1 位から第 18 位までは 3 個の数字が 6 回くり返される。よって，求める数の和は，$(8 + 1 + 0) \times 6 + 8 + 1 = 63$

6 A は C より，$6 + 3 = 9$（才）年上で，A と C の年れいの比は，$\frac{1}{2} : \frac{1}{5} = 5 : 2$ だから，比の差の，$5 - 2 = 3$ が 9 才にあたる。よって，A の年れいは，$9 \div 3 \times 5 = 15$（才）

7 現在から 12 年後の年齢と現在から 10 年前の年齢の差は，$12 + 10 = 22$（年）　現在から 10 年前の年齢を 1 とすると，現在から 12 年後の年齢は，$1 \times 3 = 3$ と表せるから，$3 - 1 = 2$ が 22 年にあたる。これより，1 は，$22 \div 2 = 11$（年）にあたるから，現在から 10 年前の年齢は 11 才。よって，現在の年齢は，$11 + 10 = 21$（才）

8 $4 \times 4 \times 3.14 \times \frac{ア}{360} + 2 \times 2 \times 3.14 \times \frac{1}{2} - 2 \times 2 \times 3.14 \times \frac{ア}{360} = 1 \times 1 \times 3.14 \times 4$ より，$4 \times 4 \times \frac{ア}{360} + 2 \times 2 \times \frac{1}{2} - 2 \times 2 \times \frac{ア}{360} = 1 \times 1 \times 4$　よって，$(4 \times 4 - 2 \times 2) \times \frac{ア}{360} + 2 = 4$ より，$\frac{ア}{30} = 4 - 2 = 2$　よって，$ア = 2 \times 30 = 60°$

9 右図のように分けると，三角形はすべて正三角形になるから，太線部分は，半径が 3 cm，中心角が 60° のおうぎ形の曲線部分 8 個と半径が 3 cm，中心角が，$360° - 60° \times 2 = 240°$ のおうぎ形の曲線部分 2 個とわかる。よって，求める長さは，$3 \times 2 \times 3.14 \times \frac{60}{360} \times 8 + 3 \times 2 \times 3.14 \times \frac{240}{360} \times 2 = 50.24$（cm）

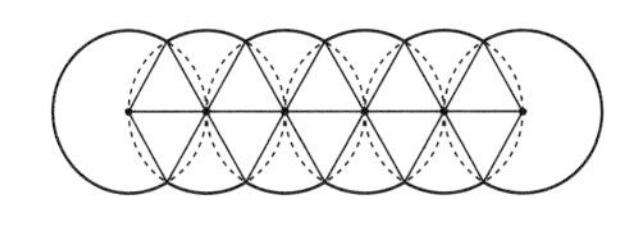

10 右図のように各点を A～C とし，点 C から AB に垂直な直線 CD をひく。三角形 OCD は正三角形を 2 等分した直角三角形なので，CD の長さは OC の長さの半分で，$6 \div 2 = 3$（cm）　これより，三角形 OAC の面積は，$6 \times 3 \div 2 = 9$（cm^2）　また，おうぎ形 OBC の面積は，$6 \times 6 \times 3.14 \times \frac{30}{360} = 9.42$（$cm^2$）　よって，かげをつけた部分の面積は，$9 + 9.42 = 18.42$（$cm^2$）

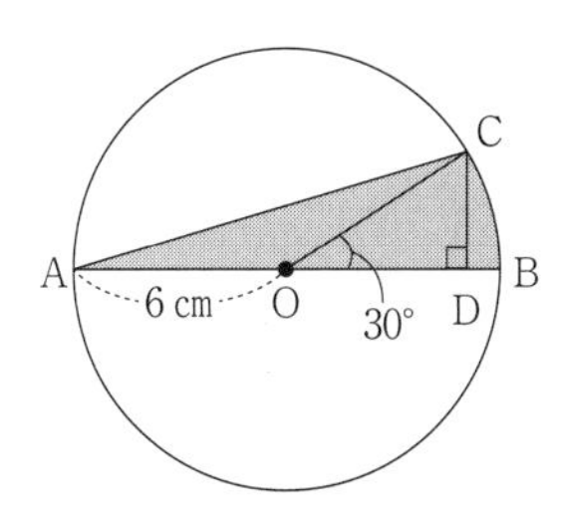

第２回

1 2310　2 135　3 $\frac{9}{13}$　4 2.5　5 ① 46　② 210　6 5　7 45　8 113（度）　9 20　10 42（度）

解　説

1 与式＝1878＋432＝2310

2 与式＝$\left(\frac{9}{8}\times 8\right)\times\left(\frac{5}{4}\times 4\right)\times\left(\frac{3}{2}\times 2\right)=9\times 5\times 3=135$

3 $1\div\{4-1\div(1-\square)\}=2-\frac{2}{3}=\frac{4}{3}$ より，$4-1\div(1-\square)=1\div\frac{4}{3}=\frac{3}{4}$ なので，$1\div(1-\square)=4-\frac{3}{4}=\frac{13}{4}$　よって，$1-\square=1\div\frac{13}{4}=\frac{4}{13}$ より，$\square=1-\frac{4}{13}=\frac{9}{13}$

4 2500000÷1000＝2500（kg）　2500÷1000＝2.5（t）

5① （1），（2，1），（3，2，1），…のように分けることができる。つまり，1番目の組には1，2番目の組には2と1，3番目の組には3と2と1，…のように，N番目の組にはNから1までの数が並ぶ。10が初めて現れるのは，10番目の組の最初なので，1＋2＋3＋4＋5＋6＋7＋8＋9＋1＝46（番目）

② 何番目の組にも必ず1は1個ある。よって，20回目の1は，20番目の組の最後の数なので，1＋2＋…＋19＋20＝(1＋20)×20÷2＝210（番目）

6 1台で1日にする仕事を1とすると，2台で10日間でする仕事は，1×2×10＝20　これが，全体の，$1-\frac{1}{5}=\frac{4}{5}$ にあたるので，全体は，$20\div\frac{4}{5}=25$　よって，1台で $\frac{1}{5}$ を終えるのにかかるのは，$25\times\frac{1}{5}\div 1=5$（日）

7 横の長さは5の倍数，たての長さは4の倍数で，1260＝3×3×4×5×7　長方形の面積＝たて×横より，横の長さが5mのとき，たての長さは，4×3×3×7＝252（m）　横の長さが，5×3＝15（m）のとき，たての長さは，4×3×7＝84（m）　横の長さが，5×7＝35（m）のとき，たての長さは，4×3×3＝36（m）　横の長さが，5×3×3＝45（m）のとき，たての長さは，4×7＝28（m）　横の長さが，5×3×7＝105（m）のとき，たての長さは，4×3＝12（m）　横の長さが，5×3×3×7＝315（m）のとき，たての長さは，4m。このうち，横の長さが45mのとき，横の木と木の間は数は，45÷5＝9（か所），たての木と木の間の数は，28÷4＝7（か所）で，全体の木と木の間の数は，(9＋7)×2＝32（か所）　長方形の4すみもふくめて周囲に木を植えた場合，木と木の間の数と木の本数は等しいので，このときの木の本数は32本で条件に合う。よって，横の長さは45m。

8 右図のように，直線①，②と平行な直線③をひき，角㋑～㋔をつくる。平行な2直線の性質より，角㋑の大きさは22°，角㋒の大きさは，74°－22°＝52°で，角㋓の大きさも52°。よって，角㋔の大きさが，180°－(52°＋61°)＝67°なので，角㋐の大きさは，180°－67°＝113°

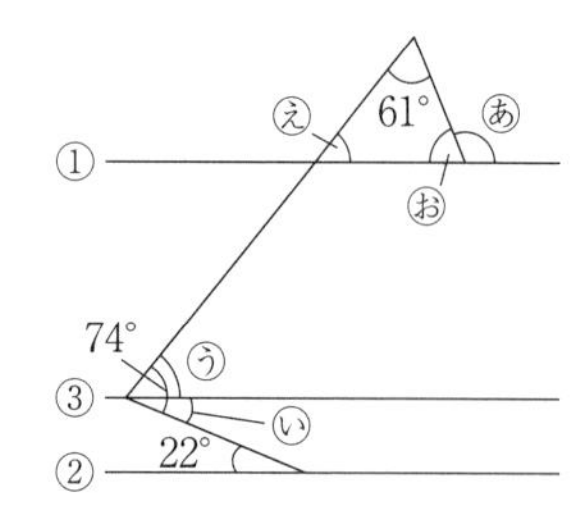

9 小さい正三角形を180°回転させると，右図のようになる。この図で，3点P，Q，Rは大きい正三角形の各辺の真ん中の点になるので，三角形PQRは三角形ABCの $\frac{1}{2}$ の縮図で，面積は，$\frac{1}{2}\times\frac{1}{2}=\frac{1}{4}$（倍）　大きい円は正三角形ABCの3辺に接する円で，小さい円は正三角形PQRの3辺に接する円なので，小さい円も大きい円の $\frac{1}{2}$ の縮図になり，面積は $\frac{1}{4}$ 倍。よっ

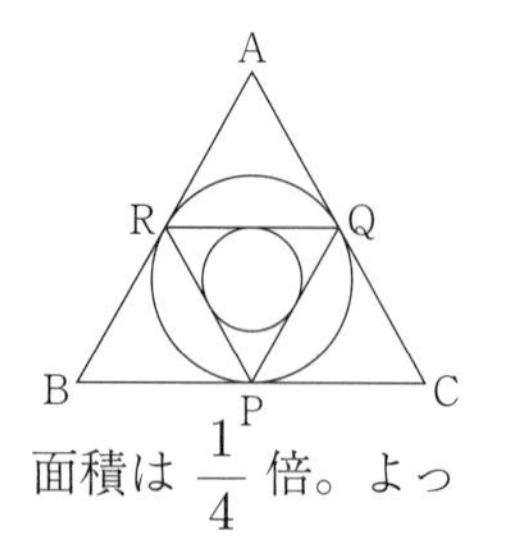

て，小さい円の面積は，$80 \times \frac{1}{4} = 20$ (cm^2)

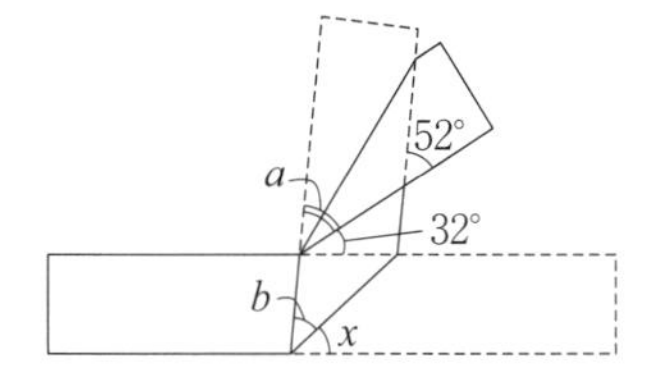

⑩ 右図のように，a，b の角を決める。長方形の向かい合う辺は平行で，平行な2直線に交わる直線のつくる角の大きさの性質より．a の角の大きさは 52°。同様に，b の角と x の角の大きさの和は，$52° + 32° = 84°$　b の角と x の角は折る前後で同じ角であり，大きさが等しいので，x の角の大きさは，$84° \div 2 = 42°$

第3回

① 2849　② 20140　③ 31　④ 19000　⑤ 21日目　⑥ 220 (個)　⑦ 48 (部屋)　⑧ 48　⑨ 576 (cm^3)　⑩ 168 (cm^3)

解　説

① 与式 $= 2073 + 776 = 2849$

② 与式 $= \frac{5}{2} \times \frac{5}{4} \times 2014 \times \frac{4}{5} \times 4 = 2014 \times \left(\frac{5}{2} \times 4\right) \times \left(\frac{5}{4} \times \frac{4}{5}\right) = 2014 \times 10 \times 1 = 20140$

③ $2.375 + \frac{29}{9} = \frac{19}{8} + \frac{29}{9} = \frac{403}{72}$ より，$\frac{7}{13} + \frac{11}{\square} = 5 \div \frac{403}{72} = \frac{360}{403}$ なので，$\frac{11}{\square} = \frac{360}{403} - \frac{7}{13} = \frac{360}{403} - \frac{217}{403} = \frac{143}{403} = \frac{11}{31}$　よって，$\square = 31$

④ $1\,\text{m}^2 = 10000\text{cm}^2$ より，与式 $= 73000\text{cm}^2 - 50000\text{cm}^2 - 4000\text{cm}^2 = 19000\text{cm}^2$

⑤ 昼に50km近づき，夜に5km戻されるので，1日に，$50 - 5 = 45$ (km)進む。$950 \div 45 = 21$ あまり5だが，20日目までに，$45 \times 20 = 900$ (km)進み，21日目の昼に50km進むと，$900 + 50 = 950$ (km)となる。よって，21日目。

⑥ 2人に分けたアメの個数の合計は変わらないので，比の数の和を，$8 + 3 = 11$ と，$3 + 2 = 5$ の最小公倍数55にそろえると，太郎君と花子さんに分けるアメの個数の比は，$(8 \times 5) : (3 \times 5) = 40 : 15$ と，$(3 \times 11) : (2 \times 11) = 33 : 22$ になる。この比の，$40 - 33 = 7$ にあたるアメの個数が28個なので，比の1にあたるアメの個数は，$28 \div 7 = 4$ (個)　アメ全部の個数は，比の55にあたるので，$4 \times 55 = 220$ (個)

⑦ 8人ずつの部屋にした場合と，7人部屋と6人部屋にした場合，すべての部屋を使って入ることができる人数の差は，$8 \times 10 = 80$ (人)　6人部屋と7人部屋にしたときの，1部屋あたりの人数は，$(6 \times 2 + 7) \div (2 + 1) = \frac{19}{3}$ (人)だから，1部屋あたりの人数の差は，$8 - \frac{19}{3} = \frac{5}{3}$ (人)　よって，部屋数は，$80 \div \frac{5}{3} = 48$ (部屋)

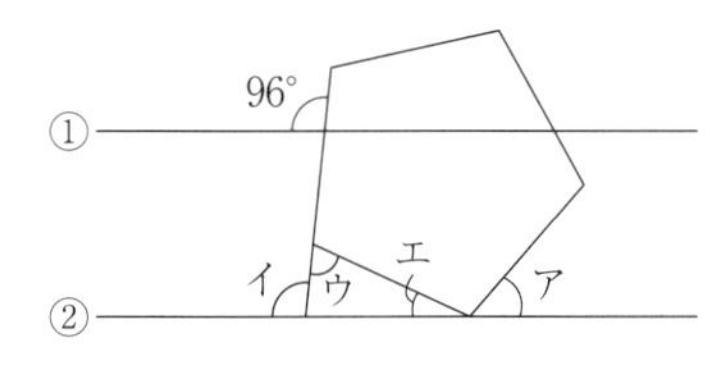

⑧ 右図のように，正五角形の1辺をのばし，角イ～エを決めると，平行な直線の性質より，角イは96°。正五角形の1つの角は，$180° \times (5 - 2) \div 5 = 108°$ なので，角ウは，$180° - 108° = 72°$ で，三角形の角の性質より，角エは，$96° - 72° = 24°$　よって，角アは，$180° - (24° + 108°) = 48°$

⑨ 1辺12cmの立方体から，底面積が，$12 \times 12 \div 2 = 72$ (cm^2)で高さが12cmの三角すいを4つ取りのぞいた立体の体積を求めることになる。よって，$12 \times 12 \times 12 - 72 \times 12 \div 3 \times 4 = 576$ (cm^3)

⑩ 同じ立体をもう1つ組み合わせると，たてが6cm，横が4cm，高さが，$9 + 5 = 14$ (cm)の直方体ができる。よって，求める体積は，$6 \times 4 \times 14 \div 2 = 168$ (cm^3)

第４回

1 12423　2 10　3 $\frac{1}{4}$　4 470000　5 11（本）　6 230　7 1000（円）　8 60　9 157　10 64（度）

解　説

1 与式＝ $123 \times (100 + 1) = 12300 + 123 = 12423$

2 与式＝ $\frac{1}{8} \times 2 \times 32 + \frac{1}{8} \times 64 - \frac{1}{8} \times 3 \times 16 = \frac{1}{8} \times (64 + 64 - 48) = \frac{1}{8} \times 80 = 10$

3 $\left(1.2 - \frac{18}{25}\right) \div \frac{2}{5} = \left(\frac{30}{25} - \frac{18}{25}\right) \div \frac{2}{5} = \frac{12}{25} \div \frac{2}{5} = \frac{6}{5}$ となるので，$\left(\frac{6}{5} - \square\right) \times \frac{4}{3} - 1 = \frac{4}{15}$ より，$\left(\frac{6}{5} - \square\right) \times \frac{4}{3} = \frac{4}{15} + 1 = \frac{19}{15}$　よって，$\frac{6}{5} - \square = \frac{19}{15} \div \frac{4}{3} = \frac{19}{20}$ より，$\square = \frac{6}{5} - \frac{19}{20} = \frac{24}{20} - \frac{19}{20} = \frac{5}{20} = \frac{1}{4}$

4 $1\,\text{ha} = 100\text{a}$，$1\,\text{km}^2 = 10000\text{a}$ なので，与式＝ $170000\text{a} + 300000\text{a} = 470000\text{a}$

5 電柱Ｂの３本手前の電柱をＣとすると，電柱Ａと電柱Ｂの間を進むのにかかった時間と，電柱Ｃと電柱Ｂの間を進むのにかかった時間の比は，3分20秒：(3分20秒－2分30秒)＝200秒：50秒＝4：1　一定の速さで走っているので，電柱Ａと電柱Ｂの間の長さと，電柱Ｃと電柱Ｂの間の長さの比も4：1で，電柱Ｃと電柱Ｂの間には電柱と電柱の間が３か所あるので，電柱Ａと電柱Ｂの間には電柱と電柱の間が，$3 \times \frac{4}{1} = 12$（か所）　間にある電柱の本数はこれより１少ないので，$12 - 1 = 11$（本）

6 男子に６個ずつ，女子に７個ずつ配ると，全員に８個ずつ配る場合よりもあめ玉は，$58 - 3 = 55$（個）少なくてすむ。男子に６個ずつ配ると，８個ずつ配る場合よりあめ玉は，$(8 - 6) \times 19 = 38$（個）少なくてすむので，女子に７個ずつ配ると，８個ずつ配る場合よりあめ玉は，$55 - 38 = 17$（個）少なくてすむ。よって，女子は，$17 \div (8 - 7) = 17$（人）なので，あめ玉は全部で，$8 \times (19 + 17) - 58 = 230$（個）

7 大人６人分の入館料は，子ども，$5 \times (6 \div 3) = 10$（人）分の入館料と等しいので，大人６人と子ども８人の入館料の合計は，子ども，$10 + 8 = 18$（人）分の入館料と等しくなる。よって，子ども１人あたりの入館料は，$10800 \div 18 = 600$（円）なので，大人１人あたりの入館料は，$600 \times \frac{5}{3} = 1000$（円）

8 右図の三角形BCEと三角形DCEは辺ECが共通で，BCとDCの長さが等しく，角ECB＝角ECD＝45°になるので，合同である。よって，角EBC＝角EDC＝180°－(15°＋90°)＝75°となるので，角ア＝180°－(75°＋45°)＝60°

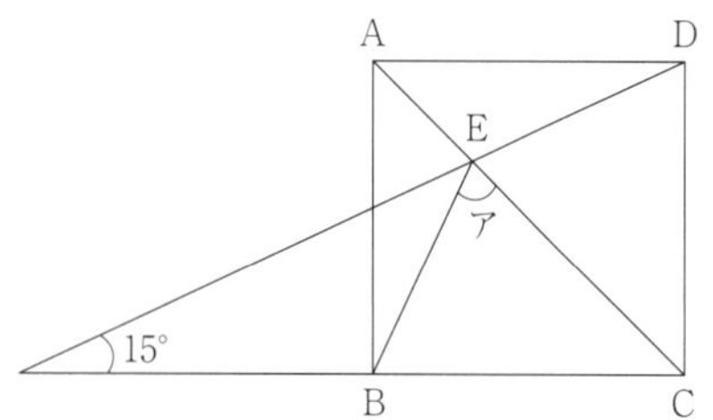

9 右図のように，正方形の対角線（AO）の長さをアとする。正方形の面積は 25cm^2 なので，ア×ア÷２＝25より，ア×ア＝50　アは円の半径だから，円の面積は，ア×ア×3.14＝ $50 \times 3.14 = 157$（cm^2）

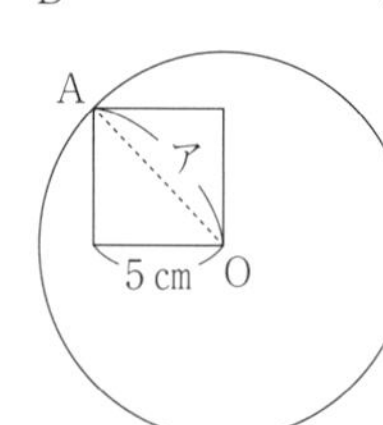

10 五角形の５つの角の大きさの和は，180°×(5－2)＝540°より，右図で，㋐＝540°÷5＝108°　㋑＝180°－108°＝72°　また，㋒＝180°－28°－108°＝44°なので，x ＝180°－72°－44°＝64°

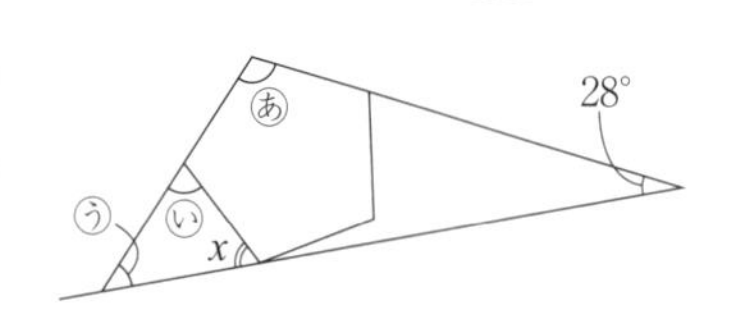

第５回

1 $\frac{7}{180}$　2 1450　3 72　4 0.95　5 20　6 40　7 41（人）　8 ア．32（度）　イ．103（度）

9 628（cm^3）　10 $\frac{1}{3}$（倍）

解　説

1 与式 $= 126 \times \frac{1}{81} \times 104 \times \frac{1}{80} \times \frac{1}{52} = \frac{7}{180}$

2 与式 $= (31 + 19) \times 29 = 50 \times 29 = 1450$

3 $\left(7 - \frac{1}{48} \times \square\right) \times \frac{14}{11} = \frac{119}{36} \times \frac{36}{17} = 7$ より，$7 - \frac{1}{48} \times \square = 7 \div \frac{14}{11} = \frac{11}{2}$ だから，$\frac{1}{48} \times \square = 7 - \frac{11}{2} = \frac{3}{2}$　よって，$\square = \frac{3}{2} \div \frac{1}{48} = 72$

4 80L の 1.9 倍は，$80 \times 1.9 \div 1000 = 0.152$（$m^3$）なので，$\square = 0.152 \div \frac{4}{25} = 0.95$（$m^3$）

5 池の周りの長さは，$2 \times 10 \times 3.14 = 62.8$（m）より，必要な木の本数は，$62.8 \div 3.14 = 20$（本）

6 秒針は 60 秒で 360° 進むので，秒速，$360 \div 60 = 6°$　分針は 60 分で 360° 進むので，秒速，$360 \div 60 \div 60 = 0.1°$　2 時 10 分での分針と秒針の間の角度は 60° で，そのあと 176° になるためには，秒針が分針に追いついたあと，さらに 176° 進めばよい。よって，かかる時間は，$(60 + 176) \div (6 - 0.1) = 40$（秒）

7 クラス全員から 500 円ずつ集めると，$500 \times 5 = 2500$（円）余るので，クラス全員から 350 円ずつ集める場合と 500 円ずつ集める場合に集まる金額の差は，$3650 + 2500 = 6150$（円）　1 人あたり集める金額の差は，$500 - 350 = 150$（円）なので，クラス全員の人数は，$6150 \div 150 = 41$（人）

8 右図で，角 EBC の大きさは，$90° + 26° = 116°$　三角形 EBC は EB と BC の長さが等しい二等辺三角形だから，アの角度は，$(180° - 116°) \div 2 = 32°$　また，直線 BF は正方形の対角線だから，角 EBG の大きさは 45°。よって，角 EGB の大きさは，$180° - (32° + 45°) = 103°$ だから，イの角度は 103°。

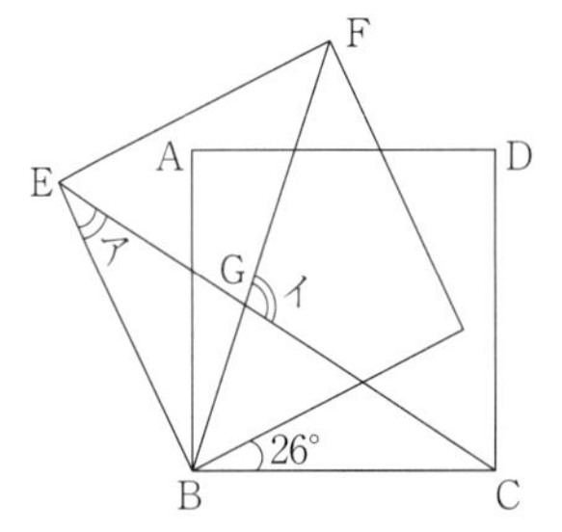

9 右図のように同じ立体をもう 1 個合わせると，底面が半径，$10 \div 2 = 5$（cm）の円で，高さが，$6 + 10 = 16$（cm）の円柱になるので，求める立体の体積は，$5 \times 5 \times 3.14 \times 16 \div 2 = 628$（$cm^3$）

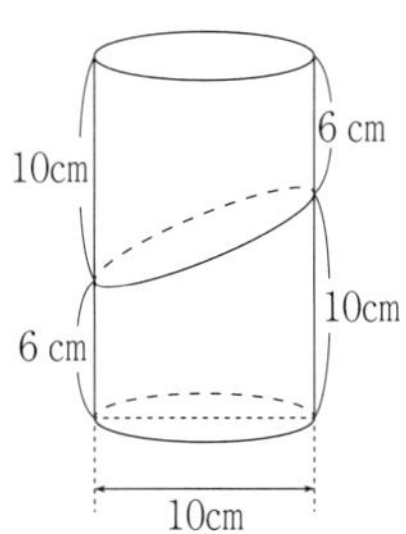

10 右図のように分けると，正六角形 ABCDEF は面積の等しい 18 個の三角形に分けることができる。色のついた部分はこのうちの 6 個分なので，正六角形 ABCDEF の面積の，$\frac{6}{18} = \frac{1}{3}$（倍）

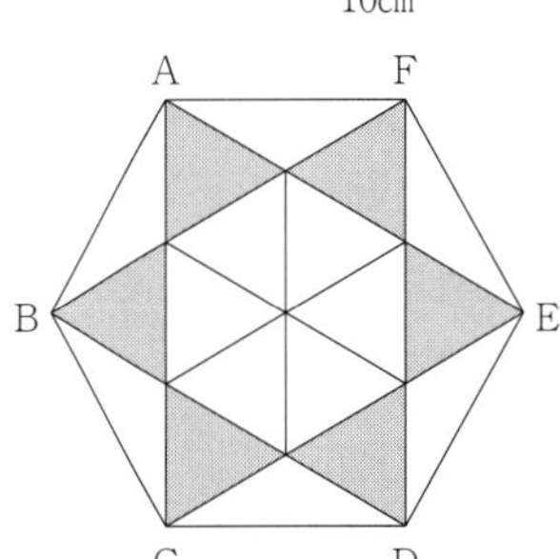

第6回

1 3　2 18.84　3 $\frac{25}{8}$　4 70　5 $\frac{7225}{64}$ $\left(\text{または，}112\frac{57}{64}\right)$（倍）　6 11（%）　7 9　8 18（度）　9 80　10 ㊀

解　説

1 与式 $= 8 - 5 = 3$

2 与式 $= 3.14 \times 17 + 3.14 \times 0.1 \times 29 - 3.14 \times 2 \times 9 + 3.14 \times 10 \times 0.41 = 3.14 \times (17 + 2.9 - 18 + 4.1) = 3.14 \times 6 = 18.84$

3 $\left\{1 + \frac{2}{5} \times \left(\boxed{} - \frac{3}{4}\right)\right\} \times \frac{2}{3} = \frac{32}{15} - \frac{5}{6} = \frac{39}{30} = \frac{13}{10}$ より，$1 + \frac{2}{5} \times \left(\boxed{} - \frac{3}{4}\right) = \frac{13}{10} \div \frac{2}{3} = \frac{39}{20}$ なので，$\frac{2}{5} \times \left(\boxed{} - \frac{3}{4}\right) = \frac{39}{20} - 1 = \frac{19}{20}$ となり，$\boxed{} - \frac{3}{4} = \frac{19}{20} \div \frac{2}{5} = \frac{19}{8}$　よって，$\boxed{} = \frac{19}{8} + \frac{3}{4} = \frac{25}{8}$

4 3.5dℓ は，$3.5 \times 100 = 350$（cc）だから，3.5dℓ は 5 cc の，$350 \div 5 = 70$（倍）

5 12 枚はりあわせると，のりしろは，$12 - 1 = 11$（か所）できるので，小さい正方形の 1 辺の長さを 1 とすると，大きい正方形の 1 辺の長さは，$1 \times 12 - \frac{1}{8} \times 11 = \frac{85}{8}$　よって，面積は，$\frac{85}{8} \times \frac{85}{8} = \frac{7225}{64}$（倍）

6 $2 + 4 = 1 + 5$ より，8 %の食塩水と 12 %の食塩水を混ぜ合わせると，A と B は，$(2 + 4) : (1 + 5) = 1 : 1$ となり，同じ量ずつ混ぜたことになる。つまり，8 %の食塩水を，$2 + 1 = 3$ と，12 %の食塩水を，$4 + 5 = 9$ を混ぜ合わせたときのこさを考えればよい。このとき，右図の 2 つの長方形の面積が等しくなるので，ア × 3 = イ × 9 が成り立つ。したがって，ア：イ = 9：3 = 3：1 になり，アとイの和は，$12 - 8 = 4$（%）なので，ア $= 4 \times \frac{3}{3 + 1} = 3$（%）　よって，求めるこさは，$8 + 3 = 11$（%）

7 仕事全体の量を，12，18，24 の最小公倍数である 72 とすると，1 日に A 君は，$72 \div 12 = 6$，B 君は，$72 \div 18 = 4$，C 君は，$72 \div 24 = 3$ の仕事をする。したがって，1 日目は，$6 + 4 = 10$，2 日目は，$4 + 3 = 7$，3 日目は，$3 + 6 = 9$ の仕事ができるから，3 日間では，$10 + 7 + 9 = 26$ の仕事が終わる。よって，9 日間では，$26 \times 3 = 78$ の仕事ができるが，8 日間では，$78 - 9 = 69$ の仕事しかできないから，9 日目。

8 右図のように，各点を A～I とする。五角形の 5 つの角の大きさの和は，$180° \times (5 - 2) = 540°$ で，正五角形の 1 つの角の大きさは，$540° \div 5 = 108°$　四角形 ABCD はひし形で，角 A の大きさが 108° なので，角 ABC の大きさは，$180° - 108° = 72°$　ひし形は 1 本の対角線で合同な 2 つの二等辺三角形に分けられるので，角 DBC の大きさは，$72° \div 2 = 36°$　角 BGI と角 BHI はともに，$180° - 108° = 72°$ で等しいことから三角形 BGH は二等辺三角形とわかり，BG = BH で，正五角形の辺より，GF = HC なので，BF = BC　また，FE = CE で，BE は共通なので，三角形 BFE と三角形 BCE は 3 辺がそれぞれ等しく合同となり，角 FBE = 角 CBE　よって，角アの大きさは，$36° \div 2 = 18°$

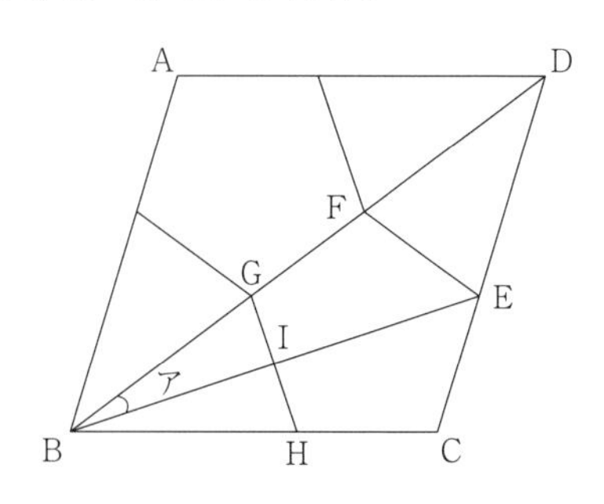

9 次図Ⅰのように，上，正面，右とする。各段の立方体を上から見た図を考え，正面からくりぬいた部分と右からくりぬいた部分にそれぞれ斜線をひくと次図Ⅱのようになる。よって，くりぬいた立方体は，$5 + 11 + 13 + 11 + 5 = 45$（個）なので，求める体積は，$5 \times 5 \times 5 - 1 \times 1 \times 1 \times 45 = 80$（cm^3）

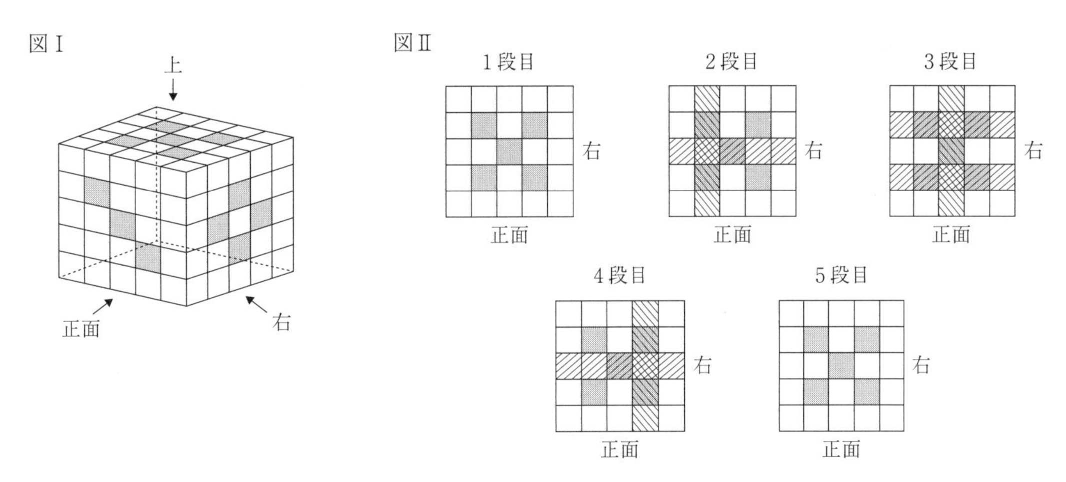

10 (正方形の面積) = (1辺) × (1辺) = (対角線) × (対角線) ÷ 2より，この正方形は大きい方から順に面積が半分になっている。いちばん大きい正方形の面積は(16 × 16) cm^2 なので，5番目に大きい正方形の面積は，16 × 16 ÷ 2 ÷ 2 ÷ 2 ÷ 2 = 16 (cm^2)で，いちばん小さい正方形の面積は，16 ÷ 2 = 8 (cm^2)　色のついた部分は，この差を4等分したものなので，その面積は，(16 − 8) ÷ 4 = 2 (cm^2)

第7回

1 60　2 169　3 5　4 31536000　5 ア．670　イ．160　6 60 (円)　7 16.5 (m)　8 67.5
9 504 (cm^3)　10 ① 37.68 (cm^3)　② 216 (度)

解 説

1 与式 = 64 − 4 = 60

2 与式 = 3.7 × 3.7 + 3.7 × 9.3 + 3.7 × 9.3 + 9.3 × 9.3 = 3.7 × (3.7 + 9.3) + (3.7 + 9.3) × 9.3 = 3.7 × 13 + 13 × 9.3 = 13 × (3.7 + 9.3) = 13 × 13 = 169

3 $1 \div \left(1 + \frac{1}{\square}\right) = \frac{5}{6}$ より，$1 + \frac{1}{\square} = 1 \div \frac{5}{6} = \frac{6}{5}$　よって，$\frac{1}{\square} = \frac{6}{5} - 1 = \frac{1}{5}$ より，$\square$ = 5

4 365 × 24 × 60 × 60 = 31536000 (秒)

5 みかんとりんごと桃をそれぞれ，1 + 2 = 3 (個)ずつ買うと，580 + 810 + 620 = 2010 (円)なので，みかん1個とりんご1個と桃1個を買うと，2010 ÷ 3 = 670 (円)　また，りんご1個はみかん1個より，670 − 620 = 50 (円)高いから，みかん1個の値段は，(580 − 50 × 2) ÷ (1 + 2) = 160 (円)

6 えんぴつ1本は，太郎君の所持金の，$\frac{3}{5} \div 15 = \frac{1}{25}$ で，二郎君の所持金の，$\frac{3}{7} \div 21 = \frac{1}{49}$　えんぴつ1本の値段は等しいから，はじめの太郎君と二郎君の所持金の比は，$\frac{1}{49} : \frac{1}{25}$ = 25 : 49　太郎君の残った所持金は，$25 \times \left(1 - \frac{3}{5}\right) = 10$，二郎君の残った所持金は，$49 \times \left(1 - \frac{3}{7}\right) = 28$ なので，28 − 10 = 18 が1080円にあたる。よって，えんぴつ1本は，$25 \times \frac{1}{25} = 1$ なので，値段は，$1080 \times \frac{1}{18} = 60$ (円)

7 動く歩道の速さは毎秒，$\left(61 \times \frac{10}{60} - 62 \times \frac{8}{60}\right) \div (13 - 10) = \frac{19}{30}$ (m)　よって，動く歩道の長さは，$\left(61 \div 60 + \frac{19}{30}\right) \times 10 = 16.5$ (m)

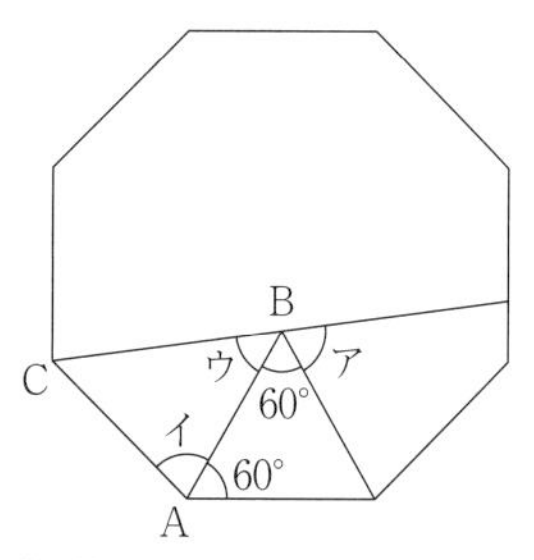

8 右図のように記号と角イ，ウをとる。正八角形の角の和は，$180^\circ \times (8-2) = 1080^\circ$ なので，1つの角の大きさは，$1080^\circ \div 8 = 135^\circ$　これより，角イ $= 135^\circ - 60^\circ = 75^\circ$　さらに，三角形 ABC は AB = AC の二等辺三角形なので，角ウ $= (180^\circ - 75^\circ) \div 2 = 52.5^\circ$　よって，角ア $= 180^\circ - 60^\circ - 52.5^\circ = 67.5^\circ$

9 三角柱の底面は，6 cm の辺を底辺とすると，次図Ⅰより，高さは 3 cm になるので，体積は，$6 \times 3 \div 2 \times 30 = 270\ (\text{cm}^3)$　また，2つの三角柱が重なっている部分は，次図Ⅱのかげをつけた部分で，底面が，1辺の長さが 6 cm の正方形，高さが 3 cm の四角すいなので，その体積は，$6 \times 6 \times 3 \times \frac{1}{3} = 36\ (\text{cm}^3)$　よって，求める立体の体積は，$270 \times 2 - 36 = 504\ (\text{cm}^3)$

図Ⅰ

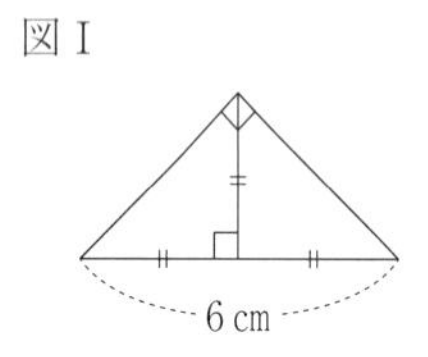

図Ⅱ

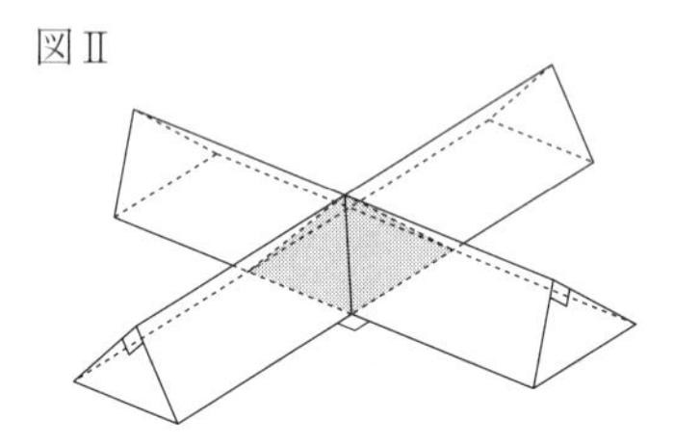

10 ① $3 \times 3 \times 3.14 \times 4 \times \frac{1}{3} = 37.68\ (\text{cm}^3)$

② 底面の円周の長さは，$3 \times 2 \times 3.14$ (cm)　これがおうぎ形の曲線部分の長さに等しいので，あの角度を $\square$° とすると，$3 \times 2 \times 3.14 = 5 \times 2 \times 3.14 \times \frac{\square^\circ}{360^\circ}$　よって，$\square^\circ = \frac{3 \times 2 \times 3.14}{5 \times 2 \times 3.14} \times 360^\circ = \frac{3}{5} \times 360^\circ = 216^\circ$

第8回

1 28　2 2808　3 4　4 土(曜日)　5 80(円)　6 60(日)　7 160(個)　8 135　9 $\frac{1}{8}$(倍)　10 24

解　説

1 与式 $= 42 - 7 \times 2 = 42 - 14 = 28$

2 与式 $= 39 \times 9 \times 8 + 39 \times 2 \times 7 \times 6 - 39 \times 3 \times 5 \times 4 - 39 \times 4 \times 3 \times 2 = 39 \times 72 + 39 \times 84 - 39 \times 60 - 39 \times 24 = 39 \times (72 + 84 - 60 - 24) = 39 \times 72 = 2808$

3 $7.5 - 1.25 \times \square + 2.25 - 1 + 0.25 = 4$ より，$1.25 \times \square = 7.5 + 2.25 - 1 + 0.25 - 4 = 5$　よって，$\square = 5 \div 1.25 = 4$

4 2014年1月25日から2020年1月25日までには，2016年にうるう年が1回ある。これより，2020年1月25日は，2014年1月25日から，$365 \times (2020 - 2014) + 1 = 2191$ (日後)　土曜日の7日後は土曜日で，$2191 \div 7 = 313$ より，2191は7の倍数なので，2020年1月25日は，土曜日。

5 りんご，$2 \times 3 = 6$ (個)の値段は，みかん，$3 \times 3 = 9$ (個)の値段と同じ。よって，みかん，$6 + 9 = 15$ (個)の値段が1200円なので，1個の値段は，$1200 \div 15 = 80$ (円)

6 仕事全体の量を1とする。A は1日に，$1 \div 30 = \frac{1}{30}$，A と B の2人は1日に，$1 \div 12 = \frac{1}{12}$ の仕事をするので，B は1日に，$\frac{1}{12} - \frac{1}{30} = \frac{1}{20}$ の仕事をする。また，B と C の2人は1日に，$1 \div 15 = \frac{1}{15}$ の仕事をす

るので，Cは1日に，$\frac{1}{15} - \frac{1}{20} = \frac{1}{60}$ の仕事をする。よって，$1 \div \frac{1}{60} = 60$（日）

7 10個のグラスがこわれていなければ，240 × 10 +（300 − 240）× 10 = 3000（円）だけ利益が増える。つまり，6600 + 3000 = 9600（円）の利益となる予定だった。よって，仕入れたグラスの数は，9600 ÷（300 − 240）= 160（個）

8 右図で，PRとSTは平行になるので，角Aと角Bの大きさは等しい。また，三角形PQRは直角二等辺三角形で，角Cの大きさは45°なので，角Aの大きさは，180° − 45° = 135°

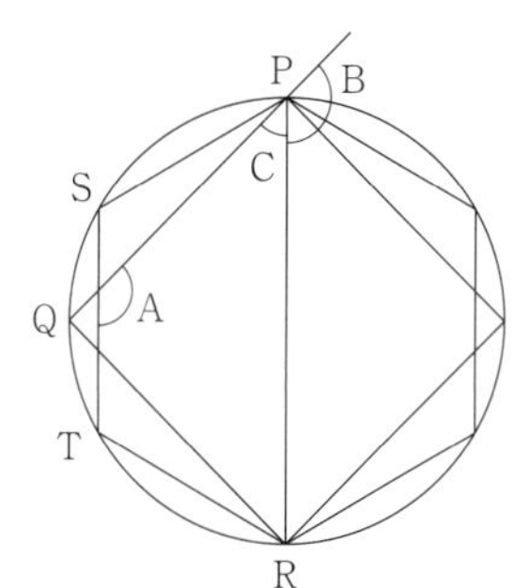

9 三角形ABCの面積は平行四辺形ABCDの面積の $\frac{1}{2}$ 倍で，三角形ACEの面積は三角形ABCの面積の $\frac{1}{2}$ 倍。さらに，点Oは対角線ACのまん中の点だから，三角形OECの面積は三角形ACEの面積の $\frac{1}{2}$ 倍。よって，三角形OECの面積は平行四辺形ABCDの面積の，$\frac{1}{2} \times \frac{1}{2} \times \frac{1}{2} = \frac{1}{8}$（倍）

10 右図のように，かげをつけた部分を対角線ABで三角形ACBと三角形ADBに分ける。このとき，三角形ACBのACを底辺としたときの高さ，三角形ADBのADを底辺としたときの高さは，ともに平行四辺形の高さに等しい。また，AC = 6 − 5 = 1（cm）　よって，2つの三角形の面積の比は，AC：ADの比と等しく1：3で，三角形ADBの面積は，$8 \times \frac{3}{3+1} = 6$（$cm^2$）　三角形EBDは平行四辺形の $\frac{1}{2}$，三角形ADBは三角形EBDの $\frac{1}{2}$ の面積より，三角形ADBは平行四辺形の $\frac{1}{4}$ の面積なので，平行四辺形の面積は，$6 \div \frac{1}{4} = 24$（cm^2）

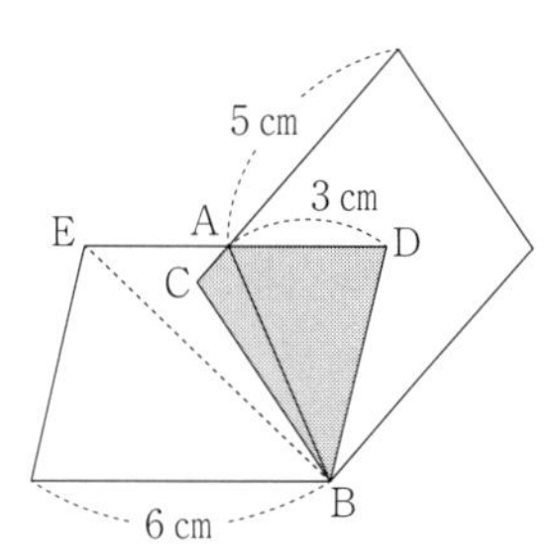

第9回

1 76　2 11.9　3 $\frac{3}{4}$　4 金　5 49　6 54（歳）　7 24（分間）　8 ア．63（度）　イ．48（度）
9 26.84（cm）　10（順に）10，4.5

解説

1 与式 = 12 + 102 − 38 = 76

2 与式 = 1.7 × 2 × 2.67 + 1.7 × 9.1 − 1.7 × 3 × 2.48 = 1.7 ×（5.34 + 9.1 − 7.44）= 1.7 × 7 = 11.9

3 $\left(\frac{4}{5} - \square\right) \times \frac{4}{7} + \frac{1}{5} = \frac{16}{7} \div 10 = \frac{16}{7} \times \frac{1}{10} = \frac{8}{35}$　よって，$\left(\frac{4}{5} - \square\right) \times \frac{4}{7} = \frac{8}{35} - \frac{1}{5} = \frac{1}{35}$ なので，$\frac{4}{5} - \square = \frac{1}{35} \div \frac{4}{7} = \frac{1}{35} \times \frac{7}{4} = \frac{1}{20}$　したがって，$\square = \frac{4}{5} - \frac{1}{20} = \frac{3}{4}$

4 6月12日は9月2日の，（2 − 1）+ 31 + 31 +（30 − 12）+ 1 = 82（日前）なので，82 ÷ 7 = 11あまり5より，11週間と5日前となる。7 − 5 = 2（日）より，6月12日の2日前が水曜日なので，6月12日は金曜日となる。

5 (A + B) + (B + C) + (C + A) = 14 + 30 + 26 = 70 より，A 2 個と B 2 個と C 2 個で 70 なので，A + B + C = 70 ÷ 2 = 35　よって，A 2 個と B 2 個と C 1 個の和は，(A + B) + (A + B + C) = 14 + 35 = 49

6 A さん，B さん，C さんの年齢の合計は A さんの年齢の，1 + 4 = 5 (倍) にあたるから，A さんの年齢は，120 ÷ 5 = 24 (歳)　よって，B さんと C さんの年齢の和は，24 × 4 = 96 (歳)　C さんは B さんより 12 歳年上だから，C さんの年齢は，(96 + 12) ÷ 2 = 54 (歳)

7 ホース A で満水にするには，$30 \div \frac{3}{4} = 40$ (分) かかり，ホース B で満水にするには，$50 \div \frac{5}{6} = 60$ (分) かかるので，仮に満水のときの水の量を 40 と 60 の最小公倍数である 120 とすると，ホース A では 1 分間に，120 ÷ 40 = 3，ホース B では 1 分間に，120 ÷ 60 = 2 の水が入ることになる。よって，A，B 両方使って満水にするのにかかる時間は，120 ÷ (3 + 2) = 24 (分間)

8 右図のように，各点を A〜I とする。五角形の 1 つの内角の大きさは，180° × (5 − 2) ÷ 5 = 108°　三角定規の角より，角 FCH の大きさは 45° なので，アの角の大きさは，108° − 45° = 63°　角 IDG の大きさは，180° − 108° = 72° で，三角定規の角より，角 IGD の大きさは 60° なので，イの角の大きさは，180° − (72° + 60°) = 48°

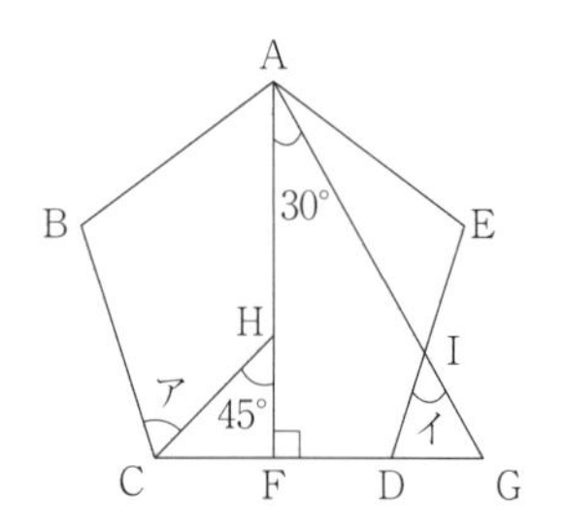

9 かげのついた部分の 1 つの周りを右図のように，ア〜エの 4 つにわける。アとウの部分の長さの合計は，2 + 2 = 4 (cm)　イの部分の長さは，2 × 2 × 3.14 ÷ 4 = 3.14 (cm)　エの部分の長さは，4 × 2 × 3.14 ÷ 4 = 6.28 (cm)　よって，求める長さは，(4 + 3.14 + 6.28) × 2 = 26.84 (cm)

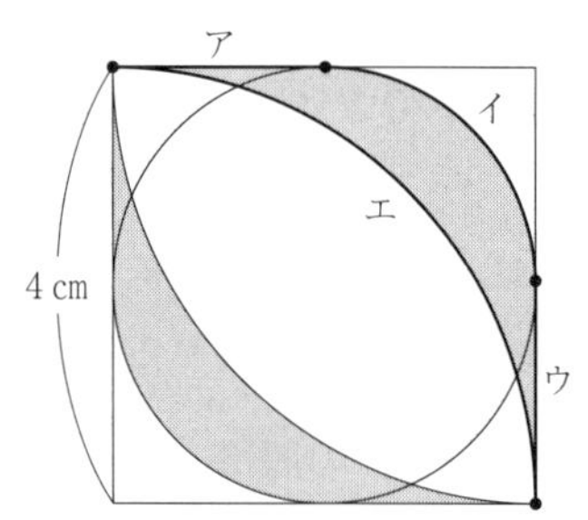

10 右図 I のように正六角形に線をひくと，正六角形は 24 個の合同な正三角形に分けられる。㋐はこの正三角形 5 個分だから，面積は，$48 \times \frac{5}{24} = 10$ (cm^2)　また，右図 II において，㋒は㋐と合同だから，三角形 ABC の面積は，48 − 10 × 3 = 18 (cm^2)　㋑の面積は三角形 ABC の面積の $\frac{1}{4}$ だから，$18 \times \frac{1}{4} = 4.5$ (cm^2)

図 I

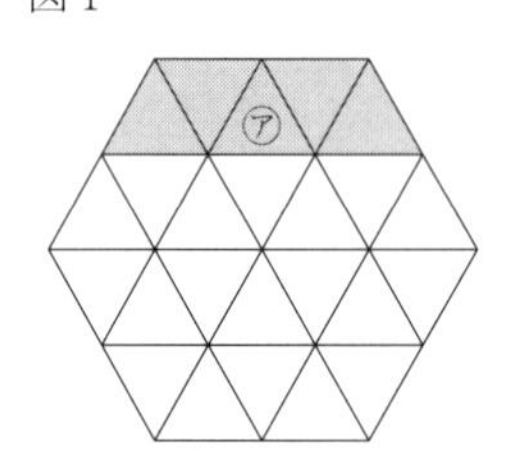

図 II

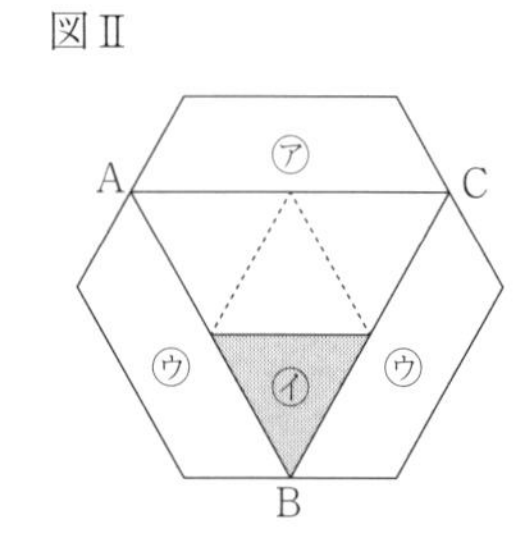

第10回

1 101　2 $\frac{1}{66}$　3 5　4 360 (ドル)　5 30 (cm^2)　6 47 (秒)　7 125 (円)　8 $3\frac{4}{7}$　9 60 (度)　10 104 (m)

解　説

1 与式 = 5555 ÷ 55 = 101

2 与式 = $\frac{6}{66} \times \frac{6}{66} + \frac{3}{66} \times \frac{3}{66} + \frac{2}{66} \times \frac{2}{66} + \frac{1}{66} \times \frac{17}{66} = \frac{1}{66} \times \frac{1}{66} \times (6 \times 6 + 3 \times 3 + 2 \times 2 + 1 \times 17) =$

$\frac{1}{66} \times \frac{1}{66} \times 66 = \frac{1}{66}$

③ $\left(\frac{45}{7} - \square\right) \times \frac{17}{10} = 34 \div \frac{7}{5} \div 10 = \frac{17}{7}$ より，$\frac{45}{7} - \square = \frac{17}{7} \div \frac{17}{10} = \frac{10}{7}$　よって，$\square = \frac{45}{7} - \frac{10}{7} = 5$

④ 1ユーロは，684 ÷ 5 = 136.8 (円)だから，300ユーロは，136.8 × 300 = 41040 (円)　よって，41040 ÷ 114 = 360 (ドル)

⑤ ABの長さの3倍が，30 − 7 − 8 = 15 (cm)だから，ABの長さは，15 ÷ 3 = 5 (cm)，BCの長さは，5 + 7 = 12 (cm)　直角をはさむ2つの辺はABとBCだから，求める面積は，5 × 12 ÷ 2 = 30 (cm^2)

⑥ 5 + 7 = 12と，4 + 2 = 6と，3 + 6 = 9の最小公倍数は36なので，3匹のモグラが同時に頭を出してから36秒後までに頭を出している時間を考えると，Aが0〜5秒後，12〜17秒後，24〜29秒後で，Bが0〜4秒後，6〜10秒後，12〜16秒後，18〜22秒後，24〜28秒後，30〜34秒後で，Cが0〜3秒後，9〜12秒後，18〜21秒後，27〜30秒後なので，この間に3匹が同時に頭を出している時間は，0〜3秒後と27〜28秒後の4秒間。7分間は，60 × 7 = 420 (秒)なので，420 ÷ 36 = 11あまり24より，この36秒間を11回くり返した後に24秒間あり，あまりの24秒間では0〜3秒後の3秒間だけ同時に頭を出している。よって，3匹が同時に頭を出している時間は，4 × 11 + 3 = 47 (秒)

⑦ 同じ金額をとったあとの，残りの金額を分けた比の差と，最終的な所持金の比の差は等しいので，4：3 = 8：6にすると，9 − 8 = 7 − 6 = 1がはじめにとった金額にあたる。最終的な所持金の和は2000円なので，2000 ÷ (9 + 7) = 125 (円)より，比の1にあたる金額は125円。

⑧ 右図のように，EGをのばし，DCと交わる点をHとする。三角形ADEと三角形BEFは，直角二等辺三角形DEFの等しい2つの辺をそれぞれ斜辺にする直角三角形で，角AED = 180° − 90° − 角BEF = 角BFEだから，三角形ADEと三角形BEFは合同で，AD = BE = 4 cm，BF = AE = 3 cmとなり，CF = 4 − 3 = 1 (cm)　HGとCFが平行より，三角形DHGは三角形DCFの縮図で，HG：CF = DH：DC = 3：(3 + 4) = 3：7なので，HG = $1 \times \frac{3}{7} = \frac{3}{7}$ (cm)　EH = AD = 4 cmなので，GE = $4 - \frac{3}{7} = 3\frac{4}{7}$ (cm)

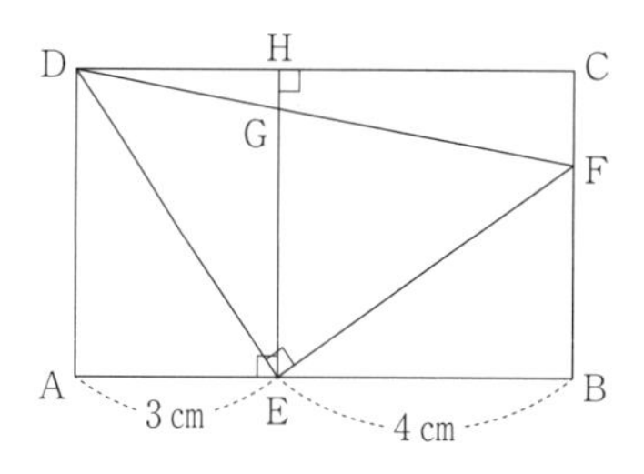

⑨ 正五角形の1つの角の大きさは108°なので，右図の角イの大きさは，180° − (24° + 108°) = 48°　また，平行な直線の性質より，角ウと角イの大きさは等しく，角エの大きさは，180° − 108° = 72°　よって，角アの大きさは，180° − (48° + 72°) = 60°

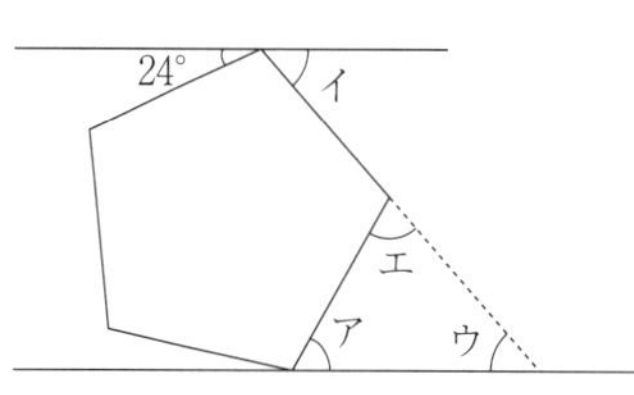

⑩ 道の面積が624m^2なので，道をふくめた全体の面積は，624 + 20 × 20 = 1024 (m^2)　32 × 32 = 1024なので，道の外側の1辺の長さが32m。ここで，右図のように，道を分けると，角の4つの正方形の1辺の長さは，(32 − 20) ÷ 2 = 6 (m)なので，正方形ABCDの1辺の長さは，6 ÷ 2 = 3 (m)　よって，求める長さは，20 × 4 + 3 × 2 × 4 = 104 (m)

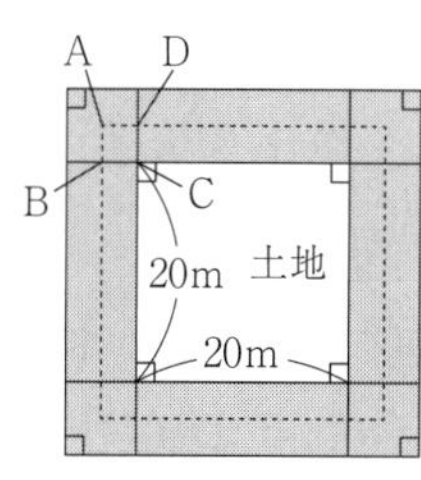

第11回

1 60　2 805.6　3 4　4 500　5 91　6 3　7 （プリン）120（円）（ケーキ）180（円）　8 10（cm^2） 9 1200　10 12

解　説

1 与式 $= 100 \times \frac{1}{3} \times \frac{1}{6} \times 12 - 60 \times \frac{1}{9} = \frac{200}{3} - \frac{20}{3} = \frac{180}{3} = 60$

2 与式 $= 20.14 \times (23 + 55 - 38) = 20.14 \times 40 = 805.6$

3 $101 \times 101 - 100 \times 100 = 101 \times (100 + 1) - 100 \times 100 = 101 \times 100 + 101 \times 1 - 100 \times 100 = (101 - 100) \times 100 + 101 = 100 + 101 = 201$，$99 \times 99 - 98 \times 98 = 99 \times (98 + 1) - 98 \times 98 = 99 \times 98 + 99 \times 1 - 98 \times 98 = (99 - 98) \times 98 + 99 = 98 + 97 = 197$ より，$201 - \square = 197$　よって，$\square = 201 - 197 = 4$

4 昨年の生徒数は，$528 \div (1 - 0.04) = 550$（人）だから，一昨年の生徒数は，$550 \div 1.1 = 500$（人）

5 A 君と B 君の平均点は，A 君の点数より，$18 \div 2 = 9$（点）低いので，A 君は C 君より，$9 + 2 = 11$（点）高い点数をとっている。よって，A 君の点数の 3 倍が，$244 + 18 + 11 = 273$（点）なので，A 君の点数は，$273 \div 3 = 91$（点）

6 入場口が 1 か所のとき，2 時間で行列がなくなるので，この間に入場口を通った人は，$480 + 10 \times 120 = 1680$（人）　これより，1 分間に，$1680 \div (60 \times 2) = 14$（人）が入場口を通ることがわかる。15 分間で行列がなくなるとき，この間に入場する人数は，$480 + 10 \times 15 = 630$（人）で，1 分間に入場口を通る人数は，$630 \div 15 = 42$（人）　よって，入場口は，$42 \div 14 = 3$

7 プリン 3 個の値段とケーキ 2 個の値段は同じになるから，ケーキ，$2 + 5 = 7$（個）の値段が 1260 円。よって，ケーキ 1 個の値段は，$1260 \div 7 = 180$（円），プリン 1 個の値段は，$180 \times \frac{2}{3} = 120$（円）

8 右図のように各点を A～F とすると，三角形 ABC の面積は，$6 \times 8 \div 2 = 24$（cm^2），三角形 AED の面積は，$(6 - 2) \times 2 \div 2 = 4$（$cm^2$），三角形 EBF の面積は，$2 \times (8 - 2) \div 2 = 6$（$cm^2$），正方形 CDEF の面積は，$2 \times 2 = 4$（$cm^2$）　よって，かげをつけた部分の面積は，$24 - (4 + 6 + 4) = 10$（$cm^2$）

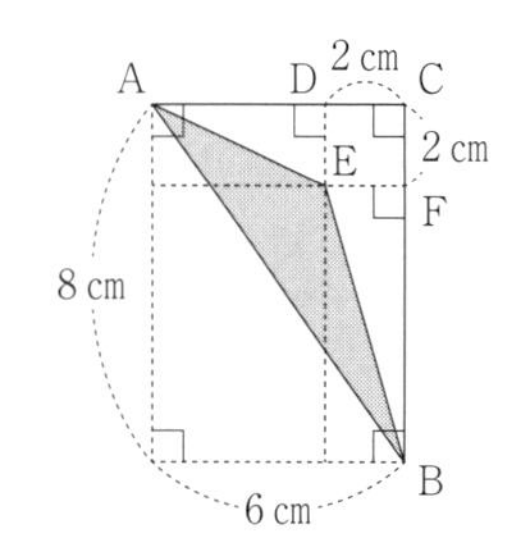

9 水が流れているのは，右図のかげをつけた部分。アの長さを，$(40 - 20) \div 2 = 10$（cm）と考えると，イの長さは，$10 \div 2 = 5$（cm）　したがって，水が流れる部分の台形の上底の長さは，$5 + 20 + 5 = 30$（cm）なので，その面積は，$(30 + 20) \times 10 \div 2 = 250$（$cm^3$）　よって，求める水の量は，$250 \times 80 \times 60 \div 1000 = 1200$（L）

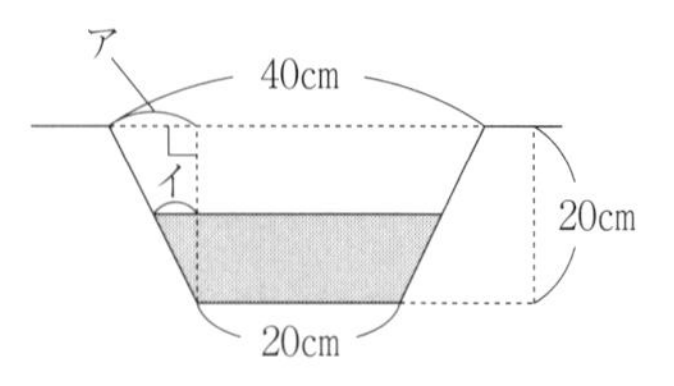

10 入っている水の体積は，$5 \times 5 \times 3.14 \times 8 = 628$（$cm^3$）　穴を 1 個あけると，$628 \div 157 = 4$（分）より，$4 \times 60 = 240$（秒）で水が全部なくなる。よって，20 秒で水を全部なくすのに必要な穴の個数は，$240 \div 20 = 12$（個）

第12回

1 30　2 1440　3 $\dfrac{3}{10}$　4 4320　5 23

6 ①（AからBへの速さ：BからAへの速さ）2：3　② 4.8（分）

7 22　8 74.2（cm^2）　9 $\dfrac{9}{8}$（cm）　10 $\dfrac{7}{3}$

解　説

1 与式 $= 55 - 25 = 30$

2 与式 $= (126 - 92 + 4 - 18) \times 72 = 20 \times 72 = 1440$

3 $\dfrac{35}{32} \div \left\{\left(\dfrac{10}{3} - \boxed{}\right) \div \dfrac{13}{5}\right\} \div \dfrac{15}{16} = 1$ より，$\dfrac{35}{32} \div \left\{\left(\dfrac{10}{3} - \boxed{}\right) \div \dfrac{13}{5}\right\} = 1 \times \dfrac{15}{16} = \dfrac{15}{16}$ だから，$\left(\dfrac{10}{3} - \boxed{}\right) \div \dfrac{13}{5} = \dfrac{35}{32} \div \dfrac{15}{16} = \dfrac{7}{6}$ となり，$\dfrac{10}{3} - \boxed{} = \dfrac{7}{6} \times \dfrac{13}{5} = \dfrac{91}{30}$　よって，$\boxed{} = \dfrac{10}{3} - \dfrac{91}{30} = \dfrac{3}{10}$

4 消費税が8％の時，値段は税抜きの値段の1.08にあたる。消費税が5％の時，値段は税抜きの値段の1.05にあたる。税抜きの値段の，$0.08 - 0.05 = 0.03$ にあたるのが120円なので，税抜きの値段は，$120 \div 0.03 = 4000$（円）　よって，求める値段は，$4000 \times (1 + 0.08) = 4320$（円）

5 1から100までの整数の和は，$(1 + 100) \times 100 \div 2 = 5050$　1つの数をまちがって引くと，答えは5050よりも引いた数の2倍の数だけ小さくなる。よって，まちがって引いた数は，$(5050 - 5004) \div 2 = 23$

6 ① S君が，A地点からB地点までボートをこいで行くときにかかる時間と，B地点からA地点までボートをこいで行くときにかかる時間の比は，$6 : 4 = 3 : 2$　どちらも進む長さは同じなので，S君が，A地点からB地点までボートをこいで行くときの速さと，B地点からA地点までボートをこいで行くときの速さの比は，この逆比で2：3。

② S君が，A地点からB地点までボートをこいで行くときの速さを2とすると，A地点からB地点までの長さは，$2 \times 6 = 12$　また，上りと下りの速さの平均は，流れの速さを消し合って，流れのないときの速さになるので，S君が，流れのないときにボートをこいで行く速さは，$(2 + 3) \div 2 = 2.5$　よって，流れがないときにS君がA地点からB地点までボートをこいで行くのにかかる時間は，$12 \div 2.5 = 4.8$（分）

7 午前1時～3時までの間に，1時～2時の間で1回，2時ちょうどで1回，2時～3時の間で1回ある。同じように，午前9時～11時までの間にも3回ある。これ以外の，午前0時～1時，3時～9時，11時～12時の合計8時間は，1時間に2回ずつ60°になるので，求める回数は，$3 \times 2 + 2 \times 8 = 22$（回）

8 おうぎ形の半径は小さい方から順に，2cm，$2 + 2 = 4$（cm），$4 + 2 = 6$（cm），$6 + 2 = 8$（cm）　よって，斜線部分の面積は，$\left(2 \times 2 \times 3.14 \times \dfrac{1}{4} - 2 \times 2 \div 2\right) + \left(4 \times 4 \times 3.14 \times \dfrac{1}{4} - 4 \times 2 \div 2\right) + \left(6 \times 6 \times 3.14 \times \dfrac{1}{4} - 6 \times 2 \div 2\right) + \left(8 \times 8 \times 3.14 \times \dfrac{1}{4} - 8 \times 2 \div 2\right) = 74.2$（$cm^2$）

9 円すい型の容器に入っている水の深さは容器の深さの，$6 \div 8 = \dfrac{3}{4}$（倍）なので，水の体積は円すい型の容器の容積の，$\dfrac{3}{4} \times \dfrac{3}{4} \times \dfrac{3}{4} = \dfrac{27}{64}$（倍）　円すい型の容器の容積は円柱型の容器の容積の $\dfrac{1}{3}$ 倍なので，この水をすべて円柱型の容器に移したとき，水面は容器の底から，$8 \times \dfrac{1}{3} \times \dfrac{27}{64} = \dfrac{9}{8}$（cm）

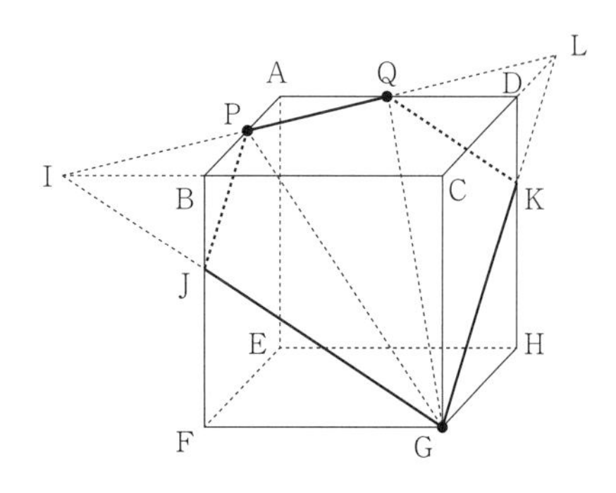

⑩ 切断面は，右図の五角形PJGKQとなる。QP，CB，GJを延長した線が交わる点をI，PQ，CD，GKを延長した線が交わる点をLとすると，三角形GILは，GI = GLの二等辺三角形で，P，QはILを3等分する点。したがって，三角形GILの面積を1とすると，三角形PQGの面積は $\frac{1}{3}$。また，PJとKGは平行なので，三角形JIPは三角形GILの縮図で，IP：IL = 1：3より，三角形JIPは底辺も高さも三角形GILの $\frac{1}{3}$ になり，面積は，$\frac{1}{3} \times \frac{1}{3} = \frac{1}{9}$　同様に，QKとJGは平行で，三角形KQLの面積も $\frac{1}{9}$ となるので，五角形PJGKQの面積は，$1 - \frac{1}{9} \times 2 = \frac{7}{9}$　よって，切断面の面積は三角形PQGの面積の，$\frac{7}{9} \div \frac{1}{3} = \frac{7}{3}$（倍）

第13回

① 500　② 26300　③ $\frac{3}{2}$　④ 80（km）　⑤ 82（点）　⑥ 108　⑦ ア．22　イ．30　⑧ 36　⑨ 2.4（cm）
⑩ 37.5（cm^2）

解　説

① 与式 $= 28 + 480 - 8 = 508 - 8 = 500$

② 与式 $= 263 \times (71 + 55 - 26) = 263 \times 100 = 26300$

③ $1 \div (1 + 1 \div \boxed{}) = 1.6 - 1 = 0.6$ より，$1 + 1 \div \boxed{} = 1 \div 0.6 = \frac{5}{3}$　よって，$1 \div \boxed{} = \frac{5}{3} - 1 = \frac{2}{3}$ より，$\boxed{} = 1 \div \frac{2}{3} = \frac{3}{2}$

④ 1km進むのに，時速60kmだと，$1 \div 60 \times 60 = 1$（分），時速40kmだと，$1 \div 40 \times 60 = 1.5$（分）かかるので，かかる時間の差は，$1.5 - 1 = 0.5$（分）　よって，$20 + 20 = 40$（分）の差がつく距離は，$40 \div 0.5 = 80$（km）

⑤ 3教科のテストの合計は，$83 \times 3 = 249$（点）　BはAより3点低く，CはAより，$9 - 3 = 6$（点）高いので，Aの得点は，$(249 + 3 - 6) \div 3 = 82$（点）

⑥ マスは左から順に，1，$1 \times 2 = 2$，$2 \times 2 = 4$，$4 \times 2 = 8$，$8 \times 2 = 16$，$16 \times 2 = 32$，$32 \times 2 = 64$，…を表すから，$4 + 8 + 32 + 64 = 108$

⑦ ポンプ1台が1分間にくみ出す水の量を1とすると，ポンプ5台が30分間にくみ出した水の量は，$1 \times 5 \times 30 = 150$，ポンプ8台が15分間にくみ出した水の量は，$1 \times 8 \times 15 = 120$　これより，$150 - 120 = 30$ は，$30 - 15 = 15$（分間）にわき出た水の量とわかるから，1分間にわき出る水の量は，$30 \div 15 = 2$ で，池の水の量は，$150 - 2 \times 30 = 90$　ポンプ6台で水をくみ出すとき，池の水は1分間に，$1 \times 6 - 2 = 4$ ずつ減ることになるから，池の水が空になるのにかかる時間は，$90 \div 4 = 22.5$（分）より，22分30秒。

⑧ 縦の長さを4cm，横の長さを5cmとすると，面積は，$4 \times 5 = 20$（cm^2）なので，縦と横をそれぞれ2倍すると，面積は，$20 \times 2 \times 2 = 80$（$cm^2$）になる。これより，縦の長さは，$4 \times 2 = 8$（cm），横の長さは，$5 \times 2 = 10$（cm）とわかるので，周りの長さは，$(8 + 10) \times 2 = 36$（cm）

⑨ 水の体積は，$15 \times 20 \times 8 = 2400$（$cm^3$）　おもりをしずめると，水のある部分の底面積は，$20 \times 15 - 10 \times$

$5 = 250\,(\mathrm{cm}^2)$になるので，水の深さは，$2400 \div 250 = 9.6$ (cm)　よって，$12 - 9.6 = 2.4$ (cm)

10 次図1で，ABの長さは，$6 - 2 = 4$ (cm)　もとの直角三角形は，直角をはさむ2辺の比が，$6:18 = 1:3$で，図1の三角形ABCはもとの直角三角形の縮図だから，BCの長さは，$4 \times 3 = 12$ (cm)　さらに，図1のア，イの長さは，折り曲げた紙をもとに戻すと次図2のようになるので，アの長さは，$(18 - 12) \div 2 = 3$ (cm)　よって，イの長さは，$(12 + 3) \times \frac{1}{3} = 15 \times \frac{1}{3} = 5$ (cm)だから，求める面積は，$15 \times 5 \div 2 = 37.5\,(\mathrm{cm}^2)$

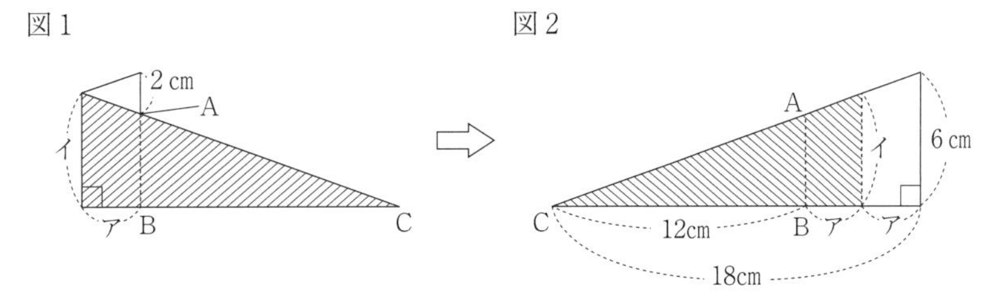

第14回

1 180　2 6.56　3 $\frac{3}{5}$　4 12　5 2 (cm)　6 9 (通り)　7 21 (年後)　8 64　9 12 (個)　10 80.76

解　説

1 与式$= 87 + 129 - 36 = 180$

2 与式$= 0.82 \times \frac{49}{3} - 0.82 \times \frac{25}{3} = 0.82 \times \left(\frac{49}{3} - \frac{25}{3}\right) = 0.82 \times 8 = 6.56$

3 $\left(\frac{1}{2} + \frac{8}{9} + \frac{4}{5} \div \square\right) = \frac{7}{3} \div \frac{6}{7} = \frac{49}{18}$より，$\frac{4}{5} \div \square = \frac{49}{18} - \frac{8}{9} - \frac{1}{2} = \frac{4}{3}$　よって，$\square = \frac{4}{5} \div \frac{4}{3} = \frac{3}{5}$

4 $1.25 : 2.25 = 5 : 9 = 10 : 18 = (12 - 2) : (12 + 6)$より，$\square = 12$

5 短いテープの長さを1とすると30cmは，$3 \times 3 + 1 \times 6 = 15$にあたるので，短いテープの長さは，$30 \div 15 = 2$ (cm)

6 3人の出した手を(Aさん，Bさん，Cさん)で表すと，あいこになるのは全員がちがう手を出したときの(グー，チョキ，パー)，(グー，パー，チョキ)，(チョキ，グー，パー)，(チョキ，パー，グー)，(パー，グー，チョキ)，(パー，チョキ，グー)の6通りと，全員が同じ手を出したときの(グー，グー，グー)，(チョキ，チョキ，チョキ)，(パー，パー，パー)の3通り。よって，あいこになるのは全部で，$6 + 3 = 9$ (通り)

7 お父さんとお母さんの年れいの合計と，子ども2人の年れいの合計との差は，$(39 + 37) - (12 + 5) = 59$ (才)　お父さんとお母さんの年れいの合計が子ども2人の年れいの合計の2倍になったとき，差は59才のままで，子ども2人の年れいの合計がこの差と等しくなる。よって，$\{59 - (12 + 5)\} \div 2 = 21$ (年後)

8 右図のように，台形の頂点をA～Dとし，2点A，DからBCに垂直な直線AE，DFをひく。三角形ABEと三角形DCFはともに正三角形を2等分した直角三角形で，合わせると正三角形になるので，BEとFCを合わせた長さは，ABの長さと同じで8cm。また，四角形AEFDは長方形なので，EFの長さはADの長さと同じで20cm。よって，この台形のまわりの長さは，$20 \times 2 + 8 \times 3 = 64$ (cm)

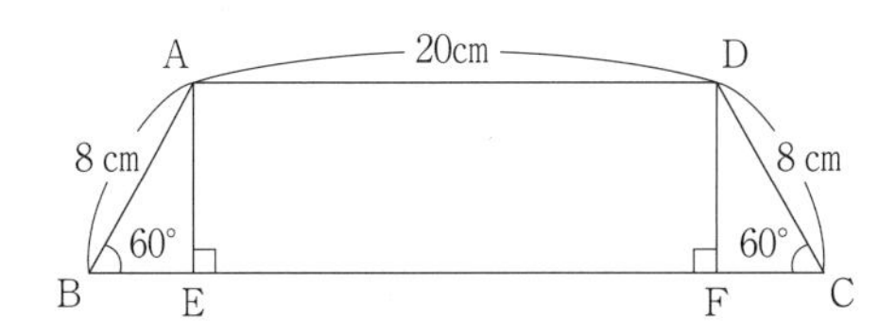

9 切り口は次図1のようになる。切り口を三角形ABDと三角形CBDに分けると，三角形ABDは上の段，三

角形CBDは下の段だけを切っていることになる。これより，上の段では，BDよりもCの側にある立方体は切られず，下の段では，BDよりもAの側にある立方体は切られないことになる。よって，切られる立方体は次図2のかげをつけた立方体になるので，12個。

図1

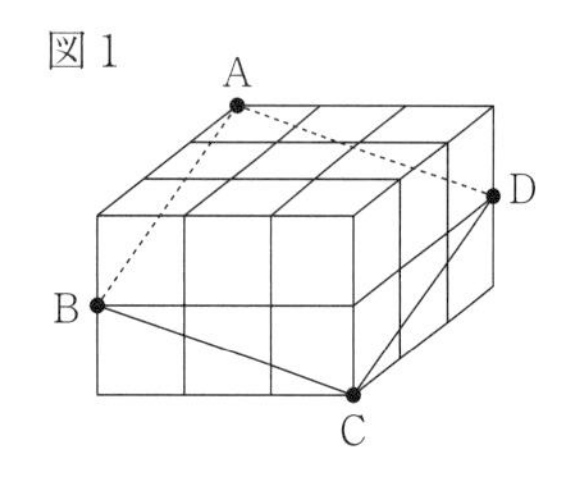

図2

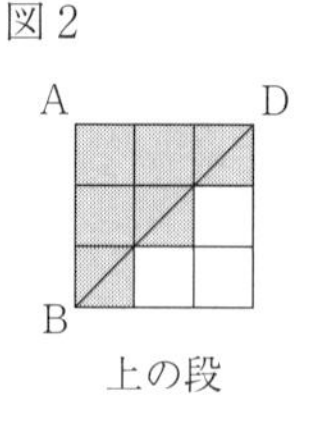

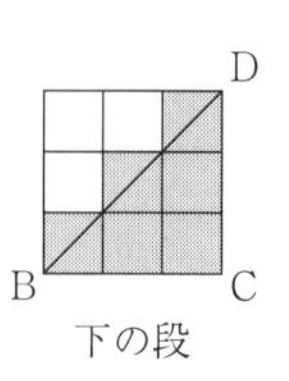

10 左の2個のおうぎ形の半径の長さの和は18cmで，差は，$8-6=2$(cm)なので，この2個のおうぎ形の半径の長さは，$(18-2)\div 2=8$(cm)と，$18-8=10$(cm)　よって，4個のおうぎ形の面積の合計は，$8\times 8\times 3.14\times \frac{90}{360}\times 2+10\times 10\times 3.14\times \frac{90}{360}+6\times 6\times 3.14\times \frac{90}{360}=207.24$(cm^2)　長方形の面積は，$18\times(8\times 2)=288$(cm^2)なので，斜線部分の面積は，$288-207.24=80.76$(cm^2)

第15回

1 22　2 99　3 $\frac{1}{24}$　4 18　5 90　6 ①(1g) 2(個)　(3g) 1(個)　(9g) 2(個)　(27g) 1(個)
②(1g) 8(個)　(3g) 8(個)　(9g) 2(個)　(27g) 0(個)　7 2(時間)40(分)　8 96(m^2)
9 6(cm)　10 5：4

解　説

1 与式$=18\div 4\times 6-15\div 3=27-5=22$

2 与式$=12.1\times 33+2.8\times 33-11.9\times 33=(12.1+2.8-11.9)\times 33=3\times 33=99$

3 $\left(\frac{11}{48}-\square+\frac{4}{5}-\frac{9}{80}\right)\times\frac{8}{7}=7-6=1$より，$\frac{11}{48}-\square+\frac{4}{5}-\frac{9}{80}=1\div\frac{8}{7}=\frac{7}{8}$だから，$\frac{11}{48}-\square+\frac{4}{5}=\frac{7}{8}+\frac{9}{80}=\frac{79}{80}$となり，$\frac{11}{48}-\square=\frac{79}{80}-\frac{4}{5}=\frac{3}{16}$　よって，$\square=\frac{11}{48}-\frac{3}{16}=\frac{1}{24}$

4 たての長さと横の長さの和は，$15\times 4\div 2=30$(cm)　よって，長方形のたての長さは，$30\times\frac{3}{3+2}=18$(cm)

5 CさんはAさんの枚数の，$\frac{2}{5}\times\frac{5}{6}=\frac{1}{3}$(倍)より，$12\times\frac{5}{6}+2=12$(枚)多い。よって，Aさんの，$1+\frac{2}{5}+\frac{1}{3}=\frac{26}{15}$(倍)にあたるのが，$180-12-12=156$(枚)なので，Aさんは，$156\div\frac{26}{15}=90$(枚)

6 ① なるべく重い重りを使えばよいから，$27\times 1+9\times 2+3\times 1+1\times 2=50$より，1gが2個，3gが1個，9gが2個，27gが1個。

② まず27gの重りは使わずに，$27\times 0+9\times 5+3\times 1+1\times 2=50$とできる。3gの重りは10個なので，9gの重りは必ず2個使う必要がある。$50-9\times 2=32$(g)を3gが10個，1gが2個にできる。さらに3gの重り2個を，1gの重り6個に変えればよい。よって，1gが8個，3gが8個，9gが2個，27gが0個。

7 このタンクが満水となる水の量を1とすると，1時間に入れることができる水は，A，Bの2本では $\frac{1}{3}$，B，Cの2本では $\frac{1}{4}$，A，Cの2本では $\frac{1}{6}$ なので，A，B，B，C，A，Cの6本，つまり，A，B，C2本ずつの6本を使って入れたときを考えると，$\frac{1}{3}+\frac{1}{4}+\frac{1}{6}=\frac{3}{4}$ より，A，B，Cの3本では，$\frac{3}{4}\div 2=\frac{3}{8}$　よって，3本のパイプでタンクを満水にするのにかかる時間は，$1\div\frac{3}{8}=2\frac{2}{3}$（時間）で，$\frac{2}{3}$ 時間 = 40分より，2時間40分。

8 ずれた道を真っ直ぐにそれると，縦に3本，横に2本の道となる。これらの道をすべて1か所に集めると，斜線部分は，縦，$12-2\times 2=8$（m），横，$18-2\times 3=12$（m）の長方形になるので，その面積は，$8\times 12=96$（m^2）

9 底面の円の円周の長さは，$1\times 2\times 3.14=2\times 3.14$（cm）で，半径6cmの円の円周の長さは，$6\times 2\times 3.14=12\times 3.14$（cm）なので，この円すいの展開図をかくと，側面は，半径6cmの円の，$(2\times 3.14)\div(12\times 3.14)=\frac{1}{6}$ のおうぎ形で，中心角は，$360°\times\frac{1}{6}=60°$　この円すいの展開図の側面部分は，右図のおうぎ形OAA′になり，糸の長さが最も短くなるとき，その糸は直線AA′になる。三角形OAA′は正三角形なので，最も短くなるときの糸の長さは6cm。

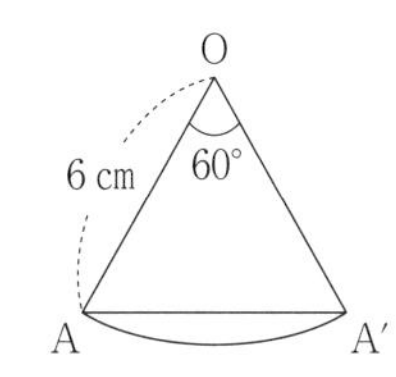

10 AEとBCが平行より，三角形AFEは三角形CFBの縮図で，辺の長さの比は，AF：CF = EF：BF = AE：DA = 1：2なので，三角形FCEの面積は三角形BCFの面積の $\frac{1}{2}$ 倍。これより、三角形BCEの面積は三角形BCFの面積の，$1+\frac{1}{2}=\frac{3}{2}$（倍）で，DE：BC = 1：2より，三角形CDEの面積は三角形BCEの面積の $\frac{1}{2}$ 倍で，三角形BCFの面積の，$\frac{3}{2}\times\frac{1}{2}=\frac{3}{4}$（倍）　よって，四角形CDEFと三角形BCFの面積比は，$\left(\frac{1}{2}+\frac{3}{4}\right):1=5:4$

第16回

1 19　2 806　3 8　4 12：10：21　5 1600（円）　6 ①（時速）2（km）　② 0.75（km）　7 7200（円）
8 $33\frac{1}{3}$（cm^3）　9 72.22　10 320.28

解説

1 与式 $=2\times(24-10)-9=2\times 14-9=28-9=19$

2 与式 $=2.015\times 10\times 9+20.15\times 2\times 8+20.15\times 15=20.15\times 9+20.15\times 16+20.15\times 15=20.15\times(9+16+15)=20.15\times 40=806$

3 $16-(20+\square\div 2)\div 3=2\times 4=8$ より，$(20+\square\div 2)\div 3=16-8=8$ となるから，$20+\square\div 2=8\times 3=24$　よって，$\square\div 2=24-20=4$ より，$\square=4\times 2=8$

4 Aの $\frac{1}{2}$ を1とすると，Aの $\frac{1}{2}$ とBの $\frac{3}{5}$ とCの $\frac{2}{7}$ が等しい。それにより，$A=1\div\frac{1}{2}=2$，$B=1\div\frac{3}{5}=\frac{5}{3}$，$C=1\div\frac{2}{7}=\frac{7}{2}$ となるので，$A:B:C=2:\frac{5}{3}:\frac{7}{2}=12:10:21$

5 兄と弟の買ったあとの所持金をそれぞれ④と③とすると，(④ + 500)：(③ + 200) = 3：2より，⑨ + 600 =

⑧＋1000　⑨－⑧＝1000－600より，①＝400なので，兄の買ったあとの所持金は，400×④＝1600（円）

6 ① 1時間30分は，60＋30＝90（分）より，ボートで川を上るときと下るときにかかる時間の比は，90：30＝3：1で，速さの比は，この逆比の1：3。ボートが川を上る速さを1とすると，川の流れの速さは，(3－1)÷2＝1にあたり，静水時でのボートの速さは，1＋1＝2にあたる。よって，1にあたる川の流れの速さは時速，4÷2＝2（km）

② 浮き輪は川の流れの速さで進み，ボートの上りの速さは川の流れの速さと同じなので，ボートと浮き輪がすれ違った地点からC地点まで15分かかる。この間にボートはD地点で折り返し，C地点まで進むので，ボートがC地点から出発し，D地点で折り返し，C地点に着くまで合計，15＋15＝30（分）かかる。ボートで川を上るときと下るときにかかる時間の比が3：1より，ボートが上りにかかる時間は，$30\times\dfrac{3}{3+1}=22.5$（分）なので，C地点からD地点までの距離は，2×(22.5÷60)＝0.75（km）

7 洋服の値段は，初めに持っていたお金の，$\left(1-\dfrac{2}{9}\right)\times\dfrac{3}{4}=\dfrac{7}{12}$　したがって，右図のように，600円は初めに持っていたお金の，$\dfrac{2}{9}+\dfrac{7}{12}+\dfrac{5}{18}-1=\dfrac{1}{12}$にあたる。よって，$600\div\dfrac{1}{12}=7200$（円）

8 この直方体の前後の面の面積の和は，5×4×2＝40（cm^2）なので，上下左右の4つの面の面積の合計は，70－40＝30（cm^2）　上下左右の面を合わせると，縦，横の一方の長さが，(5＋4)×2＝18（cm）の長方形になるので，もう一方の長さは，$30\div18=\dfrac{5}{3}$（cm）で，これが直方体の縦の長さとなる。よって，体積は，$\dfrac{5}{3}\times4\times5=33\dfrac{1}{3}$（$cm^3$）

9 右図のように，ななめの辺を延長し，各点をA～Eとする。このとき，底面が半径BCの円で高さがACの円すいを①とし，底面が半径DEの円で高さがAEの円すいを②とすると，できる立体は円すい①から円すい②を切り取った立体になる。ここで，DEとBCが平行より，三角形ADEは三角形ABCの縮図で，AD：AB＝DE：BC＝2：3なので，$AD=2\times\dfrac{2}{3-2}=4$（cm）より，AB＝4＋2＝6（cm）　また，半径ABの円の周の長さは，6×2×3.14＝12×3.14（cm），半径BCの円の周の長さは，3×2×3.14＝6×3.14（cm）なので，円すい①の展開図をかいたときの側面のおうぎ形は，円の，$(6\times3.14)\div(12\times3.14)=\dfrac{1}{2}$で，円すい②の展開図での側面についても同じようになる。よって，できる立体の曲面部分の面積は，$6\times6\times3.14\times\dfrac{1}{2}-4\times4\times3.14\times\dfrac{1}{2}=10\times3.14$（$cm^2$）　できる立体の平面は，半径DEの円と半径BCの円なので，面積は，それぞれ，2×2×3.14＝4×3.14（cm^2）と，3×3×3.14＝9×3.14（cm^2）　以上より，できる立体の表面積は，10×3.14＋4×3.14＋9×3.14＝23×3.14＝72.22（cm^2）

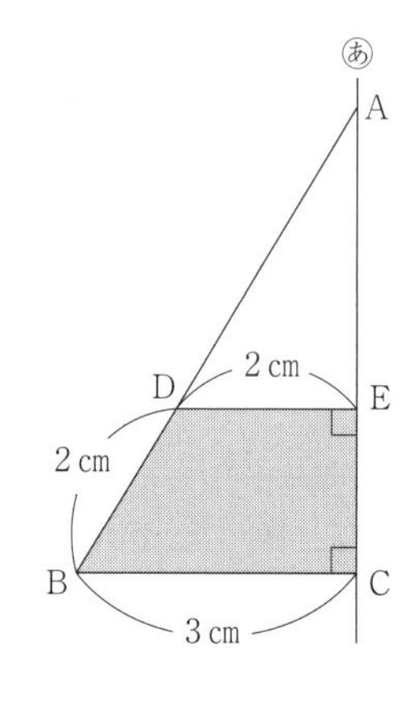

10 上から見える面を全部合わせると，下から見える面と同じで，半径4cmの円から半径1cmの円を取った図形となり，面積は，4×4×3.14－1×1×3.14＝15×3.14（cm^2）　また，曲面のうち，外側の面の面積は，4×2×3.14×6＝48×3.14（cm^2）　くりぬいた部分にできる面積は，上から順に，3×2×3.14×2＝12×3.14（cm^2），2×2×3.14×2＝8×3.14（cm^2），1×2×3.14×2＝4×3.14（cm^2）　よって，色を塗る部分の面積は，15×3.14×2＋48×3.14＋12×3.14＋8×3.14＋4×3.14＝102×3.14＝320.28（cm^2）

第17回

1 30　2 21680　3 22　4 10　5 (所持金) 2400 (円)　(本) 400 (円)　6 ア．200　イ．8　7 18000 8 22000 (cm^3)　9 $\frac{9}{2}$ (cm^2)　10 2：3

解説

1 与式 $= 24 + 8 - 1 \div 3 \times 6 = 24 + 8 - 2 = 30$

2 与式 $= 27.1 \times 710 + 27.1 \times 54 + 27.1 \times 36 = 27.1 \times (710 + 54 + 36) = 27.1 \times 800 = 21680$

3 与式 $= 78 \times 23 + \square \times (38 - 15) = 78 \times 23 + \square \times 23 = (78 + \square) \times 23$　よって，$78 + \square = 2300 \div 23 = 100$ なので，$\square = 100 - 78 = 22$

4 右図の斜線部分の面積が等しいとき，全体の平均点が 58 点になる。よって，$(58 - 56) \times 20 \div (62 - 58) = 10$ (人)

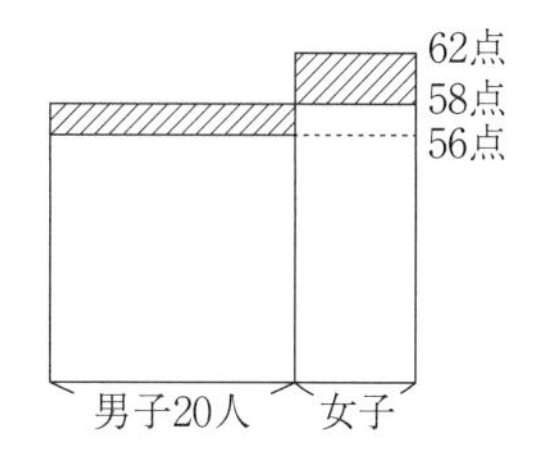

5 姉が妹に 320 円渡しても 2 人の所持金の合計は変わらないので，比の数の和を，$5 + 2 = 7$，$3 + 2 = 5$ の最小公倍数 35 にそろえると，所持金の比はそれぞれ，$5 : 2 = 25 : 10$，$3 : 2 = 21 : 14$ となる。このとき，$25 - 21 = 4$ が 320 円にあたる。これより，妹に 320 円渡す前の姉の所持金は，$320 \div 4 \times 25 = 2000$ (円)で，妹の所持金は，$320 \div 4 \times 10 = 800$ (円)　次に，姉が本を買っても妹の所持金は変わらないので，$3 : 1 = 6 : 2$ と $5 : 2$ を比べると，比の 1 が，$800 \div 2 = 400$ (円)にあたる。よって，本の値段は 400 円で，最初の姉の所持金は，$2000 + 400 = 2400$ (円)

6 水そうの容積を 1 とすると，毎分 16L で水を入れるとき，1 分間に増える水の量は，$1 \times (1 - 0.2) \div 20 = 0.04$　毎分 4 L で水を入れるとき，1 分間に減る水の量は，$1 \times 0.2 \div 10 = 0.02$　よって，$0.04 + 0.02 = 0.06$ にあたる水が，$16 - 4 = 12$ (L)だから，水そうの容積は，$12 \div 0.06 = 200$ (L)　また，流れ出る水の量は毎分，$16 - 200 \times 0.04 = 8$ (L)

7 商品の仕入れ値の総額を 1 とすると，利益の合計は，$0.3 \times \frac{2}{5} + 0.25 \times \left(1 - \frac{2}{5}\right) = 0.27$ となり，これが 4860 円にあたるので，$4860 \div 0.27 = 18000$ (円)

8 切り取った三角柱の底面は直角二等辺三角形で，その面積は，$10 \times 10 \div 2 = 50$ (cm^2)なので，三角柱を切り出した立体の底面積は，$20 \times 30 - 50 = 550$ (cm^2)　よって，$550 \times 40 = 22000$ (cm^3)

9 三角形 DEF の面積は三角形 ABC の $\frac{1}{4}$，三角形 GHI の面積は三角形 DEF の $\frac{1}{4}$ となる。三角形 ABC の面積は，$12 \times 12 \div 2 = 72$ (cm^2)なので，求める面積は，$72 \times \frac{1}{4} \times \frac{1}{4} = \frac{9}{2}$ (cm^2)

10 正六角形の 1 辺の長さを 1 とすると，正三角形の 1 辺の長さは，$1 \times 6 \div 3 = 2$ と表せ，1 辺が 2 の正三角形は，1 辺が 1 の正三角形 4 個に分けることができる。また，1 辺が 1 の正六角形は，1 辺が 1 の正三角形 6 個に分けることができるので，$4 : 6 = 2 : 3$

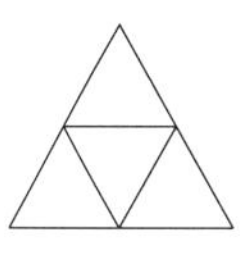

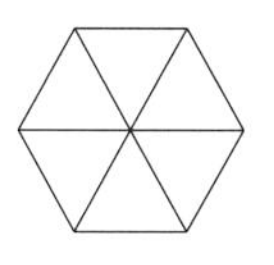

第18回

1 1　2 10.8　3 $\frac{49}{52}$　4 300（円）　5 135　6 25（分後）　7 6　8 125（cm^3）　9 100.48
10 12.56

解説

1 与式$= 43 - 78 \div (6 + 7) \times 7 = 43 - 42 = 1$

2 与式$= 14.3 \times 0.85 + 14.3 \times 0.05 - 0.9 \times 2.3 = 14.3 \times (0.85 + 0.05) - 0.9 \times 2.3 = 14.3 \times 0.9 - 0.9 \times 2.3 = 0.9 \times (14.3 - 2.3) = 0.9 \times 12 = 10.8$

3 $\frac{5}{8} \times \frac{52}{5} \div \left(\frac{1}{7} \times \square + \frac{1}{4}\right) \div \frac{169}{10} = 1$ より，$\frac{13}{2} \div \left(\frac{1}{7} \times \square + \frac{1}{4}\right) = 1 \times \frac{169}{10} = \frac{169}{10}$ だから，$\frac{1}{7} \times \square + \frac{1}{4} = \frac{13}{2} \div \frac{169}{10} = \frac{5}{13}$ となり，$\frac{1}{7} \times \square = \frac{5}{13} - \frac{1}{4} = \frac{7}{52}$　よって，$\square = \frac{7}{52} \div \frac{1}{7} = \frac{49}{52}$

4 「その他」の部分の角の大きさは，$360^\circ - (150^\circ + 90^\circ + 48^\circ) = 72^\circ$ なので，「その他」の金額は全体の，$\frac{72}{360} = \frac{1}{5}$　よって，$1500 \times \frac{1}{5} = 300$（円）

5 周りの長さが等しいので，長方形A，Bのたてと横の長さの和が等しくなる。それぞれの比の数の和を，$3 + 4 = 7$ と，$5 + 9 = 14$ の最小公倍数14にそろえると，Aのたてと横の長さの比は，$(3 \times 2) : (4 \times 2) = 6 : 8$ で，Bのたてと横の長さの比は $5 : 9$。これらの比の1にあたる長さは等しいので，AとBの面積の比は，$(6 \times 8) : (5 \times 9) = 16 : 15$　よって，Bの面積は，$144 \times \frac{15}{16} = 135$（$cm^2$）

6 時速60kmは，分速，$60 \times 1000 \div 60 = 1000$（m）で，時速90kmは，分速，$90 \times 1000 \div 60 = 1500$（m）特急電車の最後尾と急行電車の先頭との距離が300mになるとき，お互いの先頭の差は，$300 + 200 = 500$（m）であり，特急電車が出発したときの先頭の差は，$12 \times 1000 = 12000$（m）だから，特急電車が急行電車より，$12000 + 500 = 12500$（m）多く進めばよい。よって，$12500 \div (1500 - 1000) = 25$（分後）

7 A，B，Cの3人が同じ場所から学校へ行くのにかかる時間の比は，$(1 \div 60) : (1 \div 80) : (1 \div 100) = 20 : 15 : 12$　よって，BがAより10分早く着いたとき，CはBより，$10 \times \frac{15 - 12}{20 - 15} = 6$（分）早く着く。

8 表面積が，$484 - 384 = 100$（cm^2）だけ増えている。これは小さい立方体の側面に当たる正方形の面4つ分の面積なので，正方形1つ分の面積は，$100 \div 4 = 25$（cm^2）　よって，$5 \times 5 = 25$ より，小さい立方体の1辺の長さは5cmだから，$5 \times 5 \times 5 = 125$（$cm^3$）

9 大きい円の円周の長さは，$6 \times 2 \times 3.14 = 12 \times 3.14$（cm）　内側の円は3回転で元の位置に戻るので，円周の長さは大きい円の円周の長さの $\frac{1}{3}$ で，$12 \times 3.14 \times \frac{1}{3} = 4 \times 3.14$（cm）　したがって，内側の円の直径の長さは，$4 \times 3.14 \div 3.14 = 4$（cm）　また，大きい円の面積は，$6 \times 6 \times 3.14 = 36 \times 3.14$（$cm^2$）で，内側の円が通過しない部分は，半径，$6 - 4 = 2$（cm）の円になるので，面積は，$2 \times 2 \times 3.14 = 4 \times 3.14$（$cm^2$）よって，内側の円が通過した部分の面積は，$36 \times 3.14 - 4 \times 3.14 = 100.48$（$cm^2$）

10 右図のように，斜線部分の一部を移動させると，求める面積は，半径が 5 cm で中心角 90° のおうぎ形の面積から，半径が 3 cm で中心角 90° のおうぎ形の面積をひいたものと等しくなる。よって，$5 \times 5 \times 3.14 \times \frac{90}{360} - 3 \times 3 \times 3.14 \times \frac{90}{360} = 12.56\,(\text{cm}^2)$

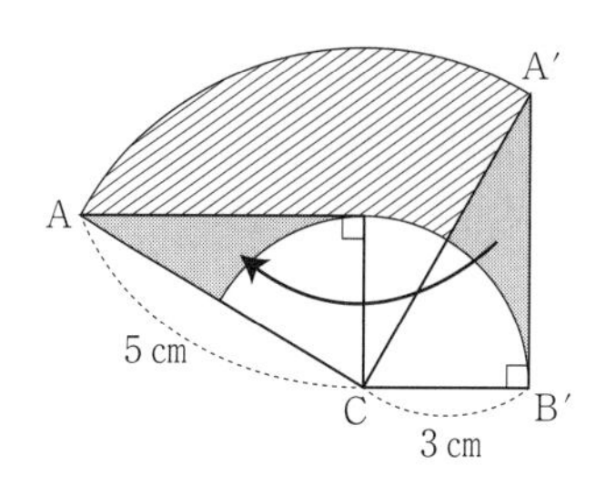

第19回

1 12　2 18.9　3 9　4 1　5 12（さい）　6 41　7 16　8 91.4　9 74（度）　10 11 個

解　説

1 与式 $= 80 - (4 \times 19 - 8) = 80 - (76 - 8) = 80 - 68 = 12$

2 与式 $= 1.89 \times 16 - 1.89 \times 1.75 - 1.89 \times 4.25 = 1.89 \times (16 - 1.75 - 4.25) = 1.89 \times 10 = 18.9$

3 $(0.01 \times \square + 0.01) \times 0.01 + 0.1 = (1 + 0.01) \times 0.1 = 1.01 \times 0.1 = 0.101$ より，$0.01 \times \square + 0.01 = (0.101 - 0.1) \div 0.01 = 0.1$　よって，$0.01 \times \square = 0.1 - 0.01 = 0.09$ なので，$\square = 0.09 \div 0.01 = 9$

4 $100 * 99 = 100 \times (100 + 99) - 100 \times 99 = 100 \times (100 + 99 - 99) = 100 \times 100 = 10000$　よって，与式 $= 10000 - 9999 = 1$

5 父と母の年れいの和は 84，差は 6 で，父は母より年上なので，父は，$(84 + 6) \div 2 = 45$（さい）　よって，兄は，$45 \times \frac{1}{3} = 15$（さい）　きょうこさんは，$15 - 3 = 12$（さい）

6 A 店で 15 個の消しゴムを買うと，$50 \times (1 - 0.3) \times 15 + 350 = 875$（円）　また，B 店で 15 個の消しゴムを買うと，$50 \times 15 = 750$（円）なので，A 店で買う方が，$875 - 750 = 125$（円）高い。この後，買う個数を 1 個増やすごとに，$50 \times (1 - 0.2) - 50 \times (1 - 0.3) = 5$（円）ずつ差が小さくなっていく。したがって，$(875 - 750) \div 5 = 25$（個）増やすと，代金は等しくなる。よって，A 店で買う方が安くなるのは，$15 + 25 + 1 = 41$（個）以上買うとき。

7 2 位は 4 kg，3 位は 2 kg，4 位は 1 kg のお米がもらえる。14 位と 15 位の人がもらえるお米の重さは同じで，その和は 13 位の人がもらえるお米の重さと同じ。したがって，13 位と 14 位と 15 位の人がもらえるお米の重さの和は，12 位の人がもらえるお米の重さと同じ。同様に考えていくと，5 位から 15 位の人がもらえるお米の重さの合計は，4 位の人がもらえるお米の重さと同じになる。よって，必要なお米は，$8 + 4 + 2 + 1 + 1 = 16$（kg）

8 右図のように，外側の 6 個の円の中心を結ぶと正六角形になり，円の中心からひもに垂直な直線をひくと，ひもは 6 本の直線と 6 本の曲線に分けられる。この図で，色をつけた四角形は長方形になるので，ひものうち，直線は，$5 \times 2 = 10$（cm）が 6 本で，合計の長さは，$10 \times 6 = 60$（cm）　また，斜線部分のおうぎ形は組み合わせると，半径 5 cm の円になるので，ひものうち，曲線部分の合計の長さは，$5 \times 2 \times 3.14 = 31.4$（cm）　よって，ひもの長さは，$60 + 31.4 = 91.4$（cm）

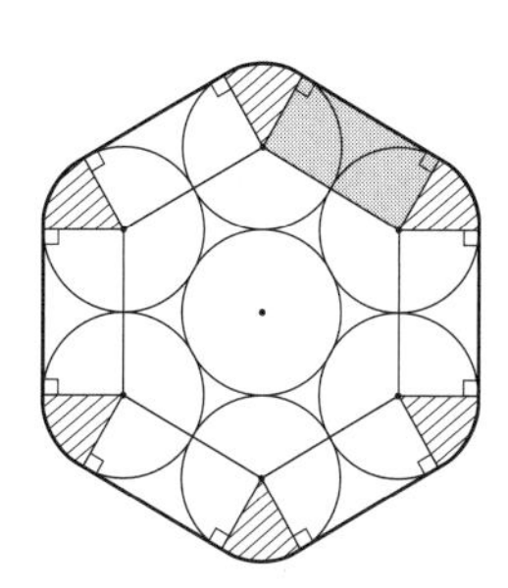

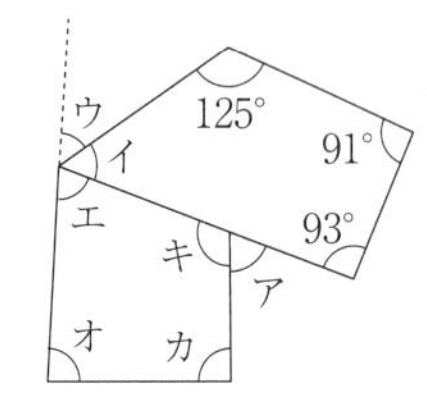

9 右図のように角をとると，角イ = 360° −(125° + 91° + 93°) = 51°　折り曲げているので，角ウ = 角イ = 51° となり，角エ = 180° − 51° × 2 = 78°　ここで，図1より，角オ + 角カ = 360° −(91° + 93°) = 176° なので，角キ = 360° −(78° + 176°) = 106°　よって，角ア = 180° − 106° = 74°

10 切り分ける前の直方体の表面積は，5 × 20 × 2 + 5 × 4 × 2 + 20 × 4 × 2 = 400 (cm^2)　1回切り分けると，切ったことでできた切断面の分だけ表面積は増える。切断面の面積の和は，4 × 5 × 2 = 40 (cm^2) だから，400 ÷ 40 = 10 (回) 切ると，表面積がもとの直方体の表面積の2倍になる。よって，できる直方体の個数は，10 + 1 = 11 (個)

第20回

1 2.8　2 11　3 4　4 117　5 5　6 110 (人)　7 1280 (円)　8 28.26 (cm^2)　9 1008 (cm^3)
10 16 (m^2)

解　説

1 与式 = 8.4 − 5.6 = 2.8

2 与式 = 11 × 3 × 4 + 11 × 13 + 11 × 5 × 3 − 11 × 3 × 13 = 11 ×(12 + 13 + 15 − 39) = 11 × 1 = 11

3 $(3 \times \square - 2) \times \frac{2}{3} + 4 = \frac{8}{3} \div 0.25 = \frac{8}{3} \div \frac{1}{4} = \frac{32}{3}$ より，$(3 \times \square - 2) \times \frac{2}{3} = \frac{32}{3} - 4 = \frac{20}{3}$ だから，$3 \times \square - 2 = \frac{20}{3} \div \frac{2}{3} = 10$ より，$3 \times \square = 10 + 2 = 12$　よって，$\square = 12 \div 3 = 4$

4 ある数は，85 − 4 = 81 の約数のうち4より大きい数だから，9，27，81。よって，9 + 27 + 81 = 117

5 現在の3人の子どもの年れいの和は，14 + 10 + 6 = 30 (才) で，母の年れいより，40 − 30 = 10 (才) 少ない。1年で3人の子どもの年れいの和は，1 × 3 = 3 (才) 増えるので，母の年れいとの差は，3 − 1 = 2 (才) ずつ縮まる。よって，今から，10 ÷ 2 = 5 (年後)

6 6年生の男子は，54 ÷ 0.6 = 90 (人)　6年生は，90 ÷ 0.45 = 200 (人)　よって，6年生の女子は，200 − 90 = 110 (人)

7 定価の25 %引きが，800 ×(1 + 0.2) = 960 (円) に等しいので，定価は，960 ÷(1 − 0.25) = 960 ÷ $\frac{3}{4}$ = 1280 (円)

8 右図のように，かげをつけた部分の一部を移動すると，半径，12 ÷ 4 = 3 (cm)，中心角60° のおうぎ形6個になるので，かげをつけた部分の面積の和は，3 × 3 × 3.14 × $\frac{60}{360}$ × 6 = 28.26 (cm^2)

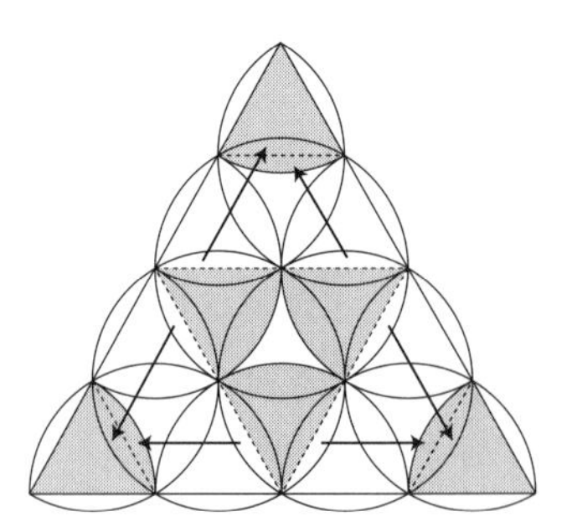

9 この立体の左側の部分は，底面が台形の四角柱。台形の下底は，8 + 6 = 14 (cm)　また，この台形は底辺と高さが6 cm の直角二等辺三角形と長方形に分けることができるので，上底は，14 − 6 = 8 (cm)　四角柱の高さは，3 × 4 = 12 (cm)　したがって，この部分の体積は，(8 + 14) × 6 ÷ 2 × 12 = 792 (cm^3)　この立体の右側の部分の体積は，たて，横，高さがそれぞれ，12cm，3 cm，6 cm の直方体の体積に等しいから，12 × 3

$\times 6 = 216$ (cm^3)　よって，この立体の体積は，$792 + 216 = 1008$ (cm^3)

10 歩道のはばはどこも 1 m なので，土地のたてと横の長さの差と，歩道をふくめた全体のたてと横の長さの差はかわらない。土地だけのたての長さを 1 とすると，土地だけの横の長さは 2，歩道をふくめた全体のたての長さは 2，横の長さは 3 と表すことができる。歩道のはばは 1 m なので，歩道をふくめた全体のたての長さは，土地だけのたての長さより，$1 \times 2 = 2$ (m) 長くなる。つまり，$2 - 1 = 1$ が 2 m にあたるので，土地だけのたての長さは 2 m，横の長さは，$2 \times 2 = 4$ (m)，歩道をふくめた全体のたての長さは，$2 \times 2 = 4$ (m)，横の長さは，$2 \times 3 = 6$ (m) となる。よって，歩道の面積は，$4 \times 6 - 2 \times 4 = 16$ (m^2)

第21回

1 90　2 460　3 35　4 $\frac{35}{6}$ (cm)　5 30　6 (上原さん) 2400 (円)　(松坂さん) 600 (円)
7 A. (秒速) 12 (m)　B. (秒速) 15 (m)　8 15.39 (cm^2)　9 100　10 42.56 (cm^2)

解　説

1 与式 $= 450 \div \frac{1}{4} \times \frac{1}{20} = 450 \times 4 \times \frac{1}{20} = 90$

2 与式 $= 23 \times 9 - 23 + (23 \times 4) \times 3 = 23 \times (9 - 1 + 12) = 23 \times 20 = 460$

3 $108 \div \{50 - (25 + \square \div 2)\} \times 5 = 120 - 48 = 72$ より，$108 \div \{50 - (25 + \square \div 2)\} = 72 \div 5 = 14.4$　さらに，$50 - (25 + \square \div 2) = 108 \div 14.4 = 7.5$ より，$25 + \square \div 2 = 50 - 7.5 = 42.5$ となり，$\square \div 2 = 42.5 - 25 = 17.5$　よって，$\square = 17.5 \times 2 = 35$

4 $\frac{105}{2} = \frac{315}{6}$，$\frac{70}{3} = \frac{140}{6}$ より，できあがる長方形のたてを $\frac{315}{6}$ cm，横を $\frac{140}{6}$ cm とすると，分子の 315 と 140 の最大公約数は 35 なので，もっとも大きい正方形のタイルの 1 辺の長さは $\frac{35}{6}$ cm。

5 A さんと B さんの 2 年後の年齢の比は，A : B = 4 : 1 で，6 年後の年齢の比は，A : B = 3 : 1　何年後でも 2 人の年齢の差は変わらないから，比の差を 6 にそろえると，2 年後の年齢の比は，A : B = 8 : 2，6 年後の年齢の比は，A : B = 9 : 3　これらの比の，$9 - 8 = 1$ が，$6 - 2 = 4$ (才) にあたるので，2 年後の A さんは，$4 \times 8 = 32$ (才) だから，現在は，$32 - 2 = 30$ (才)

6 はじめに松坂さんの持っていたお金を①円とすると，500 円もらった後の松坂さんの持っているお金は (①＋500) 円で，200 円使った後の上原さんの持っているお金はこの 2 倍の，(①＋500) × 2 ＝②＋1000 (円)　また，はじめに上原さんが持っていたお金は，①× 4 ＝④(円) なので，200 円使った後の上原さんの持っているお金は (④－200) 円でもある。(②＋1000) 円と (④－200) 円が同じ金額なので，④－②＝②にあたる金額が，$1000 + 200 = 1200$ (円)　よって，①にあたる金額が，$1200 \div 2 = 600$ (円) なので，はじめに持っていたお金は，松坂さんが 600 円で，上原さんが，$600 \times 4 = 2400$ (円)

7 2 つの電車の速さの差は，秒速，$(110 + 160) \div 90 = 3$ (m)　また，2 つの電車の速さの和は，秒速，$(110 + 160) \div 10 = 27$ (m)　よって，A の速さは秒速，$(27 - 3) \div 2 = 12$ (m) で，B の速さは秒速，$12 + 3 = 15$ (m)

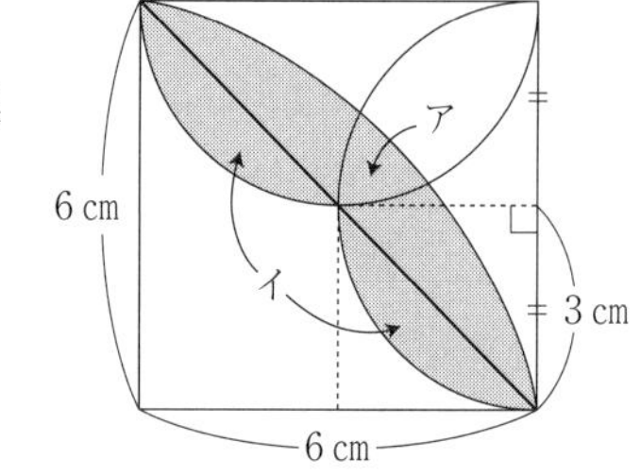

8 右図のように正方形の対角線をひくと，アの部分とイの部分2個に分けることができる。アの部分の面積は，おうぎ形から直角三角形をひいて，$6 \times 6 \times 3.14 \times \frac{90}{360} - 6 \times 6 \div 2 = 10.26$ (cm^2)　また，イの部分の面積は，1辺が，$6 \div 2 = 3$ (cm)の正方形の中で同じように考えて，$3 \times 3 \times 3.14 \times \frac{90}{360} - 3 \times 3 \div 2 = 2.565$ (cm^2)　よって，求める面積は，$10.26 + 2.565 \times 2 = 15.39$ (cm^2)

9 正方形4つでできた面を底面とすると，底面積は，$2 \times 2 \times 2 + 1 \times 1 \times 2 = 10$ (cm^2)　側面積は，展開図にしたときの長方形の面積になるので，$5 \times (2 \times 4 + 1 \times 8) = 80$ (cm^2)　よって，この立体の表面積は，$10 \times 2 + 80 = 100$ (cm^2)

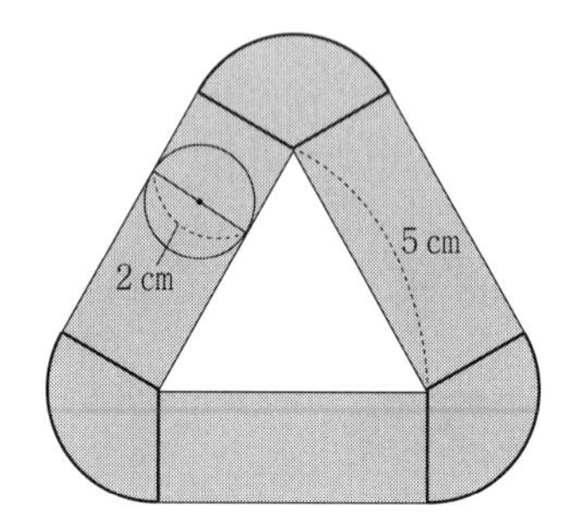

10 円が通ったあとの図形は右図のかげのついた部分である。3つの太線で囲まれた図形は，半径2cm，中心角が，$360° - 90° \times 2 - 60° = 120°$のおうぎ形で，この3つを合わせると半径2cmの円になり，かげのついた部分の3つの四角形は縦2cm，横5cmの長方形だから，求める図形の面積は，$2 \times 2 \times 3.14 + 2 \times 5 \times 3 = 42.56$ (cm^2)

第22回

1 $\frac{1}{5}$　2 11　3 $\frac{3}{2}$（または，1.5）　4（順に）$\frac{1}{100}$，1000　5 1500　6 31　7（10時）15（分）
8 924 (cm^3)　9 120（度）　10 1：4

解　説

1 与式$= \frac{13}{100} \times 4 \times \frac{10}{26} = \frac{1}{5}$

2 与式$= (9 \times 22 - 4 \times 22 - 33) \div 7 = (18 \times 11 - 8 \times 11 - 3 \times 11) \div 7 = (18 - 8 - 3) \times 11 \div 7 = 7 \times 11 \div 7 = 11$

3 $5 \div \left(4 - \frac{1}{\square}\right) = \square$より，$4 - \frac{1}{\square} = 5 \div \square = \frac{5}{\square}$だから，$4 = \frac{5}{\square} + \frac{1}{\square} = \frac{6}{\square}$より，$4 \times \square = 6$　よって，$\square = 6 \div 4 = \frac{3}{2}$

4 1m = 100cmより，単位の前にセンチがつくと$\frac{1}{100}$倍になる。また，1km = 1000mより，キロがつくと1000倍になる。

5 まなぶ君がアイスと弁当を買ったあとの残りのお金は，はじめに持っていたお金の，$\frac{1}{5} \div (1 - 0.6) = \frac{1}{2}$なので，弁当の600円は，はじめに持っていたお金の，$1 - \frac{1}{10} - \frac{1}{2} = \frac{2}{5}$　よって，はじめに持っていたお金は，$600 \div \frac{2}{5} = 1500$（円）

6 次の数から前の数をひくと，$3 - 1 = 2$，$7 - 3 = 4$，$13 - 7 = 6$，$21 - 13 = 8$，…となり，加える数が2ずつ大きくなっているので，$\square$に入る数は，$21 + 10 = 31$

7 開園してから10時40分までの40分に行列には新たに，$9 \times 40 = 360$（人）が並ぶので，10時40分までに入場した人数は，$540 + 360 = 900$（人）　入場口Aからは10時40分までに，$15 \times 40 = 600$（人）が入場したので，入場口Bから入場した人数は，$900 - 600 = 300$（人）　よって，行列がなくなったのは入場口Bを開けてから，$300 \div 12 = 25$（分後）なので，入場口Bを開けたのは，10時40分－25分＝10時15分

8 この三角柱の底面の周の長さは，$7 + 24 + 25 = 56$（cm）なので，この三角柱の高さは，$616 \div 56 = 11$（cm）　よって，体積は，$24 \times 7 \div 2 \times 11 = 924$（$cm^3$）

9 右図のように線をのばすと，平行線と角の関係から角アと角イは等しい。角ウ＝$180° - 100° = 80°$，角エ＝$90°$なので，角ア＝角イ＝$360° - (70° + 80° + 90°) = 120°$

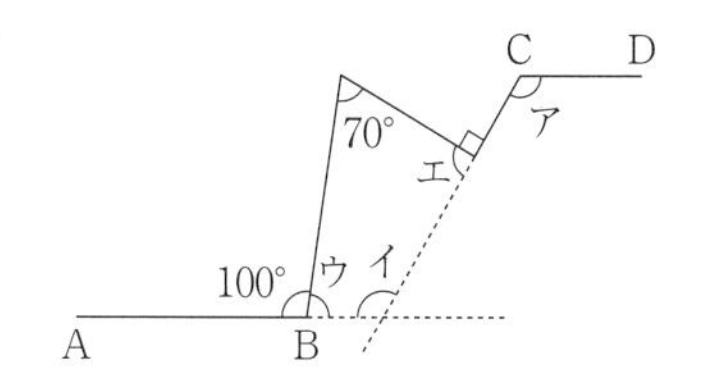

10 正六角形を6個の合同な正三角形に分けて考えると，AB：CF＝1：2なので，AG：CF＝1：4　また，CFとABは平行になり，CFとAGも平行になる。よって，GH：HF＝AG：CF＝1：4

第23回

1 400　2 1900　3 4　4 471　5 4500（円）　6（午後）5（時）$27\frac{3}{11}$（分）　7 32（歳）　8 7.5（cm）　9 4（cm）　10 1514（cm^2）

解　説

1 与式＝$432 - 32 = 400$

2 与式＝$19 \times 4 \times 75 + 19 \times 8 \times 225 - 19 \times 10 \times 200 = 19 \times 300 + 19 \times 1800 - 19 \times 2000 = 19 \times (300 + 1800 - 2000) = 19 \times 100 = 1900$

3 $\frac{1}{38} - \frac{1}{53} = \frac{53}{2014} - \frac{38}{2014} = \frac{15}{2014}$より，$\frac{\square}{19} - \frac{1}{106} = \frac{15}{2014} \times 27 = \frac{405}{2014}$なので，$\frac{\square}{19} = \frac{405}{2014} + \frac{1}{106} = \frac{405}{2014} + \frac{19}{2014} = \frac{424}{2014} = \frac{4}{19}$　よって，$\square = \frac{4}{19} \times 19 = 4$

4 与式＝120kg＋345kg＋6kg＝471（kg）

5 りんごを買う前の所持金の，$1 - \frac{1}{2} = \frac{1}{2}$が，$300 - 50 = 250$（円）なので，りんごを買う前の所持金は，$250 \div \frac{1}{2} = 500$（円）　最初に持っていたお金の，$1 - \frac{4}{5} = \frac{1}{5}$が，$500 + 400 = 900$（円）なので，最初に持っていたお金は，$900 \div \frac{1}{5} = 4500$（円）

6 2時に短針と長針の差は，$30° \times 2 = 60°$で，長針が短針より$60°$多く回ったときにはじめて人形が出て，そのあと，長針が短針より$180°$多く回るごとに一直線になることと重なることを交互にくりかえす。よって，7回目に人形が出てくるのは，午後2時から長針が短針よりも，$60° + 180° \times (7 - 1) = 1140°$多く回ったとき。長針は短針よりも1分間に，$6° - \frac{1°}{2} = \frac{11°}{2}$多く回るので，これは午後2時から，$1140 \div \frac{11}{2} = 207\frac{3}{11}$（分後）　$207 \div 60 = 3$余り27より，これは3時間$27\frac{3}{11}$分後なので，求める時刻は，午後2時＋3時間$27\frac{3}{11}$分＝午後5時$27\frac{3}{11}$分

7 現在の母と子どもの年齢の比は $8:1$ で，10年後の年齢の比は $3:1$。何年後でも2人の年齢の差は変わらないので，$8:1 = 16:2$，$3:1 = 21:7$ とすると，2人の年齢の差は比の14にあたる。したがって，比の，$21 - 16 = 5$ が10歳にあたるので，比の1は，$10 \div 5 = 2$（歳）　よって，現在の母の年齢は，$2 \times 16 = 32$（歳）

8 長方形の横の長さは，底面の円周の長さに等しい。したがって，底面の円の直径は，$25.12 \div 3.14 = 8$（cm）より，底面の円の半径は，$8 \div 2 = 4$（cm）　よって，底面積は，$4 \times 4 \times 3.14 = 50.24$（$cm^2$）だから，円柱の高さは，$376.8 \div 50.24 = 7.5$（cm）

9 切り口の面は，右図のような台形JIGKとなり，三角形JDKは三角形ICGの縮図。JDの長さは，$12 \times \frac{1}{5+1} = 2$（cm）で，IC = 6cmより，$DK:12 = 2:6 = 1:3$　よって，$DK = 12 \times \frac{1}{3} = 4$（cm）

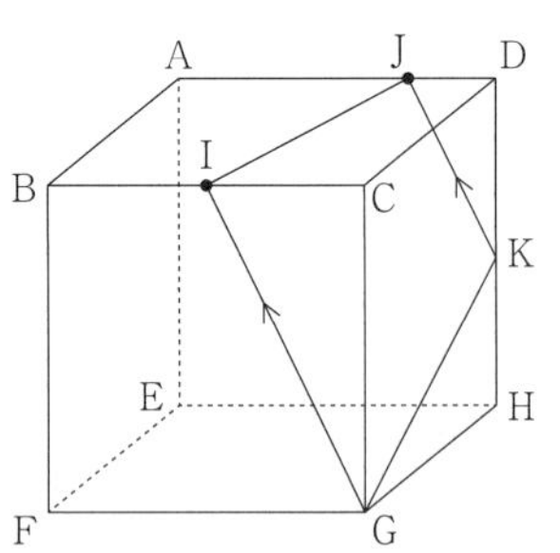

10 正六角形の1つの角の大きさは，$180° \times (6-2) \div 6 = 120°$ なので，右図のように，たてが10cm，横が，$10 \times 2 = 20$（cm）の長方形6個と，半径が10cm，中心角が，$360° - 90° \times 2 - 120° = 60°$ のおうぎ形6個に分けることができる。よって，$10 \times 20 \times 6 + 10 \times 10 \times 3.14 \times \frac{60}{360} \times 6 = 1514$（$cm^2$）

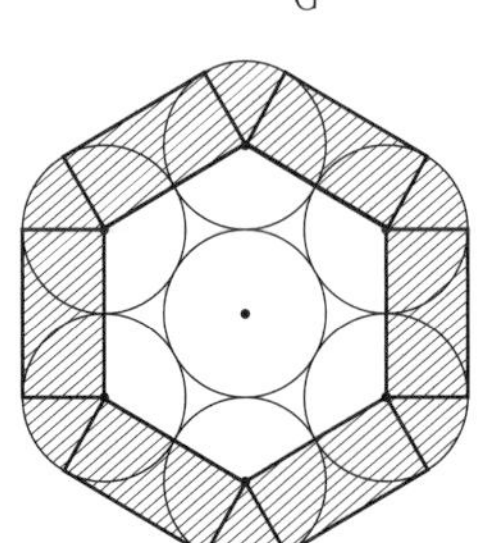

第24回

1 1.22　2 96　3 $\frac{1}{4}$　4 128　5 252（人）　6 ① 12（回）　② 7（回）　7 66（個）　8 $\frac{1}{24}$　9 6.71
10 70（度）

解説

1 与式 $= 2.3 - 1.08 = 1.22$

2 与式 $= (82-50) \times 1.3 + (47-15) \times 1.7 = 32 \times 1.3 + 32 \times 1.7 = 32 \times (1.3 + 1.7) = 32 \times 3 = 96$

3 $\left(\frac{9}{4} \times \square + \frac{1}{2} - \frac{3}{8}\right) \times \frac{4}{3} = \frac{3}{2} - \frac{7}{12} = \frac{11}{12}$ より，$\frac{9}{4} \times \square + \frac{1}{8} = \frac{11}{12} \div \frac{4}{3} = \frac{11}{16}$ となるから，$\frac{9}{4} \times \square = \frac{11}{16} - \frac{1}{8} = \frac{9}{16}$　よって，$\square = \frac{9}{16} \div \frac{9}{4} = \frac{1}{4}$

4 与式 $= 68m \times 2m - 20m \times 0.4806m + 0.08m \times 20.15m = 136m^2 - 9.612m^2 + 1.612m^2 = 128m^2$

5 女子の人数の $\frac{1}{4}$ が全体の人数の $\frac{1}{9}$ にあたるので，女子の人数は全体の人数の，$\frac{1}{9} \div \frac{1}{4} = \frac{4}{9}$　これより，男子の人数は全体の人数の，$1 - \frac{4}{9} = \frac{5}{9}$ で男子の人数の $\frac{1}{2}$ が全体の人数の $\frac{1}{4}$ より7人多いので，全体の人数の，$\frac{5}{9} \times \frac{1}{2} - \frac{1}{4} = \frac{1}{36}$ にあたるのが7人。よって，全体の人数は，$7 \div \frac{1}{36} = 252$（人）

6 ① A君は20回のゲームで，$164 - 100 = 64$（点）増えたから，全部負けた場合よりも，$64 + 4 \times 20 = 144$（点）多くなる。よって，$144 \div (8+4) = 12$（回）

② 負けた1回をのぞくと，A君は，$20 - 1 = 19$（回）のゲームで，$64 + 4 = 68$（点）増えたことになるから，

A 君が勝った回数は，$(68 - 1 \times 19) \div (8 - 1) = 7$（回）

7 右図のように，たて，横に 2 列ずつふやしたときを考える。たて，横とも 2 列ずつふやすのに必要なおはじきは，$17 + 15 = 32$（個）で，このおはじきから，かげをつけたおはじきをひいて，$32 - 4 = 28$（個）　この 28 個を 4 つに分けると，もとの正方形の 1 列の個数と等しいので，$28 \div 4 = 7$（個）　よって，もとの正方形に必要なおはじきは，$7 \times 7 = 49$（個）で，おはじきは全部で，$49 + 17 = 66$（個）

8 立体 A を，底面がおうぎ形の柱体と，底面が直角二等辺三角形の三角柱に分けて体積を求めると，$2 \times 2 \times \frac{22}{7} \times \frac{270}{360} \times 7 + 2 \times 2 \div 2 \times 7 = 80\ (\text{cm}^3)$　立体 B は直方体で，その体積は，$8 \times 12 \times 20 = 1920\ (\text{cm}^3)$　よって，立体 A の体積は立体 B の体積の，$80 \div 1920 = \frac{1}{24}$（倍）

9 長方形 ABCD が回転する様子は右図のようになり，曲線部分が，E が通った後にできる線。この曲線と直線 ℓ とで囲まれた部分を図のようにア～キに分ける。アとキはともに半径 1 cm，中心角 90° のおうぎ形で，面積は合わせて，$1 \times 1 \times 3.14 \times \frac{90}{360} \times 2 = 1.57\ (\text{cm}^2)$　イ，エ，カは組み合わせると長方形 ABCD になり，面積は合わせて，$1 \times 2 = 2\ (\text{cm}^2)$　ウとオはともに半径が 1 辺 1 cm の正方形の対角線の長さで，中心角 90° のおうぎ形。1 辺 1 cm の正方形の（対角線）×（対角線）の値より，このおうぎ形の（半径）×（半径）の値は，$1 \times 1 \times 2 = 2$ で，ウとオのおうぎ形の面積は合わせて，$2 \times 3.14 \times \frac{90}{360} \times 2 = 3.14\ (\text{cm}^2)$　よって，求める面積は，$1.57 + 2 + 3.14 = 6.71\ (\text{cm}^2)$

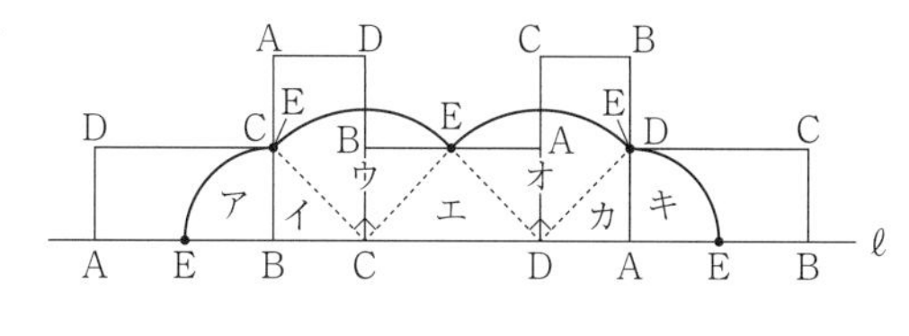

10 色つき部分は，半径 6 cm，中心角㋐のおうぎ形と，半径 3 cm の半円を合わせた図形から，半径 3 cm の半円をのぞいた図形なので，色つき部分の面積は，半径 6 cm で中心角㋐のおうぎ形の面積に等しい。よって，色つき部分の面積は半径 6 cm の円の面積の，$21.98 \div (6 \times 6 \times 3.14) = \frac{7}{36}$ にあたるので，角㋐の大きさは，$360° \times \frac{7}{36} = 70°$

第25回

1 6　2 $7\frac{1}{3}$　3 142　4 1233　5 6200　6 $41\frac{7}{13}$　7 12　8 $\frac{5}{4}$（倍）　9 56.52 (cm^3)
10 107.5 (cm^3)

解　説

1 与式 $= 9.18 - 3.18 = 6$

2 与式 $= \frac{2}{3} + \frac{2}{5} + \frac{3}{5} + \frac{3}{2} + \frac{5}{2} + \frac{5}{3} = \left(\frac{2}{3} + \frac{5}{3}\right) + \left(\frac{2}{5} + \frac{3}{5}\right) + \left(\frac{3}{2} + \frac{5}{2}\right) = 2\frac{1}{3} + 1 + 4 = 7\frac{1}{3}$

3 $13 - (13 + \square) \div 13 = (13 + 13 \div 13) \div 13 = \frac{14}{13}$ より，$(13 + \square) \div 13 = 13 - \frac{14}{13} = \frac{155}{13}$　よって，$13 + \square = \frac{155}{13} \times 13 = 155$ より，$\square = 155 - 13 = 142$

4 与式 $= 500\text{cm}^3 + 350\text{cm}^3 - 265\text{cm}^3 + 648\text{cm}^3 = 1233\text{cm}^3$

5 定価の 15 %引きで売る場合と 20 %引きで売る場合の利益の差，$600 - 200 = 400$（円）は定価を 1 とすると定価の，$0.20 - 0.15 = 0.05$ にあたるので，定価は，$(600 - 200) \div (0.2 - 0.15) = 8000$（円）　よって，仕入れ値は，$8000 \times (1 - 0.2) - 200 = 6200$（円）

6 1 分間に，短針は，$(360^\circ \div 12) \div 60 = \frac{1^\circ}{2}$，長針は，$360^\circ \div 60 = 6^\circ$ 進む。右図より，求める時こくは，3 時から考えて長針と短針が進んだ角度の和が 270° になるときだから，3 時，$270 \div \left(6 + \frac{1}{2}\right) = \frac{540}{13} = 41\frac{7}{13}$（分）

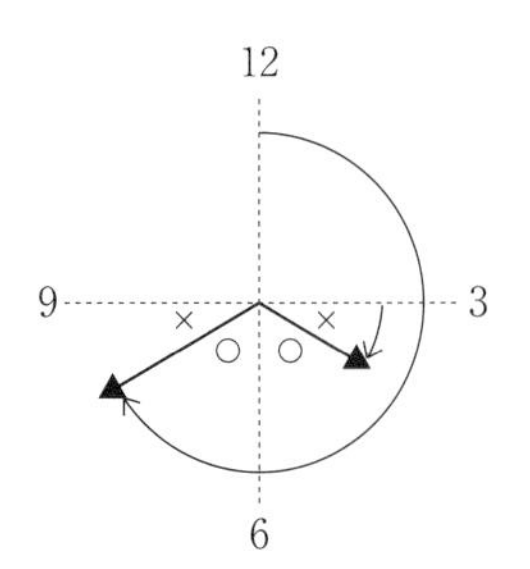

7 右図で点 A から，点 C，D，E に行く方法はそれぞれ 1 通り。したがって，点 A から点 F，G，H に行く方法はそれぞれ，$1 + 1 = 2$（通り）なので，点 I に行く方法は，$2 + 2 + 2 = 6$（通り）　また，点 J に行く方法は 1 通りなので，点 K，L に行く方法はそれぞれ，$1 + 2 = 3$（通り）　よって，点 A から点 B に行く方法は，$6 + 3 + 3 = 12$（通り）

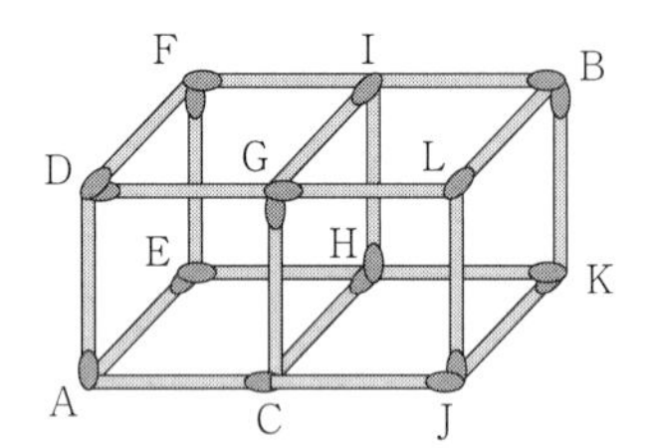

8 おうぎ形の中心角の大きさが等しいとき，曲線部分の長さは半径の長さに比例するので，B の曲線部分の長さは C の曲線部分の長さの，$10 \div 8 = \frac{5}{4}$（倍）で，B と C の曲線部分の長さが等しいことより，C の曲線部分の長さも A の曲線部分の長さの $\frac{5}{4}$ 倍。おうぎ形では半径の長さが等しければ，曲線部分の長さは中心角の大きさに比例するので，C の中心角は A の中心角の $\frac{5}{4}$ 倍。同様に，おうぎ形では半径の長さが等しければ，面積は中心角の大きさに比例するので，C の面積は A の面積の $\frac{5}{4}$ 倍。

9 回転させてできる立体は，半径が 3 cm の球から半径が 3 cm，高さが 3 cm の円すいを 2 個くりぬいた立体なので，体積は，$\frac{4}{3} \times 3.14 \times 3 \times 3 \times 3 - 3 \times 3 \times 3.14 \times 3 \times \frac{1}{3} \times 2 = 56.52$ (cm^3)

10 右図のような立体になる。真横から見た面を底面と考えると，求める体積は，底面が 1 辺 10cm の正方形で，高さが 5 cm の直方体の体積から，底面が半径 10cm，中心角が 90° のおうぎ形で，高さが 5 cm の立体の体積をひいたものになる。よって，求める体積は，$10 \times 10 \times 5 - 10 \times 10 \times 3.14 \times \frac{90}{360} \times 5 = 107.5$ (cm^3)

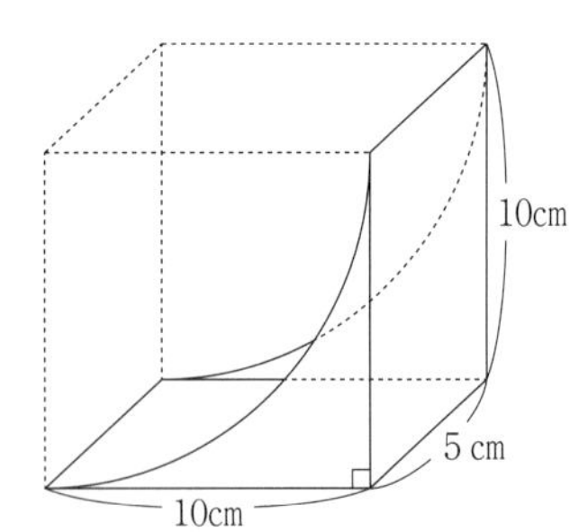

第26回

1 1.7　2 $\frac{1}{3}$　3 9　4 70　5 5715（円）　6 (1) 13　(2) 4（個）　7（兄）2800（円）（弟）2080（円）

8 19.5（m）　9 6　10 $\frac{1220}{3}$ (cm^3)

解説

1 与式＝(21.66 － 13.16) × 0.2 ＝ 8.5 × 0.2 ＝ 1.7

2 与式＝{(18 × 22 － 17 × 22 － 17) ＋ (24 × 26 － 23 × 26 － 23)} ÷ 24 ＝ {(22 － 17) ＋ (26 － 23)} ÷ 24 ＝ $8 \div 24 = \frac{1}{3}$

3 $\frac{1}{90} = \frac{1}{9 \times 10} = \frac{1}{9} - \frac{1}{10}$ よって，求める数は 9。部分分数分解を思い出そう。

4 3.5dℓは，3.5 × 100 ＝ 350 (cc) だから，3.5dℓは 5 cc の，350 ÷ 5 ＝ 70 (倍)

5 花 1 本の定価は，150 × (1 ＋ 0.4) ＝ 210 (円) で，この 3 割引きの価格は，210 × (1 － 0.3) ＝ 147 (円)　また，定価で売れたのは，300 × 0.7 ＝ 210 (本) で，3 割引きで売れたのは，300 × 0.15 ＝ 45 (本)　よって，売り上げの合計は，210 × 210 ＋ 147 × 45 ＝ 50715 (円)　花の仕入れにかかった金額の合計は，150 × 300 ＝ 45000 (円) なので，花屋の利益は，50715 － 45000 ＝ 5715 (円)

6 (1) 記号は右から 1 の位，2 の位，2 × 2 ＝ 4 (の位)，2 × 2 × 2 ＝ 8 (の位) となる。○が 0，●が 1 を表すので，求める整数は，8 × 1 ＋ 4 × 1 ＋ 2 × 0 ＋ 1 × 1 ＝ 13

(2) 右から 5 けた目は，8 × 2 ＝ 16 (の位)，右から 6 けた目は，16 × 2 ＝ 32 (の位)，右から 7 けた目は，32 × 2 ＝ 64 (の位) となるので，51 ÷ 32 ＝ 1 あまり 19 より，まず，右から 6 けた目は●，19 ÷ 16 ＝ 1 あまり 3 より，右から 5 けた目は●，3 ÷ 8 ＝ 0 あまり 3 より，右から 4 けた目は○，3 ÷ 4 ＝ 0 あまり 3 より，右から 3 けた目は○，3 ÷ 2 ＝ 1 あまり 1 より，右から 2 けた目は●で，いちばん右のけたは●になる。よって，●は 4 個。

7 もし，弟が使った金額が，$400 \times \frac{4}{5} = 320$ (円) だとすると，所持金の比は 5：4 のままになる。実際は，4：3 ＝ 5：3.75 なので，この比における，4 － 3.75 ＝ 0.25 が，480 － 320 ＝ 160 (円) にあたる。よって，400 円使った後の兄の所持金は，160 ÷ 0.25 × 5 ＝ 3200 (円)　これより，800 円もらったときの兄の所持金は，3200 ＋ 400 ＝ 3600 (円) なので，最初の兄の所持金は，3600 － 800 ＝ 2800 (円)，最初の弟の所持金は，$3600 \times \frac{4}{5} - 800 = 2080$ (円)

8 右図のように道をはしによせて考える。C と D をあわせた面積が A と B をあわせた面積の 3 倍になるとき，アの長さはイの長さの 3 倍だから，アの長さは，$(28 - 2) \times \frac{3}{1 + 3} = 19.5$ (m)

2m　イ　ア
A　C
B　D
28m

9 それぞれのマスで，サイコロの下の目以外の 5 つの目の数について，影をつけた数を上の目の数字とし，他の目の位置関係を表すと右図のようになる。左上のマスにもどる 1 つ前は→で示した場所なので，左上のマスにもどったときの上の目の数字は 6。

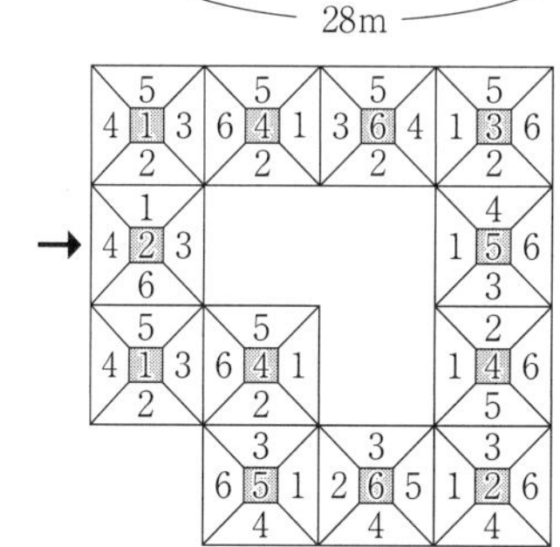

10 【図 2】の容器にふたをしたときの全体の体積は，10 × 10 × 10 ＝ 1000 (cm^3)　【図 2】のふたをのぞいた部分の容積は，8 × 8 × 8 ＝ 512 (cm^3) なので，正四角すい台 6 個分の体積は，1000 － 512 ＝ 488 (cm^3)　よって，ふたの 1 個分をのぞいた容器そのものの体積は，$488 \times \frac{5}{6} = \frac{1220}{3}$ (cm^3)

第27回

1 7　2 195　3 $\frac{5}{2}$　4 (順に) 0, 30　5 20 (%)　6 1600 (円)　7 ア. 30　イ. 2　8 1：3　9 7

10 $7\frac{1}{3}$ (cm^3)

解説

1 与式 $= 25 - (5.4 + 12.6) = 25 - 18 = 7$

2 与式 $= 20 \times 14 \div \frac{20}{14} - 20 \div 14 \div \frac{20}{14} = 20 \times 14 \times \frac{14}{20} - 20 \times \frac{1}{14} \times \frac{14}{20} = 196 - 1 = 195$

3 $3 \times \frac{1}{5} = \frac{3}{5}$ より, $\frac{3}{5} + 2\frac{2}{3} \div \square = 1 \times 1\frac{2}{3} = \frac{5}{3}$ なので, $2\frac{2}{3} \div \square = \frac{5}{3} - \frac{3}{5} = \frac{25}{15} - \frac{9}{15} = \frac{16}{15}$　よって, $\square = 2\frac{2}{3} \div \frac{16}{15} = \frac{8}{3} \times \frac{15}{16} = \frac{5}{2}$

4 時計Aが59分40秒, つまり, $59 \times 60 + 40 = 3580$ (秒) 進む間に, 時計Bは60分10秒, つまり, $60 \times 60 + 10 = 3610$ (秒) 進んでいるので, 時計Bの速さは時計Aの, $\frac{3610}{3580} = \frac{361}{358}$ (倍)　1月1日の午前0時から1月8日の午前11時までは, 7日と11時間, つまり, $7 \times 24 \times 60 + 11 \times 60 = 10740$ (分) なので, 時計Bは, $10740 \times \frac{361}{358} = 10830$ (分) 進む。$10830 \div 60 = 180$ 余り30, $180 \div 24 = 7$ 余り12より, 10830分 = 7日12時間30分なので, 1月8日の午後0時30分。

5 1個の定価は, $100 \times (1 + 0.3) = 130$ (円) だから, 1日目の利益は, $(130 - 100) \times 500 = 15000$ (円)　2日目の利益も15000円なので, 1個あたりの利益は, $15000 \div 3750 = 4$ (円)　これより, 2日目は, $100 + 4 = 104$ (円) で売ったことが分かる。よって, $(130 - 104) \div 130 = 0.2$ より, 20 %引き。

6 Aさんの所持金はBさんより, $300 \times 2 = 600$ (円) 多い。また, BさんがAさんに800円渡したとき, $800 + 600 + 800 = 2200$ (円) がBさんの所持金の, $12 - 1 = 11$ (倍) にあたり, このときのBさんの所持金は, $2200 \div 11 = 200$ (円), Aさんの所持金は, $200 \times 12 = 2400$ (円) となる。よって, はじめのAさんの所持金は, $2400 - 800 = 1600$ (円)

7 船が川を上る速さと下る速さを合わせると, 川の流れの速さを打ち消し合って静水時の速さの2倍になるので, この船の静水時の速さは, 時速, $(22 + 38) \div 2 = 30$ (km) で, この川の流れの速さは時速, $38 - 30 = 8$ (km)　よって, 静水時の速さが時速40kmの船がこの川を下る速さは, 時速, $40 + 8 = 48$ (km) なので, 96km下るのにかかる時間は, $96 \div 48 = 2$ (時間)

8 平行四辺形の底辺を4, 高さを3とすると, 平行四辺形ABCDの面積は, $4 \times 3 = 12$　また, 斜線部分の面積は, 台形から三角形2つをひいて, $(3 + 2) \times 3 \div 2 - 3 \times 1 \div 2 - 2 \times 2 \div 2 = 4$　よって, 求める面積比は, $4 : 12 = 1 : 3$

9 右図のアの長さは, $15 \div 5 = 3$ (cm)　イの長さは, $21 \div 3 = 7$ (cm)　ウの長さは, $(40 + 56) \div (7 + 5) = 8$ (cm)　よって, $\square = 56 \div 8 = 7$ (cm)

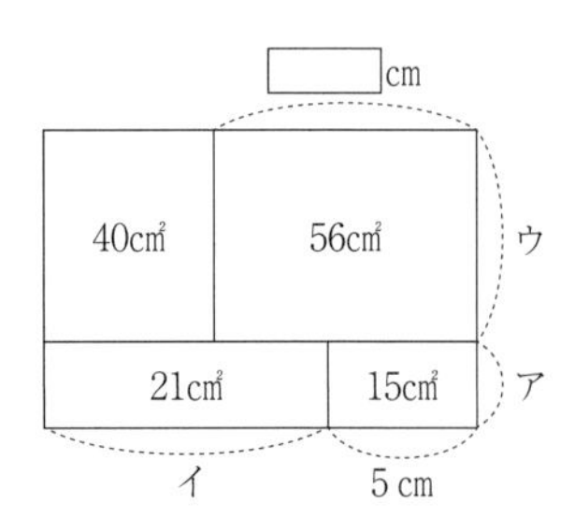

[10] 右図のように直線をのばし，各点をC～Iとする。このとき，底面が半径EDの円で高さがCEの円すいを①，底面が半径GFの円で高さがCGの円すいを②，底面が半径GFの円で高さがGHの円柱を③，底面が半径EDの円で高さがHEの円すいを④とすると，できる立体は，①から，②，③，④を切り取った立体になる。ここで，FGとDBが平行なので，三角形CFGと三角形CDEは拡大・縮小の関係で，CG : CE = GF : ED = 1 : 2だから，$CE = 2 \times \frac{2}{2-1} = 4$ (cm)，$CG = 4 - 2 = 2$ (cm)　よって，円すい①の体積は，$\frac{1}{3} \times 2 \times 2 \times \frac{22}{7} \times 4 = \frac{352}{21}$ (cm^3)，円すい②の体積は，$\frac{1}{3} \times 1 \times 1 \times \frac{22}{7} \times 2 = \frac{44}{21}$ (cm^3)，円柱③の体積は，$1 \times 1 \times \frac{22}{7} \times 1 = \frac{22}{7}$ (cm^3)，円すい④の体積は，$\frac{1}{3} \times 2 \times 2 \times \frac{22}{7} \times 1 = \frac{88}{21}$ (cm^3)なので，できる立体の体積は，$\frac{352}{21} - \left(\frac{44}{21} + \frac{22}{7} + \frac{88}{21}\right) = 7\frac{1}{3}$ (cm^3)

第28回

[1] 35　[2] 8050　[3] 9　[4] 52　[5] 108　[6] 6　[7] 5750 (円)　[8] 58.26 (cm^2)　[9] 84.78
[10] 140 (cm^2)

解　説

[1] 与式 $= (60 - 4) \times 0.625 = 56 \times \frac{5}{8} = 35$

[2] 与式 $= (2014 - 2012) \times 2013 + (2014 - 2012) \times 2012 = 2 \times 2013 + 2 \times 2012 = 2 \times (2013 + 2012) = 2 \times 4025 = 8050$

[3] ある数から2を引いて3倍した数は，ある数の3倍より，$2 \times 3 = 6$ 小さい数になる。この数は，ある数の2倍より3大きい数なので，ある数は，$(6 + 3) \div (3 - 2) = 9$

[4] 2014年4月1日から2015年3月31日までは365日間で，$365 \div 7 = 52$ あまり1より，火曜日から月曜日までを52回くり返して，あまりの1日は火曜日。よって，水曜日は52回。

[5] 2人でペンキを塗った時間は，$66 - 36 = 30$ (分)より，2人で塗ったのは壁全体の，$30 \div 45 = \frac{2}{3}$　よって，Aだけで塗ったのは壁全体の，$1 - \frac{2}{3} = \frac{1}{3}$ なので，はじめからAだけでペンキを塗るとかかる時間は，$36 \div \frac{1}{3} = 108$ (分)

[6] よしき君とお母さんの年れいの差は変わらないので，比の数の差を，$5 - 1 = 4$ と，$4 - 1 = 3$ の最小公倍数の12にそろえると，よしき君とお母さんの年れいの比は，現在が，$(1 \times 3) : (5 \times 3) = 3 : 15$ で，2年後が，$(1 \times 4) : (4 \times 4) = 4 : 16$　これらの比の，$4 - 3 = 1$ にあたる年れいが2さいだから，現在のよしき君の年れいは，$2 \times 3 = 6$ (さい)

[7] はじめの2人のお年玉の合計は，$10000 + 8000 = 18000$ (円)なので，残った2人のお年玉の合計は，$18000 \times 0.75 = 13500$ (円)　2人は同じ金額を出し合っているので，2人の残ったお年玉の差は，$10000 - 8000 = 2000$ (円)のままである。よって，次郎君のお年玉は，$(13500 - 2000) \div 2 = 5750$ (円)残っている。

8 右図のように各点を A～H とし，GH をひく。AG と GD の長さはともに，$12 \div 2 = 6$ (cm)で，EB の長さは AB の長さと等しく 6 cm なので，三角形 AGH と三角形 AEB は合同な直角二等辺三角形で，その面積は，$6 \times 6 \div 2 = 18$ (cm^2)　また，三角形 CDE と三角形 BFE は拡大・縮小の関係で，CD：BF = EC：EB = $(6 + 12)$：6 = 3：1 なので，BF の長さは，$6 \times \frac{1}{3} = 2$ (cm)　これより，AF の長さは，$6 - 2 = 4$ (cm)なので，三角形 AEF の面積は，$4 \times 6 \div 2 = 12$ (cm^2)　さらに，おうぎ形 DHG の面積は，$6 \times 6 \times 3.14 \times \frac{90}{360} = 28.26$ (cm^2)　よって，しゃ線部分の面積の和は，$18 + 12 + 28.26 = 58.26$ (cm^2)

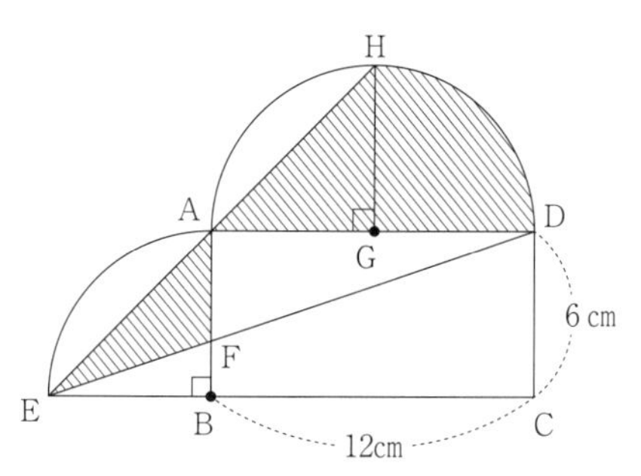

9 影の部分の面積は，右図のように動かせるので，$12 \times 12 \times 3.14 \times \frac{90}{360} - 6 \times 6 \times 3.14 \times \frac{90}{360} = (144 - 36) \times 3.14 \times \frac{1}{4} = 27 \times 3.14 = 84.78$ (cm^2)

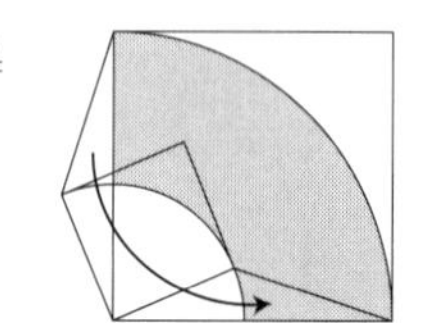

10 右図のように線を引き，3 つの部分をア，イ，ウとする。AD と BC は平行だから，アとイを合わせた三角形 ABC と，イとウを合わせた三角形 DBC の面積は等しい。つまり，イの部分をのぞくと，アとウの部分の面積が等しいことがわかる。よって，求める面積は，$14 \times 20 \div 2 = 140$ (cm^2)

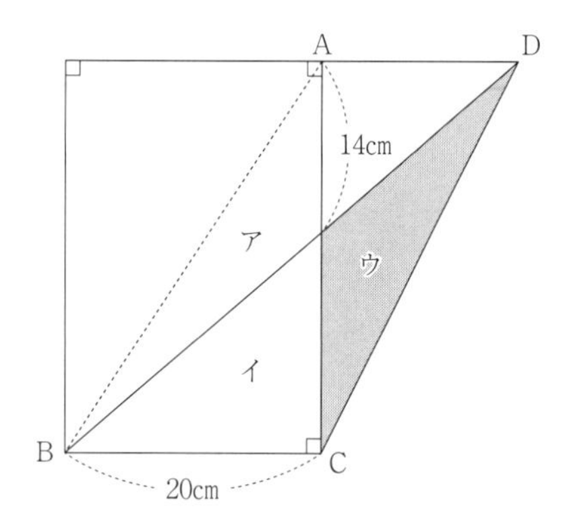

第29回

1 $\frac{3}{5}$　2 6789　3 $\frac{1}{4}$　4 550 (本)　5 2 (日)　6 $\frac{15}{7}$ (分)　7 1.2　8 $\frac{2}{15}$　9 3.465　10 25.12

解説

1 与式 $= \frac{14}{30} - \frac{5}{30} + \frac{9}{30} = \frac{18}{30} = \frac{3}{5}$

2 与式 $= (6789 \times 6789 - 6788 \times 6790) \times 6789$ で，$6788 \times 6790 = 6788 \times 6789 + 6788$ より，この式のかっこの中の計算は，$6789 \times 6789 - 6788 \times 6789 - 6788 = (6789 - 6788) \times 6789 - 6788 = 6789 - 6788 = 1$　よって，与式 $= 1 \times 6789 = 6789$

3 $6 \times \left(\frac{11}{18} - \square\right) - \frac{2}{3} = 2 \div \frac{4}{3} = \frac{3}{2}$ より，$6 \times \left(\frac{11}{18} - \square\right) = \frac{3}{2} + \frac{2}{3} = \frac{13}{6}$ だから，$\frac{11}{18} - \square = \frac{13}{6} \div 6 = \frac{13}{36}$　よって，$\square = \frac{11}{18} - \frac{13}{36} = \frac{1}{4}$

4 くぎ 1 本の重さは，$20 \div 25 = 0.8$ (g)なので，300g は，$300 \div 0.8 = 375$ (本)分の重さになり，1 本の値段は，$750 \div 375 = 2$ (円)　よって，1100 円で買うことができるくぎは，$1100 \div 2 = 550$ (本)

5 A さん，B さん，C さんの 1 日にする仕事量の比は，$\frac{1}{16} : \frac{1}{24} : \frac{1}{36} = 9 : 6 : 4$　A さんの 1 日の仕事量を 9 とすると，全体の仕事量は，$9 \times 16 = 144$ に当たる。3 人で 8 日間にする仕事量は，$(9 + 6 + 4) \times 8 = 152$ で，

全体の仕事量より，152 − 144 = 8 多い。C さんが 1 日休むごとに仕事量は 4 減るので，C さんが休んだ日数は，8 ÷ 4 = 2 (日)

⑥ 青色ペンキ職人 1 人が 1 分間に塗る量を 1 とすると，2 人が 5 分間で塗った量は，1 × 2 × 5 = 10 で，3 人が 3 分間に塗った量は，1 × 3 × 3 = 9　これより，赤色ペンキ職人は，5 − 3 = 2 (分間) に，10 − 9 = 1 の量，すなわち，1 分間に，$1 \div 2 = \frac{1}{2}$ の量を塗ることがわかる。よって，青色ペンキ職人が塗りはじめる前から塗ってあった赤色ペンキの量は，$10 - \frac{1}{2} \times 5 = \frac{15}{2}$　青色ペンキ職人が 4 人で塗ると，1 分間に赤く塗られた部分は，$4 \times 1 - \frac{1}{2} = \frac{7}{2}$ ずつ少なくなるから，$\frac{15}{2} \div \frac{7}{2} = \frac{15}{7}$ (分) で赤く塗られた部分が無くなる。

⑦ 船の上りの速さは，毎時，6 − 1.2 = 4.8 (km)，下りの速さは，毎時，6 + 1.2 = 7.2 (km) なので，上りと下りの速さの比は，4.8 : 7.2 = 2 : 3 となり，PQ 間で上りと下りにかかる時間の比は 3 : 2。ここで，船が浮き輪とすれ違うまでに進んだ距離は，$4.8 \times \frac{5}{60} = \frac{2}{5}$ (km) で，浮き輪がその $\frac{2}{5}$ km を進んで P 地点に着くまでに，$\frac{2}{5} \div 1.2 = \frac{1}{3}$ (時間) かかるので，船が PQ 間を往復するのにかかった時間は，$\frac{5}{60} + \frac{1}{3} = \frac{5}{12}$ (時間)　よって，船が上りにかかった時間は，$\frac{5}{12} \times \frac{3}{3+2} = \frac{1}{4}$ (時間) なので，PQ 間の距離は，$4.8 \times \frac{1}{4} = 1.2$ (km)

⑧ 右図のように各点を A〜G とし，BD，BE をひく。平行な 2 直線の性質より，角 AFB = 角 CBF，角 DEC = 角 BCE なので，三角形 ABF，三角形 DEC はともに二等辺三角形で，AF = AB = 5 cm，ED = CD = 5 cm，EF = 5 × 2 − 6 = 4 (cm)　これより，EF : AD = 4 : 6 = 2 : 3 で，三角形 ABD の面積は平行四辺形の面積の $\frac{1}{2}$ 倍なので，三角形 EBF の面積は平行四辺形の面積の，$\frac{1}{2} \times \frac{2}{3} = \frac{1}{3}$ (倍)　また，EF と BC は平行なので，三角形 EGF と三角形 CGB は拡大・縮小の関係で，FG : BG = EF : CB = 4 : 6 = 2 : 3　よって，三角形 EGF の面積は平行四辺形の面積の，$\frac{1}{3} \times \frac{2}{2+3} = \frac{2}{15}$ (倍)

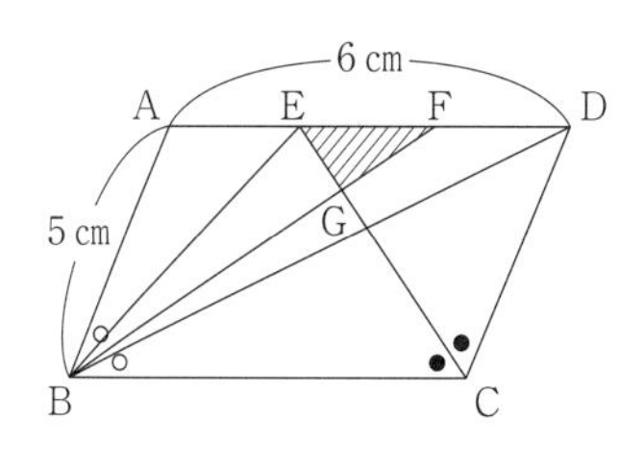

⑨ 三角形 BFC，三角形 GEC は直角三角形 ABC を縮小した三角形，BF : FC : BC = GE : EC : GC = AB : BC : AC = 3 : 4 : 5 なので，$BF = 4 \times \frac{3}{5} = 2.4$ (cm)，$FC = 4 \times \frac{4}{5} = 3.2$ (cm)，EC = BC − BE = 4 − 3 = 1 (cm)，$GE = 1 \times \frac{3}{4} = 0.75$ (cm)　よって，三角形 BFC の面積は，2.4 × 3.2 ÷ 2 = 3.84 (cm^2)，三角形 GEC の面積は，1 × 0.75 ÷ 2 = 0.375 (cm^2) なので，四角形 FBEG の面積は，3.84 − 0.375 = 3.465 (cm^2)

⑩ 直線 PQ よりも右側の部分を 180 度回転させてできる立体を，左側の部分を 180 度回転させてできる立体の下の部分に移動させると，半径 2 cm，高さ 4 cm の円柱の半分になる。よって，求める体積は，2 × 2 × 3.14 × 4 ÷ 2 = 25.12 (cm^3)

第30回

① $\frac{9}{4}$	② $\frac{1100}{7}$	③ $\frac{1}{2012}$	④ 11	⑤ 3 (時間) 20 (分)	⑥ 22 (個)	⑦ 55	⑧ 74	⑨ 5.7	⑩ 83

解　説

1 与式 $= \frac{15}{4} + \frac{2}{3} - \frac{13}{6} = \frac{45}{12} + \frac{8}{12} - \frac{26}{12} = \frac{27}{12} = \frac{9}{4}$

2 与式 $= 280 \div 1.05 + 200 \div 1.05 - 300 = 280 \times \frac{20}{21} + 200 \times \frac{20}{21} - 300 = (280 + 200) \times \frac{20}{21} - 300 = \frac{3200}{7} - \frac{2100}{7} = \frac{1100}{7}$

3 $1 + 1 \div (3 + 1 \div \square) = 1 \div \frac{2015}{2016} = \frac{2016}{2015}$ より，$1 \div (3 + 1 \div \square) = \frac{2016}{2015} - 1 = \frac{1}{2015}$ だから，$3 + 1 \div \square = 1 \div \frac{1}{2015} = 2015$ となり，$1 \div \square = 2015 - 3 = 2012$　よって，$\square = 1 \div 2012 = \frac{1}{2012}$

4 氷の体積は水の体積の，$1 + \frac{1}{11} = \frac{12}{11}$ (倍)になるので，水の体積は氷の体積の $\frac{11}{12}$ (倍)　よって，132cm^3 の氷が水になると，体積は，$132 \times \frac{11}{12} = 121\ (\text{cm}^3)$ になり，$132 - 121 = 11\ (\text{cm}^3)$ 減る。

5 仕事量全体を 1 とすると，A 君が 1 時間でする仕事量は，$1 \div 2\frac{40}{60} = \frac{3}{8}$　これより，B 君が 50 分間でした仕事量は，$1 - \frac{3}{8} \times 2 = \frac{1}{4}$ で，B 君が 1 時間でする仕事量は，$\frac{1}{4} \div \frac{50}{60} = \frac{3}{10}$　よって，B 君が一人でこの仕事をすると，$1 \div \frac{3}{10} = 3\frac{1}{3}$ (時間)より，3 時間 20 分。

6 たて，横に並べた個数の和の 2 倍は，$(6 + 7) \times 2 = 26$ (個)　これは，長方形の角にある 4 個のおはじきを 2 回数えているので，いちばん外側の 1 列に並んだおはじきは，$26 - 4 = 22$ (個)

7 鉛筆 9 本とボールペン 5 本の代金が 1070 円で，鉛筆 5 本とボールペン 9 本の代金が，$1070 + 240 = 1310$ (円)だから，鉛筆，$9 + 5 = 14$ (本)とボールペン，$5 + 9 = 14$ (本)の代金は，$1070 + 1310 = 2380$ (円)　これより，鉛筆 1 本とボールペン 1 本の代金は，$2380 \div 14 = 170$ (円)で，鉛筆 9 本とボールペン 9 本の代金は，$170 \times 9 = 1530$ (円)だから，鉛筆，$9 - 5 = 4$ (本)の代金は，$1530 - 1310 = 220$ (円)　よって，鉛筆 1 本の値段は，$220 \div 4 = 55$ (円)

8 正三角形 ABC を右図のように分けると，小さい正三角形，$1 + 3 + 5 + \cdots + 15 = (1 + 15) \times 8 \div 2 = 64$ (個)に分けられる。よって，小さい正三角形 1 個の面積は，$128 \div 64 = 2\ (\text{cm}^2)$　斜線部分は小さい正三角形，$64 - 27 = 37$ (個分)なので，求める面積は，$2 \times 37 = 74\ (\text{cm}^2)$

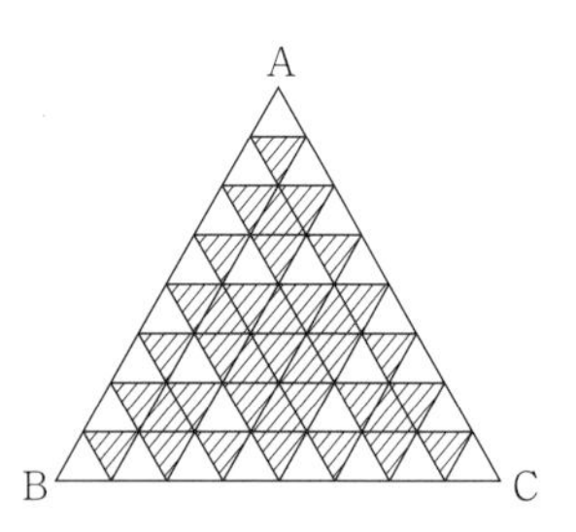

9 三角形 BCE の面積の 2 倍は，$10 \times 10 - 57 = 43\ (\text{cm}^2)$ なので，三角形 BCE の面積は，$43 \div 2 = 21.5\ (\text{cm}^2)$ で，CE の長さは，$21.5 \times 2 \div 10 = 4.3$ (cm)　よって，DE の長さは，$10 - 4.3 = 5.7$ (cm)

10 右図のように角㋑～角㋗をとると，角㋒＝角㋑＝ $180° - (29° + 26°) = 125°$　また，角㋔＝角㋓＝ $180° - (37° + 32°) = 111°$ なので，角㋕＝ $180° - (111° + 42°) = 27°$ となり，角㋖＝ $180° - 27° = 153°$　さらに，角㋗＝ $180° - 49° = 131°$　よって，五角形の 5 つの角の大きさの和が，$180° \times (5 - 2) = 540°$ より，角㋐＝ $540° - (125° + 48° + 153° + 131°) = 83°$

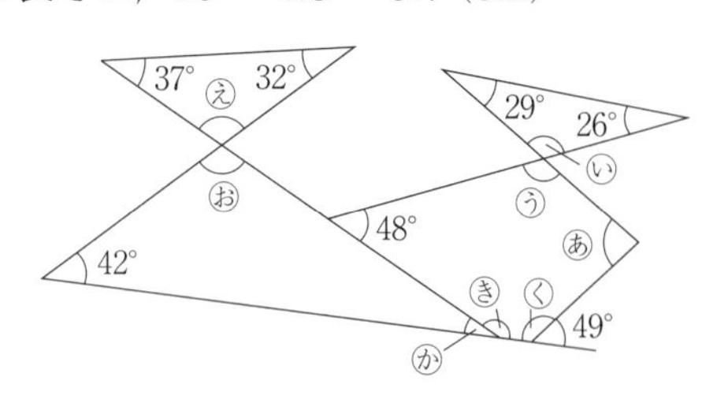

第31回

1 $\frac{121}{81}$　2 60　3 ア. 1　イ. 12　4 7560　5 24　6 98（枚）　7 5612（円）　8 あ. 1　い. 9
9 62（cm）　10 31.4（cm^2）

解　説

1 与式 $= 1 + \frac{27}{81} + \frac{9}{81} + \frac{3}{81} + \frac{1}{81} = \frac{121}{81}$

2 まず，$2016 \times 11 - 2014 \times 9 = 2016 \times 2 + 2016 \times 9 - 2014 \times 9 = 2016 \times 2 + 2 \times 9 = 2015 \times 2 + 2 + 18 = 2015 \times 2 + 20$　さらに，$2017 \times 12 - 2013 \times 8 = 2017 \times 4 + 2017 \times 8 - 2013 \times 8 = 2017 \times 4 + 4 \times 8 = 2015 \times 4 + 2 \times 4 + 32 = 2015 \times 4 + 40$　これより，与式の「＝」よりも左側は，$2015 \times 2 + 20 + 2015 \times 4 + 40 + 2015 \times 10 = 2015 \times 16 + 60$ となる。よって，$\square = 60$

3 $\frac{\boxed{ア}}{\boxed{イ}}$ を1つの $\square$ とおくと，$\frac{1}{3} + \left(\frac{2}{3} + \square\right) \times \frac{4}{3} = 1 \times \frac{4}{3} = \frac{4}{3}$ より，$\left(\frac{2}{3} + \square\right) \times \frac{4}{3} = \frac{4}{3} - \frac{1}{3} = 1$ だから，$\frac{2}{3} + \square = 1 \div \frac{4}{3} = \frac{3}{4}$　よって，$\square = \frac{3}{4} - \frac{2}{3} = \frac{1}{12}$

4 求めるきょりを1とすると，走ったきょりは $\frac{2}{3}$，歩いたきょりは，$1 - \frac{2}{3} = \frac{1}{3}$ なので，走った時間と歩いた時間の比は，$\left(\frac{2}{3} \div 180\right) : \left(\frac{1}{3} \div 60\right) = 2 : 3$　これより，走った時間は，$70 \times \frac{2}{2 + 3} = 28$（分），歩いた時間は，$70 - 28 = 42$（分）　よって，求めるきょりは，$180 \times 28 + 60 \times 42 = 7560$（m）

5 入口が2か所のときに45分で入場した人は，$360 + 6 \times 45 = 630$（人）なので，1か所の入口で1分間に入場できる人は，$630 \div 2 \div 45 = 7$（人）　入口を3か所にすると，行列の人数を1分間に，$7 \times 3 - 6 = 15$（人）ずつ減らすことができるので，行列がなくなるまでにかかる時間は，$360 \div 15 = 24$（分）

6 5円玉，10円玉，50円玉，100円玉それぞれの合計金額の比は，$(5 \times 20) : (10 \times 15) : (50 \times 7) : (100 \times 12) = 2 : 3 : 7 : 24$　よって，50円玉の合計金額は，$25200 \times \frac{7}{2 + 3 + 7 + 24} = 4900$（円）　したがって，50円玉の枚数は，$4900 \div 50 = 98$（枚）

7 りんご，$3 \times 7 = 21$（個）とみかん，$4 \times 7 = 28$（個）を買うと，$1332 \times 7 = 9324$（円）で，りんご，$7 \times 3 = 21$（個）とみかん，$9 \times 3 = 27$（個）を買うと，$3072 \times 3 = 9216$（円）なので，みかん，$28 - 27 = 1$（個）は，$9324 - 9216 = 108$（円）　よって，りんご1個は，$(1332 - 108 \times 4) \div 3 = 300$（円）より，求める値段は，$300 \times 13 + 108 \times 14 + 200 = 5612$（円）

8 DHの長さを3とすると，BE = GH = FC = 2，EF = DG = 3 + 2 = 5　長方形の辺より，DHとBCは平行なので，三角形ADHは三角形ABCの縮図で，辺の長さの比は，DH : BC = 3 : (2 + 5 + 2) = 1 : 3　よって，三角形ADHと三角形ABCの面積の比は，$(1 \times 1) : (3 \times 3) = 1 : 9$

9 右図のア，イ，ウの長さの和は，$12 - (6 - 5) = 11$（cm）なので，横の長さの合計は，$11 + 5 + 6 + 12 = 34$（cm）　また，エ，オ，カの長さの和は，$10 + (4 - 2) = 12$（cm）なので，たての長さの合計は，$12 + 4 + 2 + 10 = 28$（cm）　よって，$34 + 28 = 62$（cm）

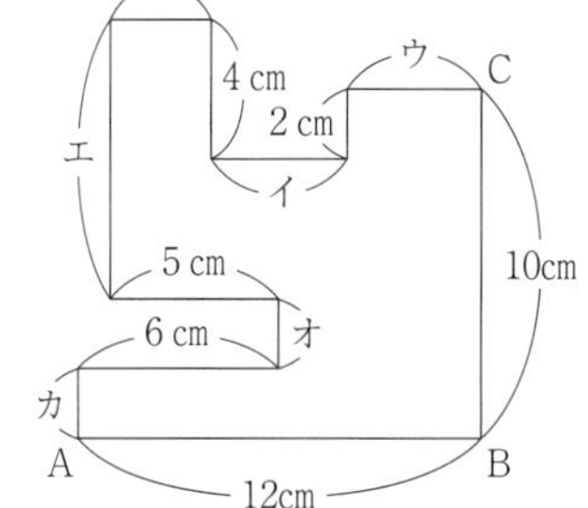

10 七角形の内角の和は，$180° \times (7 - 2) = 900°$　よって，色をつけた部分の面積の和は，$2 \times 2 \times 3.14 \times \frac{900}{360} = 31.4$（$cm^2$）

第32回

1 $\frac{7}{4}$	2 110	3 $\frac{12}{11}$	4 20	5 20（人）	6 7	7 1700（円）	8 $\frac{16}{3}$	9 11（cm）	10 98

解　説

1 与式 $= \frac{3}{4} \times \frac{12}{5} \times \frac{7}{18} \times \frac{5}{2} = \frac{7}{4}$

2 与式 $= (1.09 \times 1 + 1.09 \times 2 \times 2 + 1.09 \times 3 \times 3 + 1.09 \times 4 \times 4 + 1.09 \times 5 \times 5) \div 0.545 = \{1.09 \times (1 + 4 + 9 + 16 + 25)\} \div 0.545 = (1.09 \times 55) \div (1.09 \times 0.5) = \frac{55}{0.5} = 110$

3 $121 \times 9 + 121 \times (\boxed{} \times 11 - 11) = 111 \times 11 - 11 = 110 \times 11 = 11 \times 10 \times 11 = 121 \times 10$ より，$121 \times (\boxed{} \times 11 - 11) = 121 \times 10 - 121 \times 9 = 121$ だから，$\boxed{} \times 11 - 11 = 121 \div 121 = 1$　よって，$\boxed{} \times 11 = 1 + 11 = 12$ より，$\boxed{} = 12 \div 11 = \frac{12}{11}$

4 3.2L ＝ 32dL，$1\frac{3}{5}$dL ＝ 1.6dL　よって，32：1.6 ＝ 320：16 ＝ 20：1 より，$\boxed{} = 20$

5 入り口1か所では20分で，30 × 20 ＝ 600（人）が通過し，入り口2か所では5分で，(30 × 2) × 5 ＝ 300（人）が通過したので，20 − 5 ＝ 15（分間）で，600 − 300 ＝ 300（人）が行列に加わったことになる。よって，300 ÷ 15 ＝ 20（人）

6 はじめ，容器Aに入っている食塩水に含まれる食塩の量は，200 × 0.08 ＝ 16（g）　容器Bに入っている食塩水にふくまれている食塩の量は，40 × 0.12 ＝ 4.8（g）　容器A，Bに同じ濃度の食塩水を同量ずつ入れても，容器AとBに入っている食塩水の量の差は，200 − 40 ＝ 160（g）のままで，含まれる食塩の量の差は，16 − 4.8 ＝ 11.2（g）のまま変わらない。容器A，Bの食塩水の濃度は同じになったから，濃度は，11.2 ÷ 160 × 100 ＝ 7（%）

7 Cさんの金額を①とすると，Bさんの金額は，①× 2 ＝②より100円多く，Aさんの金額は，②× 2 ＝④より，100 × 2 ＋ 100 ＝ 300（円）多い。これより，6000円は，①＋②＋④＝⑦より，100 ＋ 300 ＝ 400（円）多いので，⑦にあたる金額は，6000 − 400 ＝ 5600（円）より，①にあたる金額は，5600 ÷ 7 ＝ 800（円）　よって，Bさんの金額は，800 × 2 ＋ 100 ＝ 1700（円）

8 人の身長と影の長さの比は，1.5：2.5 ＝ 3：5　段差をのぞいて木の高さを，4 − 1 × 2 ＝ 2（m）とすると，木の影の長さは，$2 \times \frac{5}{3} = \frac{10}{3}$（m）で，この長さが，太線部分のうち地面と平行な部分の長さの和と等しい。よって，求める長さは，$\frac{10}{3} + 1 \times 2 = \frac{16}{3}$（m）

9 図2より，入れた水の体積は，底面の半径が6cmの円柱に10cmの高さまで水を入れた場合の半分なので，6 × 6 × 3.14 × 10 ÷ 2 ＝ 565.2（cm^3）　ここで，底面の半径が3cmの円柱の部分の体積は，3 × 3 × 3.14 × 8 ＝ 226.08（cm^3）なので，図3のように置いたとき，この部分は水でいっぱいになり，底面の半径が6cmの円柱には，565.2 − 226.08 ＝ 339.12（cm^3）の水が入り，339.12 ÷ (6 × 6 × 3.14) ＝ 3（cm）の高さになる。よって，机の面から水面までは，8 ＋ 3 ＝ 11（cm）

10 平行四辺形ABCDの面積は，辺ABを底辺とすると，12 × 12 ＝ 144（m^2）　したがって，辺BCを底辺としたときの高さは，144 ÷ 16 ＝ 9（m）　道の部分の面積は，2 × 16 ＋ (9 − 2) × 2 ＝ 46（m^2）　よって，道の部分を除いた土地の面積は，144 − 46 ＝ 98（m^2）

第33回

1 $\frac{5}{4}$　2 157　3 $\frac{24}{7}$　4 6（個）　5 3000（円）　6（毎分）30（m）　7 136　8（AP：PB＝）7：3 9（(ア)：(イ)）5：7　10 6（cm）

解説

1 与式＝$\frac{15}{8}\times\frac{3}{2}\times\frac{4}{7}\times\frac{7}{9}=\frac{5}{4}$

2 与式＝$\frac{1}{13}\times(26\times2015+2015-26\times2014)=\frac{1}{13}\times(26+2015)=2+155=157$

3 $\left\{5-\left(\square+\frac{8}{5}\right)\div\frac{11}{7}\right\}\times\frac{2}{3}=2-\frac{1}{5}\div\frac{1}{4}=2-\frac{4}{5}=\frac{6}{5}$ より，$5-\left(\square+\frac{8}{5}\right)\div\frac{11}{7}=\frac{6}{5}\div\frac{2}{3}=\frac{9}{5}$ だから，$\left(\square+\frac{8}{5}\right)\div\frac{11}{7}=5-\frac{9}{5}=\frac{16}{5}$ より，$\square+\frac{8}{5}=\frac{16}{5}\times\frac{11}{7}=\frac{176}{35}$　よって，$\square=\frac{176}{35}-\frac{8}{5}=\frac{24}{7}$

4 姉のキャンディの数は変わらない。姉の個数にあたる比の数を20にそろえると，5：3＝20：12，4：3＝20：15より妹がもらったキャンディは，15－12＝3にあたることが分かる。また，20＋3×5＝35が70個にあたるので，比の1は，70÷35＝2（個）になる。よって，求める個数は，2×3＝6（個）

5 初めに持っていた貯金と6か月分のおこづかいの合計が，2000×6＝12000（円）　また，初めに持っていた貯金と10か月分のおこづかいの合計が，1800×10＝18000（円）　これより，10－6＝4（か月）のおこづかいが，18000－12000＝6000（円）とわかるので，1か月分のおこづかいは，6000÷4＝1500（円）　よって，初めに持っていた貯金は，12000－1500×6＝3000（円）

6 A君は，80×4＝320（m）進むと2分休む。1600÷320＝5より，A君がB君に出会ったのは，4×5＋2×4＝28（分後）　また，B君は，28÷(6＋2)＝3あまり4より，28分間のうち，2×3＝6（分）休んだ。つまり，B君は，28－6＝22（分間）で，2260－1600＝660（m）進むとき，もっとも速くなる。よって，660÷22＝30より，毎分30m。

7 0，1，2，8の8を3におきかえると，並べた整数は0，1，2，3，10，11，12，13，20，21，22，23，30，…のようになり，4になると上の位にくり上がっていると考えられるので，できる整数は右の位から1の個数，4の個数，4×4＝16の個数，4×4×4＝64の個数，…を表していると考えられる。2018の8を3におきかえると2013になり，64を2個，16を0個，4を1個，1を3個合わせた数なので，10でくり上がる表し方にすると，64×2＋16×0＋4×1＋1×3＝135　この数の列は0から始まっているので，2018は最初から数えて，1＋135＝136（番目）

8 右図のように，AD，BCに平行な直線PQをひき，Dからひいた垂直な線DRとPQが交わる点をSとする。三角形DPQと三角形APQ，三角形CPQと三角形BPQはそれぞれ面積が等しいから，三角形PCDの面積は三角形QBAの面積と等しいので，PQ＝24.3×2÷9＝5.4（cm）　SQ＝5.4－4＝1.4（cm），RC＝6－4＝2（cm）で，SQとRCは平行なので，三角形DSQは三角形DRCの縮図で，DS：DR＝SQ：RC＝1.4：2＝7：10　AD，PS，BRが平行なので，AP：PB＝DS：SR＝7：(10－7)＝7：3

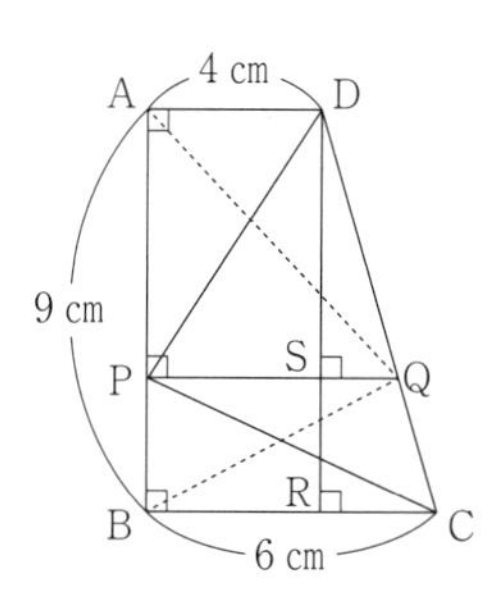

9 8秒後に点Pは，1×8＝8（cm）動いて，辺AB上のAから8cmのところにくる。点Qは，2×8＝16（cm）動いて，辺DE上のDから，16－8－6＝2（cm）のところにくる。このとき，(ア)の面積は，4×6＋(8－6)×(8－2)÷2＝30（cm^2）　(イ)の面積は，4×6＋8×6－30＝42（cm^2）　よって，(ア)と(イ)の面積

の比は，30：42 = 5：7

10 下の直方体を①，上の直方体を②とする。逆さまにする前後で水が入っていない部分の体積は等しいから，②の，(15 + 10) − 13 = 12 (cm)までの高さと，①の，(15 + 10) − 22 = 3 (cm)までの高さの体積が等しくなる。よって，①と②の底面積の比は，12：3 = 4：1 となるから，②の底面積は，$(18 \times 8) \times \frac{1}{4} = 36$ (cm²)
よって，36 = 6 × 6 より，㋐は 6 cm。

第34回

1 $\frac{13}{7}$　2 1　3 14　4 39　5 45　6 ㋐ $\frac{3}{8}$　㋑ 81　7 (時速) 63 (km)　8 24.5　9 84 (度)
10 2 (秒後)

解説

1 与式 = $\frac{6}{7} + \frac{8}{7} - \frac{1}{7} = \frac{13}{7}$

2 与式 = $\frac{2}{5} \times 5 + \frac{1}{4} \times 4 - \frac{2}{3} \times 3 - \frac{1}{2} \times 2 + 1 = 2 + 1 - 2 - 1 + 1 = 1$

3 $3 \div \{7 \div 11 + (12 + 4 \times 2) \div 55 + 9\} = 3 \div (7 \div 11 + 20 \div 55 + 9) = 3 \div \left(\frac{7}{11} + \frac{4}{11} + 9\right) = \frac{3}{10}$ だから，$100 \div (4 \times \square - 6) + \frac{3}{10} \times 10 = 5$ より，$100 \div (4 \times \square - 6) = 5 - 3 = 2$　よって，$4 \times \square - 6 = 100 \div 2 = 50$ より，$4 \times \square = 50 + 6 = 56$ となるから，$\square = 56 \div 4 = 14$

4 B の比を 4 にそろえると，A：B：C = 6：4：3　この比の，6 − 4 = 2 が 26kg にあたるので，比の 1 は，26 ÷ 2 = 13 (kg)　よって，13 × 3 = 39 (kg)

5 1 班 5 人のときの班の数だけ 1 班 3 人で班をつくると，3 × 6 = 18 (人)残る。これより，1 班 5 人のときの班の数は，18 ÷ (5 − 3) = 9 (班)となるから，クラスの人数は，5 × 9 = 45 (人)

6 $\left(\frac{1}{1}\right)$，$\left(\frac{1}{2}, \frac{2}{2}\right)$，$\left(\frac{1}{3}, \frac{2}{3}, \frac{3}{3}\right)$，$\left(\frac{1}{4}, \frac{2}{4}, \frac{3}{4}, \frac{4}{4}\right)$，…のようにグループに分けると，1 つのグループの中にある分数の個数は分母の数と同じになっている。また，1 つのグループの中にある分数の分子は，1 から分母と同じ数まであることがわかる。よって，1 + 2 + … + 7 = 28，31 − 28 = 3 より，初めから数えて 31 番目の分数は $\frac{3}{8}$。また，$\frac{12}{12}$ が，初めから数えて，1 + 2 + … + 12 = 78 (番目)の分数なので，$\frac{3}{13}$ は，78 + 3 = 81 (番目)

7 A と B は 2 分で合わせて 3600m 走るので，A と B の速さの和は分速，3600 ÷ 2 = 1800 (m)　また，A は B より，1 時間で，3600 × 5 = 18000 (m)多く走るので，A は B より分速，18000 ÷ 60 = 300 (m)速い。よって，自動車 A の速さは分速，(1800 + 300) ÷ 2 = 1050 (m)で，時速，1050 ÷ 1000 × 60 = 63 (km)

8 右図のように対角線 AC をひき，E〜H をとる。このとき，角㋐と角㋑の大きさは 45° なので，角㋒ = 180° − 75° − 45° = 60°　また，三角形 AEH の角の和より，角㋓ = 180° − 45° − 75° = 60°　これより，三角形 AEF は正三角形で，同じように考えると，三角形 CEG も正三角形。よって，AE = AF = 4 cm，CE = CG = 3 cm なので，AC = 4 + 3 = 7 (cm)より，求める面積は，7 × 7 ÷ 2 = 24.5 (cm²)

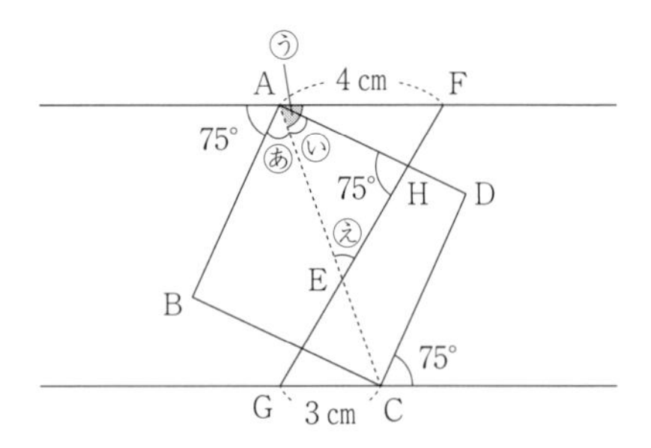

9 五角形の5つの角の和は540°だから，正五角形の1つの角の大きさは，540°÷5＝108°　また，六角形の6つの角の和は720°だから，正六角形の1つの角の大きさは，720°÷6＝120°　右図で，角イ＝180°－108°＝72°だから，角ウ＝180°－(59°＋72°)＝49°　これより，角エの大きさも49°だから，五角形ABCDEで，角ア＝540°－{49°＋(180°－13°)＋120°＋120°}＝84°

10 三角形APQが直角二等辺三角形になるとき，右図のように，角AQP＝90°，AQ＝PQになる。このとき，角ア＋90°＋角イ＝180°，角イ＋90°＋角ウ＝180°より，角ア＝角ウなので，三角形AQDと三角形QPCは合同で，CQ＝DA＝4cm　これより，CP＝DQ＝5－4＝1(cm)なので，CQとCPの長さの和は，4＋1＝5(cm)　また，5.2秒間にQは，4＋1＝5(cm)，Pは，5＋(4－1)＝8(cm)進んだので，2点が1秒間に進む距離の和は，(5＋8)÷5.2＝2.5(cm)　よって，三角形APQが直角二等辺三角形になってから，2点P，Qが重なるのは，5÷2.5＝2(秒後)

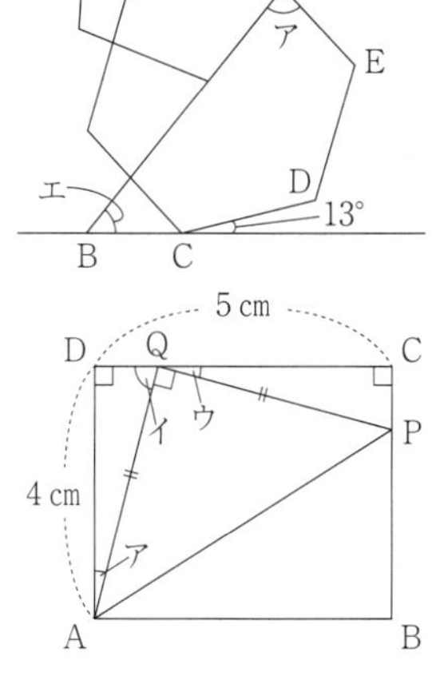

第35回

1 14	2 3	3 15	4 10(人)	5 27(本)	6 300	7 (1) 26　(2) AABC　(3) BACB	8 8
9 200(cm^2)	10 36						

解　説

1 与式＝$18 \div \frac{9}{7} = 14$

2 与式＝{(6＋7＋8＋9)×100＋(7＋8＋9＋6)×10＋(8＋9＋6＋7)×1}÷{(1＋2＋3＋4)×100＋(2＋3＋4＋1)×10＋(3＋4＋1＋2)×1}＝{30×(100＋10＋1)}÷{10×(100＋10＋1)}＝30÷10＝3

3 $\left(\frac{7}{\square} + \frac{5}{7}\right) \div \left(31 \times \frac{1}{105}\right) = 4$より，$\left(\frac{7}{\square} + \frac{5}{7}\right) \div \frac{31}{105} = 4$だから，$\frac{7}{\square} + \frac{5}{7} = 4 \times \frac{31}{105} = \frac{124}{105}$となり，$\frac{7}{\square} = \frac{124}{105} - \frac{5}{7} = \frac{7}{15}$　よって，$\square = 15$

4 全員がもっている自転車の台数の合計は，1.5×60＝90(台)「1台もっている」と答えた人と，「2台もっている」と答えた人がもっている自転車の台数の合計は，1×10＋2×25＝60(台)　よって，「3台もっている」と答えた人は，(90－60)÷3＝10(人)

5 鉛筆とボールペンの本数が同じとき，買う本数を逆にしても代金は変わらない。ボールペンを1本多くするごとに買う本数を逆にすると，ボールペンが1本減り，鉛筆が1本増えるので，代金は，90－50＝40(円)少なくなる。よって，逆にして買ったとき，買った本数は鉛筆のほうが，560÷40＝14(本)多い。鉛筆とボールペンを合わせて40本買ったので，買った鉛筆の本数は，(40＋14)÷2＝27(本)

6 2人がはじめて出会った地点は，家から，100×22.5＝2250(m)のところで，山頂からは，3000－2250＝750(m)なので，兄が3000m上るのにかかった時間と750m下るのにかかった時間の比は，(3000÷5)：(750÷6)＝24：5　よって，兄が750m下るのにかかった時間は，$(22.5 - 8) \times \frac{5}{24 + 5} = 2.5$(分)なので，下りの速さは分速，750÷2.5＝300(m)

7(1) A，B，Cの3文字でくり上がるので，Aが1，Bが2，Cが3を表し，アルファベットは右から順に，1の位，3の位，$3 \times 3 = 9$の位，$3 \times 3 \times 3 = 27$の位，…を表す。よって，BBBは，$9 \times 2 + 3 \times 2 + 1 \times 2 = 26$

(2) $45 = 27 \times 1 + 9 \times 1 + 3 \times 2 + 1 \times 3$より，AABCと表せる。

(3) 与式$= 27 \times 2 + 9 \times 1 + 3 \times 3 + 1 \times 2$より，BACBと表せる。

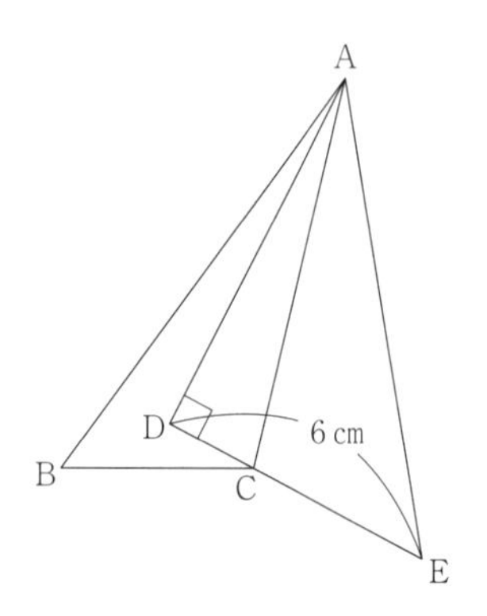

8 右図のように各点をA～Dとし，DE = 6 cmになるようにDCを延長し，直線AEをひくと，三角形ADEは，DE：AD = 6：8 = 3：4で，角ADE = 90°なので，3辺の長さの比が3：4：5の直角三角形になり，$AE = 6 \times \frac{5}{3} = 10$ (cm)　$CE = 6 - 2 = 4$ (cm)より，三角形ABCと三角形AECは3つの辺の長さがそれぞれ等しいことより合同なので，四角形ABCDの面積は，三角形ACEの面積から三角形ADCの面積をひいたものと同じ。三角形ACEの面積は，$4 \times 8 \div 2 = 16$ (cm^2)で，三角形ADCの面積は，$2 \times 8 \div 2 = 8$ (cm^2)なので，求める面積は，$16 - 8 = 8$ (cm^2)

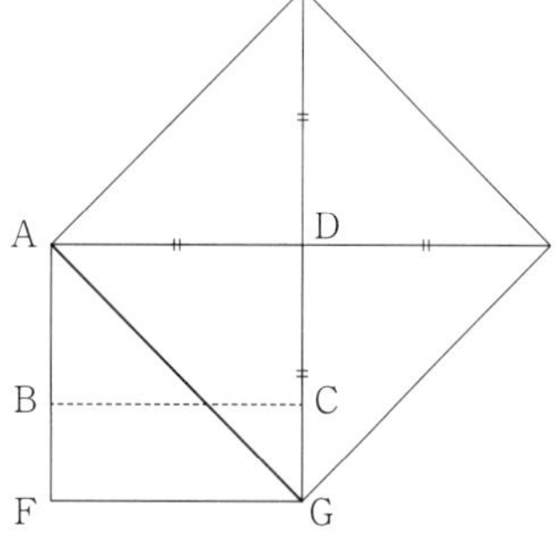

9 ひもの長さは右図の長方形AFGDの対角線AGの長さに等しい。ここで，長方形AFGDは，$AF = AB + BF = 7 + 3 = 10$ (cm)より，正方形になる。よって，右図より，ひもの長さを1辺とする正方形の面積は，正方形AFGDの面積の2倍になるから，$10 \times 10 \times 2 = 200$ (cm^2)

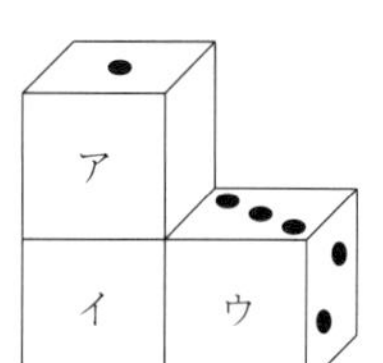

10 右図のように，それぞれのサイコロをア，イ，ウとする。アのサイコロとイのサイコロは6の目どうしがくっついていることがわかるので，イのサイコロで机に接している面は1の目とわかる。また，イのサイコロとウのサイコロは5の目どうしがくっついていることがわかるので，ウのサイコロで机に接している面は4の目とわかる。よって，見えない面の目の数の和は，$6 \times 2 + 1 + 5 \times 2 + 4 = 27$　3つのサイコロのすべての目の数の合計は，$(1 + 2 + 3 + 4 + 5 + 6) \times 3 = 63$なので，見ることができる面の目の数の和は，$63 - 27 = 36$

第36回

1 $\frac{13}{24}$　2 2014　3 72　4 10 (cm^2)　5 26 (人)　6 120 (g)　7 192　8 2407.33　9 121 (cm^3)
10 60

解　説

1 与式$= \frac{7}{8} - \frac{3}{8} \div \frac{9}{8} = \frac{7}{8} - \frac{1}{3} = \frac{13}{24}$

2 与式$= (1007 \times 5 \times 1007 \times 6 - 1007 \times 4 \times 1007 \times 7) \div 1007 = (5 \times 6 - 4 \times 7) \times 1007 \times 1007 \div 1007 = (30 - 28) \times 1007 = 2 \times 1007 = 2014$

3 $\frac{1}{15} \div \frac{1}{6} + \frac{1}{18} \times \frac{1}{60} \div \left(\frac{1}{48} - \frac{1}{\square}\right) \div \frac{1}{6} = 1 + \frac{1}{5} = \frac{6}{5}$より，$\frac{1}{180} \div \left(\frac{1}{48} - \frac{1}{\square}\right) = \frac{6}{5} - \frac{2}{5} = \frac{4}{5}$だから，$\frac{1}{48} - \frac{1}{\square} = \frac{1}{180} \div \frac{4}{5} = \frac{1}{144}$　よって，$\frac{1}{\square} = \frac{1}{48} - \frac{1}{144} = \frac{1}{72}$より，$\square = 72$

4 Aの面積は円グラフ全体の面積の，$75.36 \div (12 \times 12 \times 3.14) = \frac{1}{6}$　帯グラフで表したときのAの割合も同じだから，面積は，$3 \times 20 \times \frac{1}{6} = 10\,(cm^2)$

5 じゃんけんで勝った人にだけ6本ずつ鉛筆を配る場合と，全員に，$6 \div 2 = 3$(本)ずつ鉛筆を配る場合に，必要な鉛筆の本数は同じなので，全員に5本ずつ配る場合と3本ずつ配る場合に必要な鉛筆の本数の差は，$16 + 36 = 52$(本)　1人に配る鉛筆の本数の差は，$5 - 3 = 2$(本)なので，クラスの人数は，$52 \div 2 = 26$(人)

6 水を移す前と後で，水を含めたコップの重さの和は一定なので，比の和をそろえると，移す前は，$(3 \times 9):(2 \times 9) = 27:18$，移した後は，$(5 \times 5):(4 \times 5) = 25:20$　よって，$27 - 25 = 2$にあたるのが水24gなので，移した後の水を含めたコップA，Bの重さはそれぞれ，$24 \times \frac{25}{2} = 300$(g)，$24 \times \frac{20}{2} = 240$(g)　したがって，水の重さの比の差の，$3 - 2 = 1$にあたるのが，$300 - 240 = 60$(g)なので，移した後のコップAの水の重さは，$60 \times \frac{3}{1} = 180$(g)で，コップ1つの重さは，$300 - 180 = 120$(g)

7 姉と妹の1日に読むページ数の差は，$24 - 16 = 8$(ページ)　もし，妹が姉と同じ日数しか読まなかったとすると，読んだ本のページ数は，$16 \times 4 = 64$(ページ)少なくなるから，姉が読んだ日数は，$64 \div 8 = 8$(日)　よって，本のページ数は，$24 \times 8 = 192$(ページ)

8 斜線部分の形より，正六角形の1辺の長さは，$30 \div 3 = 10$(cm)　また，正六角形の角の和は，$180° \times 4 = 720°$なので，1つの角の大きさは，$720° \div 6 = 120°$　これより，斜線部分は右図のように，半径が30cm，中心角が，$360° - 120° = 240°$のおうぎ形と，半径が，$30 - 10 = 20$(cm)，中心角が，$180° - 120° = 60°$のおうぎ形2個と，半径が，$30 - 10 \times 2 = 10$(cm)，中心角が，$180° - 120° = 60°$のおうぎ形2個に分けられる。よって，求める面積は，$30 \times 30 \times 3.14 \times \frac{240}{360} + 20 \times 20 \times 3.14 \times \frac{60}{360} \times 2 + 10 \times 10 \times 3.14 \times \frac{60}{360} \times 2 = 2407.333\cdots$より，$2407.33cm^2$。

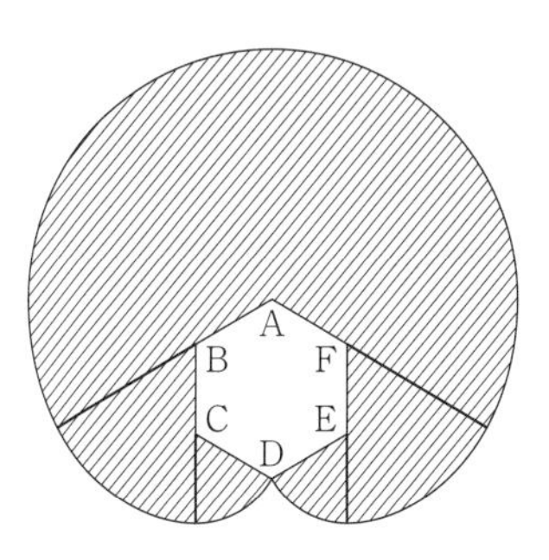

9 3辺の長さが4cm，8cm，5cmの直方体の体積は，$4 \times 8 \times 5 = 160\,(cm^3)$　3辺の長さが，2cm，7cm，3cmの直方体の体積は，$2 \times 7 \times 3 = 42\,(cm^3)$　3辺の長さが，$2 - 1 = 1$(cm)，$7 - 5 = 2$(cm)，$3 - 1.5 = 1.5$(cm)の直方体の体積は，$1 \times 2 \times 1.5 = 3\,(cm^3)$　よって，求める体積は，$160 - 42 + 3 = 121\,(cm^3)$

10 六角形の角の和は，$180° \times (6 - 2) = 720°$なので，六角形ABCDEFの1つの角の大きさは，$720° \div 6 = 120°$　これより，右図のようにAF，BC，DEをのばして，三角形GHIをつくると，●印の角はすべて，$180° - 120° = 60°$なので，三角形GFE，AHB，DCIは正三角形となり，また，三角形GHIも正三角形となる。$GE = EF = 30cm$，$DI = CD = 20cm$なので，三角形GHIの一辺の長さは，$30 + 40 + 20 = 90$(cm)　$HB = AB = 10cm$，$CI = CD = 20cm$なので，$BC = 90 - (10 + 20) = 60$(cm)

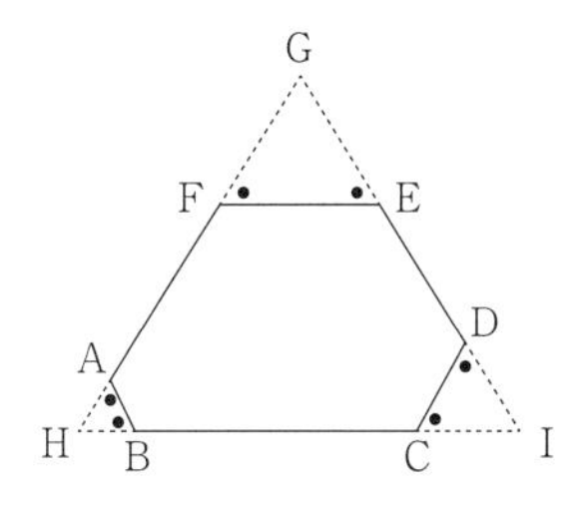

第37回

1 140　2 314　3 10　4 25　5 3　6 9　7 1440(m)　8 7.6(m)　9 19.2
10 ① 240(cm^2)　② 14(秒後)

解　説

1 与式 $= \frac{1}{6} \div \frac{1}{20} \div \frac{1}{42} = \frac{1}{6} \times 20 \times 42 = 140$

2 $\frac{157}{50} \times 14 - \frac{157}{25} \times 2 + 15.7 \times 18 = 1.57 \times 2 \times 14 - 1.57 \times 4 \times 2 + 1.57 \times 10 \times 18 = 1.57 \times (28 - 8 + 180) = 1.57 \times 200 = 314$

3 $\left(\frac{128}{7} - \frac{15}{4} \times \frac{\square}{3}\right) \times \frac{35}{9} = \frac{25}{3} + \frac{85}{6} = \frac{45}{2}$ より，$\frac{128}{7} - \frac{15}{4} \times \frac{\square}{3} = \frac{45}{2} \div \frac{35}{9} = \frac{81}{14}$ だから，$\frac{15}{4} \times \frac{\square}{3} = \frac{128}{7} - \frac{81}{14} = \frac{25}{2}$ より，$\frac{\square}{3} = \frac{25}{2} \div \frac{15}{4} = \frac{10}{3}$　よって，$\square = 10$

4 与式 $= 2 + 4 \times (2 + 4) - 2 \div (4 - 2) = 2 + 24 - 1 = 25$

5 1本のバラをゆりに代えると，$35 + 25 = 60$（円）安くなり，チューリップにかえると35円安くなる。$285 \div 60 = 4$ あまり45より，バラをゆりに代えられる最大の本数は4。4本代えたとき，あと45円安くなればよいが，$45 \div 35 = 1$ あまり10より，バラを1本チューリップに代えても10円残る。3本代えたとき，あと，$285 - 60 \times 3 = 105$（円）安くなればよいので，$105 \div 35 = 3$ より，3本チューリップに代えればよい。同様に考えると，2本代えたときは，$285 - 60 \times 2 = 165$ で，$165 \div 35 = 4$ あまり25，1本代えたときは，$285 - 60 = 225$ で，$225 \div 35 = 6$ あまり15，1本も代えなかったとき，$285 \div 35 = 8$ あまり5より，これらは適さないので，買ったチューリップは3本。

6 a と c の和は52，差は8だから，a は，$(52 + 8) \div 2 = 30$　よって，b は，$39 - 30 = 9$

7 待ち合わせの時刻まで歩くと，家から図書館までの道のりより，$60 \times 4 = 240$（m）短い道のりしか進めず，待ち合わせの時刻まで自転車に乗って進むと，家から図書館までの道のりより，$160 \times 11 = 1760$（m）長い道のりを進むことができる。これらの場合で，進める道のりの差は，$240 + 1760 = 2000$（m）で，1分間に進む道のりの差は，$160 - 60 = 100$（m）なので，出発してから待ち合わせの時刻までは，$2000 \div 100 = 20$（分）よって，家から図書館まで歩くと，$20 + 4 = 24$（分）かかるので，家から図書館までの道のりは，$60 \times 24 = 1440$（m）

8 右図のように，街灯ABからのT君のかげの先頭をF，街灯CDからのかげの先頭をGとする。三角形ABFと三角形TEFは拡大・縮小の関係なので，AB：TE $= 4.2 : 1.2 = 7 : 2$ より，BE：EF $= (7 - 2) : 2 = 5 : 2$ なので，EF $= 9 \times \frac{2}{5} = 3.6$（m）　また，三角形CGDと三角形TGEは拡大・縮小の関係なので，CD：TE $= 3 : 1.2 = 5 : 2$ より，DE：EG $= (5 - 2) : 2 = 3 : 2$ なので，EG $= (15 - 9) \times \frac{2}{3} = 4$（m）　よって，かげの長さの合計は，$3.6 + 4 = 7.6$（m）

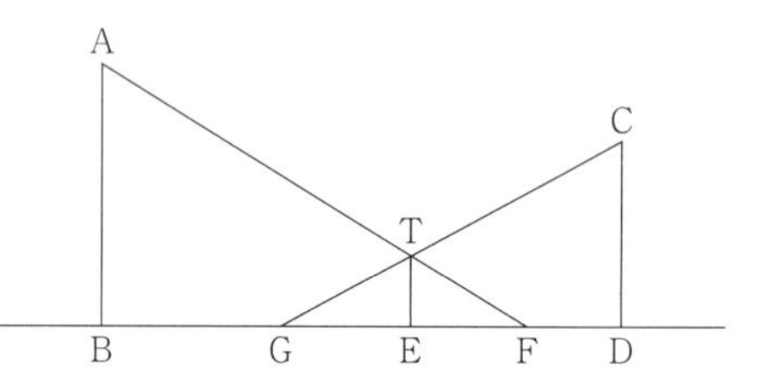

9 三角形ABCは直角三角形なので，面積は，$16 \times 12 \div 2 = 96$（cm^2）　三角形AECは三角形ABCをACで折り曲げたものなので合同で，面積も等しいから，四角形ABCEの面積は，$96 \times 2 = 192$（cm^2）　また，四角形ABCEはACを対称の軸に線対称な図形であり，BEとACは垂直に交わる。よって，四角形ABCEの面積は，BE × AC ÷ 2でも求めることができるので，BEの長さは，$192 \times 2 \div 20 = 19.2$（cm）

10 ① AP $= 1.5 \times 8 = 12$（cm），PB $= 24 - 12 = 12$（cm）なので，三角形APEの面積は，$12 \times 10 \div 2 = 60$（cm^2），三角形PBCの面積は，$12 \times 30 \div 2 = 180$（cm^2）　また，台形ABCEの面積は，$(10 + 30) \times 24 \div 2 = 480$（cm^2）　よって，三角形PCEの面積は，$480 - (60 + 180) = 240$（cm^2）

② 三角形APEと三角形PBCの面積の和が，$480 - 330 = 150$（cm^2）になればよい。ここで，点Pが動き始める前の三角形APEの面積は0，三角形PBCの面積は，$24 \times 30 \div 2 = 360$（cm^2）なので，その和は360cm^2。ここから1秒後ごとに，APの長さは1.5cm長くなり，BPの長さは1.5cm短くなるので，三角形

APEの面積は，$1.5 \times 10 \div 2 = 7.5$ (cm^2)ずつ増え，三角形PBCの面積は，$1.5 \times 30 \div 2 = 22.5$ (cm^2)ずつ減る。よって，三角形APEと三角形PBCの面積の和は，1秒ごとに，$22.5 - 7.5 = 15$ (cm^2)ずつ減るので，求める時間は，$(360 - 150) \div 15 = 14$ (秒後)

第38回

1 $\frac{5}{2}$　2 4　3 $\frac{5}{7}$　4 (順に) 2，48　5 72　6 あ．240　い．300　7 800　8 75.36 (cm)
9 ① 7.2 (秒後)　② 3.6 (秒後)　10 16 (cm^2)

解説

1 与式$= \frac{9}{4} \div \frac{18}{5} \times \frac{14}{3} \times \frac{39}{7} \div \frac{13}{2} = \frac{9}{4} \times \frac{5}{18} \times \frac{14}{3} \times \frac{39}{7} \times \frac{2}{13} = \frac{5}{2}$

2 与式$= \left(\frac{3}{2} - \frac{1}{2}\right) + \left(\frac{5}{3} - \frac{2}{3}\right) + \left(\frac{7}{4} - \frac{3}{4}\right) + \left(\frac{9}{5} - \frac{4}{5}\right) = 1 + 1 + 1 + 1 = 4$

3 $\frac{4}{3} \div \frac{12}{7} \div \frac{1}{3} \times \frac{3}{7} = 1$，$\frac{5}{2} \times \frac{3}{5} = \frac{3}{2}$，$\frac{9}{5} \div \frac{18}{5} \times 8 = 4$より，$1 + \frac{5}{2} \div \square + \frac{3}{2} - 4 = 2$となるから，$\frac{5}{2} \div \square = 2 + 4 - \frac{3}{2} - 1 = \frac{7}{2}$　よって，$\square = \frac{5}{2} \div \frac{7}{2} = \frac{5}{7}$

4 24と28の最小公倍数より，168秒後。よって，2分48秒後。

5 大人1人の入場料を5とすると，$5 \times 5 + 2 \times 15 = 55$にあたるのが16500円なので，1にあたる金額は，$16500 \div 55 = 300$ (円)で，入場料は，大人1人が，$300 \times 5 = 1500$ (円)，子ども1人が，$300 \times 2 = 600$ (円)　入場者150人全員が子どもだったとすると，入場料の合計は，$600 \times 150 = 90000$ (円)で，実際より，$154800 - 90000 = 64800$ (円)少ない。子どもの代わりに大人の入場者が1人いるごとに入場料の合計は，$1500 - 600 = 900$ (円)多くなるので，大人の入場者は，$64800 \div 900 = 72$ (人)

6 太郎さんと次郎さんの速さの差は毎分，$5000 \div (60 \times 2 + 5) = 40$ (m)　よって，次郎さんの速さは毎分，$200 + 40 = 240$ (m)　また，太郎さんと花子さんの速さの和は毎分，$5000 \div 10 = 500$ (m)　よって，花子さんの速さは毎分，$500 - 200 = 300$ (m)

7 大西君，中西君，小野君の所持金の比は，$\left(\frac{2}{3} \times \frac{2}{3}\right) : \frac{2}{3} : 1 = 4 : 6 : 9$　よって，大西君の所持金は，$3800 \times \frac{4}{4 + 6 + 9} = 800$ (円)

8 円の中心Aが描く図形は，右図の太線になる。図で，円の中心を結んでできる三角形は1辺が，$2 \times 2 = 4$ (cm)の正三角形だから，太線部分は，半径がいずれも4cmで，中心角が，$180° - 60° \times 2 = 60°$と，$360° - (90° + 60° \times 2) = 150°$のおうぎ形の曲線部分でできている。60°のおうぎ形が8個，150°のおうぎ形が4個あるので，求める長さは，$4 \times 2 \times 3.14 \times \frac{60 \times 8 + 150 \times 4}{360} = 75.36$ (cm)

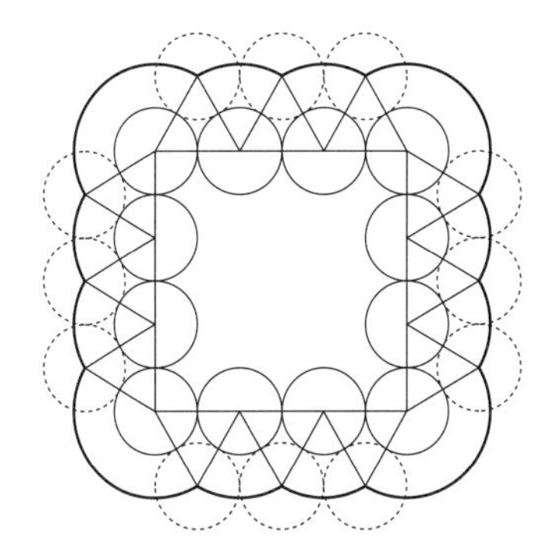

9 ① 点Qは出発してから，$18 \div 3 = 6$ (秒後)に点Cに着き，そのとき，$DP = 18 - 2 \times 6 = 6$ (cm)　よって，$6 + 6 \div (2 + 3) = 7.2$ (秒後)

② APとCQの長さが等しくなるとき，つまり，APとBQの長さの和が18cmになるときより，$18 \div (2 +$

3) = 3.6 (秒後)

10 右図のように，ア，イ，ウとする。条件より，イの面積と(ア＋ウ)の面積は等しいので，イの面積を 2 とすると，アの面積とウの面積はともに 1 となる。よって，イの面積は長方形 1 枚の，$\frac{2}{1+2}=\frac{2}{3}$ とわかるので，$6 \times 4 \times \frac{2}{3} = 16$ (cm^2)

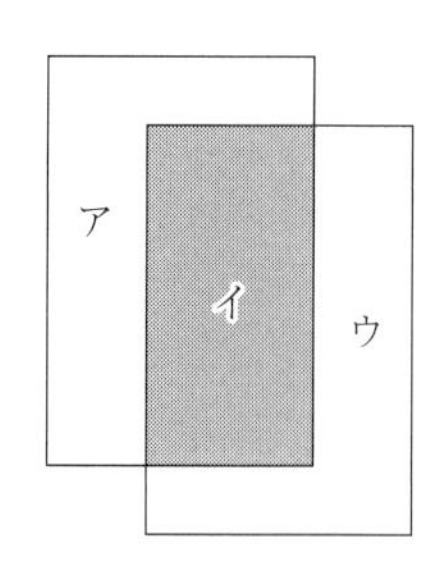

第39回

1 $\frac{28}{9}$　2 280　3 $\frac{3}{4}$　4 50 (個)　5 B，E　6 86.4 (L)　7 800 (g)　8 $\frac{440}{21}$ (cm)
9 22.365 (cm^2)　10 6.5

解説

1 与式＝$\frac{21}{10} \times \frac{5}{3} - \frac{7}{18} = \frac{7}{2} - \frac{7}{18} = \frac{28}{9}$

2 与式＝$(23+17)+(34+26)+(45+35)+(56+44)=40+60+80+100=280$

3 $14.4 - 9\frac{1}{4} \div 1.11 = \frac{72}{5} - \frac{37}{4} \times \frac{100}{111} = \frac{72}{5} - \frac{25}{3} = \frac{91}{15}$ だから，$\frac{18}{13} \times \frac{91}{15} - \left(\square - \frac{3}{5}\right) \times 16 = 6$ より，$\left(\square - \frac{3}{5}\right) \times 16 = \frac{18}{13} \times \frac{91}{15} - 6 = \frac{42}{5} - 6 = \frac{12}{5}$　よって，$\square - \frac{3}{5} = \frac{12}{5} \div 16 = \frac{3}{20}$ より，$\square = \frac{3}{20} + \frac{3}{5} = \frac{3}{4}$

4 3 で割り切れる数は，$100 \div 3 = 33$ あまり 1 より，33 個，4 で割り切れる数は，$100 \div 4 = 25$ より，25 個，3 と 4 の公倍数である 12 で割り切れる数は，$100 \div 12 = 8$ あまり 4 より，8 個なので，3 か 4 のうち少なくとも一方で割り切れる数は，$33 + 25 - 8 = 50$ (個)　よって，3 でも 4 でも割り切れない数は，$100 - 50 = 50$ (個)

5 表が 4 回出たときは，時計回りに 8 進むので E。表が 3 回，裏が 1 回出たときは，時計回りに，$2 \times 3 - 1 = 5$ 進むので B。表が 2 回，裏が 2 回出たときは，時計回りに，$2 \times 2 - 1 \times 2 = 2$ 進むので E。表が 1 回，裏が 3 回出たときは，反時計回りに，$1 \times 3 - 2 \times 1 = 1$ 進むので B。裏が 4 回出たときは反時計回りに，$1 \times 4 = 4$ 進むので E。よって，B か E。

6 水そうに入った水の量を 1 とすると，1 時間に A は $\frac{1}{6}$，B は $\frac{1}{4}$ くみ上げる。1 時間に 2 つのポンプがくみ上げる水量の差は，$1.8 \div \frac{15}{60} = 7.2$ (L)　これが，水そうの容量の，$\frac{1}{4} - \frac{1}{6} = \frac{1}{12}$ にあたる。よって，$7.2 \div \frac{1}{12} = 86.4$ (L)

7 12 %と 4 %の食塩水を混ぜて 8 %の食塩水をつくると，右図のアとイの長方形の面積が等しくなる。イの面積は，$(8-4) \times 400 = 1600$ なので，12 %の食塩水の重さは，$1600 \div (12-8) = 400$ (g)　12 %の食塩水 400g の中にふくまれる食塩の重さは，$400 \times 0.12 = 48$ (g)　これが 6 %の食塩水にふくまれていた食塩の重さなので，6 %の食塩水の重さは，$48 \div 0.06 = 800$ (g)

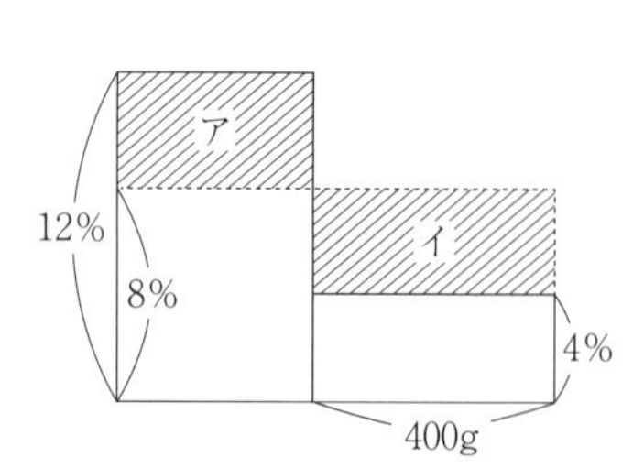

8 円の中心は次図のように，半径，$1 + 3 = 4$ (cm)のおうぎ形の曲線部分を動く。この図で，CD ＝ DE ＝ 1 ×

$4 = 4$ (cm)より，三角形ADEと三角形BCDは1辺が4cmの正三角形なので，角ア＝角ウ＝$180° - 60° = 120°$，角イ＝$180° - 60° \times 2 = 60°$となり，求める長さは，$4 \times 2 \times \frac{22}{7} \times \frac{120 \times 2 + 60}{360} = \frac{440}{21}$ (cm)

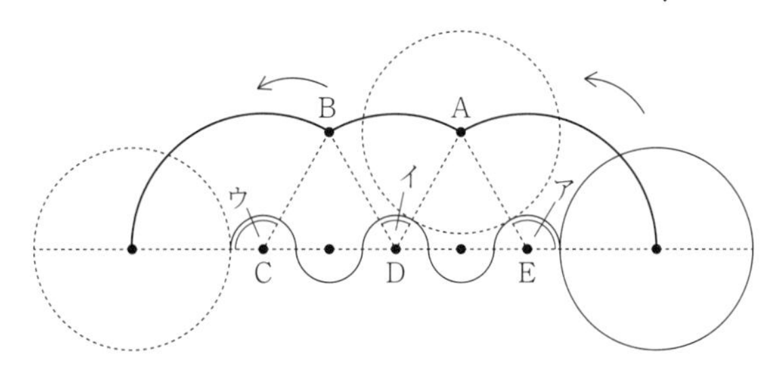

9 右図のように，AEとDCの交点をFとし，EからDCに垂直な直線OEをひくと，点Oは半円の中心になる。半円の半径は，$6 \div 2 = 3$ (cm)　ADとOEは平行なので，三角形ADFは三角形EOFの拡大図になり，DF：OF＝AD：EO＝12：3＝4：1　DFの長さは，$3 \times \frac{4}{4+1} = 2.4$ (cm)なので，三角形ADFの面積は，$12 \times 2.4 \div 2 = 14.4$ (cm^2)　OFの長さは，$3 - 2.4 = 0.6$ (cm)なので，三角形EOFの面積は，$3 \times 0.6 \div 2 = 0.9$ (cm^2)　おうぎ形OCEの面積は，$3 \times 3 \times 3.14 \times \frac{90}{360} = 7.065$ (cm^2)　よって，斜線部分の面積は，$14.4 + 0.9 + 7.065 = 22.365$ (cm^2)

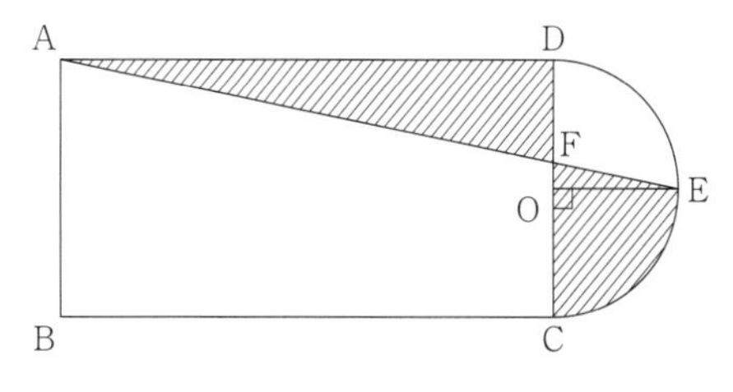

10 水そうに入っている水の体積とおもりの体積の比は，(13 × 12 × □)：(6 × □ × 6)＝13：3で，これは，（図1）の水そうで水が入っている部分の深さと水が入っていない部分の深さの比と等しい。よって，□$= 8 \times \frac{13}{13+3} = 6.5$ (cm)

第40回

1 $\frac{87}{10}$　2 30　3 7　4 167.8　5 (ア) 300 (m)　(イ) 兄(が) $\frac{1}{2}$ (分)　6 1：4：1　7 50 (度)

8 ① 77.4 (cm^3)　② 229.68 (cm^2)　9 (ABの長さ) 9 (cm)　(BCの長さ) $\frac{20}{3}$ (cm)　10 13：41

解説

1 与式$= \frac{11}{7} \times \frac{5}{3} \times \frac{9}{2} - \frac{9}{5} \times \frac{9}{14} \times \frac{8}{3} = \frac{165}{14} - \frac{108}{35} = \frac{825}{70} - \frac{216}{70} = \frac{609}{70} = \frac{87}{10}$

2 与式$= 1.25 \times 2.4 + 1.25 \div 2 \times 14.4 + 1.25 \times 3 \times 4.8 = 1.25 \times 2.4 + 1.25 \times 7.2 + 1.25 \times 14.4 = 1.25 \times (2.4 + 7.2 + 14.4) = \frac{5}{4} \times 24 = 30$

3 □ × (1 + 21) ÷ 11 + □ × 11 = 91より，□ × 2 + □ × 11 = 91　よって，□ × 13 = 91となるので，□ = 91 ÷ 13 = 7

4 1km＝1000m＝100000cmより，$\frac{7}{10000}$kmは，$\frac{7}{10000} \times 100000 = 70$ (cm)　よって，与式＝30cm＋24.8cm＋43cm＋70cm＝167.8cm

5(ア) 兄と弟は出発してからすれちがうまでに合わせて，$2700 \times 2 = 5400$ (m)進む。この間，兄と弟は1分間に合わせて，$200 + 160 = 360$ (m)進むので，2人がすれちがうのは出発してから，$5400 \div 360 = 15$ (分後)

弟の進んだ道のりより，すれちがうのはA地点から，$160 \times 15 = 2400$ (m)のところなので，B地点からは，$2700 - 2400 = 300$ (m)のところ。

(イ) 兄がA地点にもどるのは出発してから，$5400 \div 200 = 27$ (分後)　弟は兄とすれちがったあと，$300 + 2700 = 3000$ (m)進まなければならず，これにかかる時間は，$3000 \div 240 = 12\frac{1}{2}$ (分)なので，弟がA地点にもどるのは出発してから，$15 + 12\frac{1}{2} = 27\frac{1}{2}$ (分後)　よって，兄が，$27\frac{1}{2} - 27 = \frac{1}{2}$ (分)早くA地点にもどる。

6 はじめにAさんが持っていたのは，$60 \div (3 + 1) = 15$ (個)で，Bさんは，$60 - 15 = 45$ (個)　この後，2人はCさんにそれぞれ5個ずつわたすので，Aさんは，$15 - 5 = 10$ (個)，Bさんは，$45 - 5 = 40$ (個)，Cさんは，$5 + 5 = 10$ (個)　よって，求める比は，$10 : 40 : 10 = 1 : 4 : 1$

7 この時計の長針は1分間に，$360° \div 60 = 6°$動く。また，短針は1時間に，$360° \div 24 = 15°$動き，1分間に，$15 \div 60 = 0.25°$動く。よって，長針は短針より1分間で，$6° - 0.25° = 5.75°$多く動き，この時計で午前11時のときの小さいほうの角度は，$360° \times \frac{11}{24} = 165°$なので，午前11時20分のとき，短針と長針のつくる角は，$165° - 5.75° \times 20 = 50°$

8 ① この展開図を組み立てると，右図のような直方体から円柱の一部を切り取った立体ができる。この立体の底面積は，$6 \times 6 - 6 \times 6 \times 3.14 \times \frac{90}{360} = 7.74$ (cm^2)　よって，求める体積は，$7.74 \times 10 = 77.4$ (cm^3)

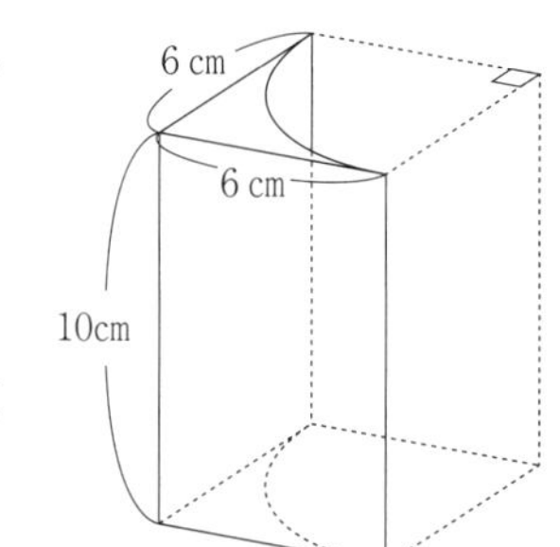

② 底面の周の長さは，$6 + 6 + 2 \times 6 \times 3.14 \times \frac{90}{360} = 21.42$ (cm)なので，この立体の側面積は，$10 \times 21.42 = 214.2$ (cm^2)　よって，求める表面積は，$214.2 + 7.74 \times 2 = 229.68$ (cm^2)

9 右図のようにㆄの直角三角形をもう1つ組み合わせると，長方形PQRSの面積は，$(10 \times 3) \times 4 = 120$ (cm^2)　したがって，$QR = 120 \div 10 = 12$ (cm)より，$AB = QC = 12 - 3 = 9$ (cm)　また，長方形AQCBの面積はㆅの2倍で，$(10 \times 3) \times 2 = 60$ (cm^2)なので，$BC = 60 \div 9 = \frac{20}{3}$ (cm)

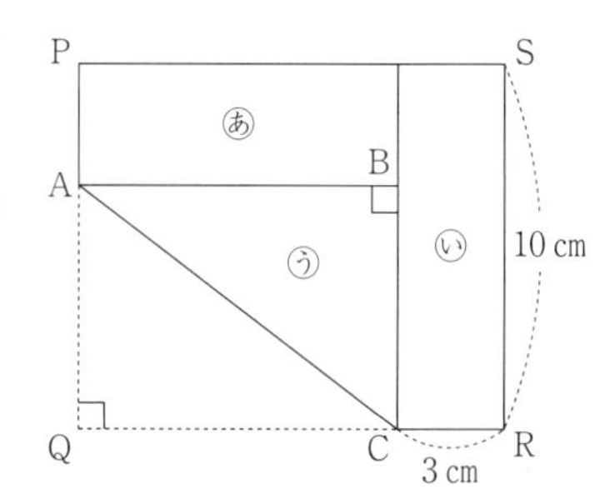

10 右図のように，AEとIFの延長線の交点をKとすると，KHがADと交わる点がJとなる。このとき，三角形AIKと三角形EFKは拡大・縮小の関係で，$AI : EF = AI : AB = 1 : (1 + 2) = 1 : 3$　これより，三角すいK―EFHは三角すいK―AIJの辺の長さを3倍に拡大した図形とわかるので，三角すいK―EFHと三角すいK―AIJの体積の比は，$(3 \times 3 \times 3) : (1 \times 1 \times 1) = 27 : 1$　ここで，三角すいK―AIJの体積を1とすると，三角すいK―EFHの体積は27で，立体AIJ―EFHの体積は，$27 - 1 = 26$　また，$KA : KE = AI : EF = 1 : 3$より，$KA : AE = 1 : (3 - 1) = 1 : 2$で，三角すいA―EFHの高さが三角すいK―EFHの高さの，$\frac{2}{1 + 2} = \frac{2}{3}$なので，三角すいA―EFHの体積は，$27 \times \frac{2}{3} = 18$　さらに，三角柱ABD―EFHの体積は三角すいA―EFHの体積の3倍なので，三角柱ABD―EFHの体積は，$18 \times 3 = 54$となり，直方体ABCD―EFGHの体積は，$54 \times 2 = 108$　よって，求める体積の比は，$26 : (108 - 26) = 26 : 82 = 13 : 41$

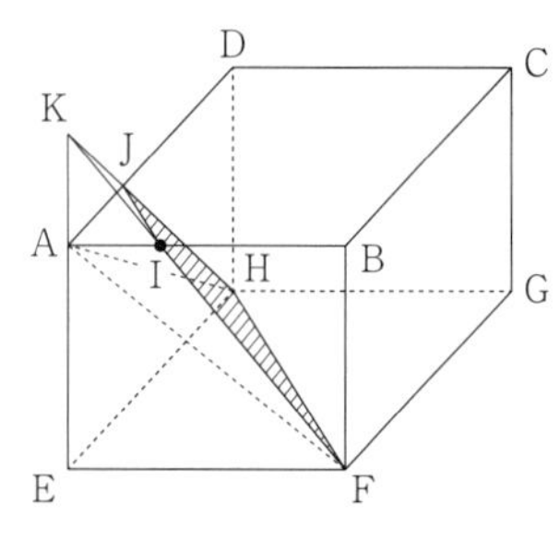

第41回

1 $\frac{3}{5}$　2 16　3 6　4 2.45　5 ア．12　イ．6　6 50　7 5　8 3　9 (x =) 32　10 15 (度)

解説

1 与式 $= 4 \times \left(\frac{1}{4} - \frac{1}{6} \div \frac{5}{3}\right) = 4 \times \left(\frac{1}{4} - \frac{1}{10}\right) = 4 \times \frac{3}{20} = \frac{3}{5}$

2 与式 $= 88 \times 3 \times 0.125 - 40 \times 0.125 + 24 \times 0.125 - 40 \times 3 \times 0.125 = (264 - 40 + 24 - 120) \times 0.125 = 128 \times \frac{1}{8} = 16$

3 $\frac{36}{5} \div \frac{\square}{5} = \frac{36}{5} \times \frac{5}{\square} = \frac{36}{\square}$ より，$\frac{36}{\square} = \frac{36 - \square}{5}$　よって，$\square \times (36 - \square) = 36 \times 5 = 180$　ここで，$\square$をA，$36 - \square$をBとすると，A × B = 180，A + B = $\square + 36 - \square = 36$となり，180 = 1 × 180 = 2 × 90 = 3 × 60 = 4 × 45 = 5 × 36 = 6 × 30 = 9 × 20 = 10 × 18 = 12 × 15と表すことができるから，条件に合う(A，B)は，(6，30)か(30，6)で，$\square = 6$，または30。ただし，$\frac{\square}{5}$はそれ以上約分できない分数だから，$\square = 6$

4 1 L = 1000mℓより，350mℓは，350 ÷ 1000 = 0.35 (L)で，水1 Lの重さが1 kgなので，1本の重さは0.35kg。よって，7本では，0.35 × 7 = 2.45 (kg)

5 2つのバスがはじめて出会うのは，21 ÷ (60 + 45) × 60 = 12 (分後)　また，2つのバスは同じ時間停車するから，停車しないで走り続けても2回目に出会う地点は変わらない。よって，2回目に出会うのは2つのバスの走ったきょりが町P，Qのきょりの3倍になるときなので，出発してから，$21 \times 3 \div (60 + 45) = \frac{3}{5}$ (時間)走り続けたときで，P町から，$45 \times \frac{3}{5} - 21 = 6$ (km)

6 四隅に必ず植えるので，木と木の間の長さは，96と54の最大公約数である6 m。これより，木と木の間の数は，96 ÷ 6 × 2 + 54 ÷ 6 × 2 = 50 (か所)　土地のまわりに木を植えるとき，木の本数と木と木の間の数は等しいので，木の本数は50本。

7 1番目の数，2番目の数までの和，3番目の数までの和，4番目の数までの和，5番目の数までの和，6番目の数までの和，7番目の数までの和，…を求めると，1，1 + 2 = 3，3 + 4 = 7，7 + 8 = 15，15 + 16 = 31，31 + 32 = 63，63 + 64 = 127，…となり，新たに並ぶ数は前の数までの和より1大きくなる。以降も同様に求めると，8番目の数までの和は，127 + 128 = 255　9番目の数までの和は，255 + 256 = 511　10番目の数までの和は，511 + 512 = 1023　2倍する前の数は，2014 ÷ 2 = 1007なので，足すのをわすれた数は，1023 − 1007 = 16より，5番目の数。

8 2点が合わせて，2 × 6 = 12 (cm)進むごとに重なるので，1回重なるまでに，12 ÷ (2 + 1) = 4 (秒)かかる。よって，14 ÷ 4 = 3余り2より，重なる回数は3回。

9 折り返す前後で同じ部分の角の大きさは等しいので，右図の角アの大きさは，(90° − 54°) ÷ 2 = 18°　また，角イの大きさは，180° − 134° = 46°なので，三角形の外角より，$x \times 2 = 18 + 46 = 64$　よって，$x = 64 \div 2 = 32$

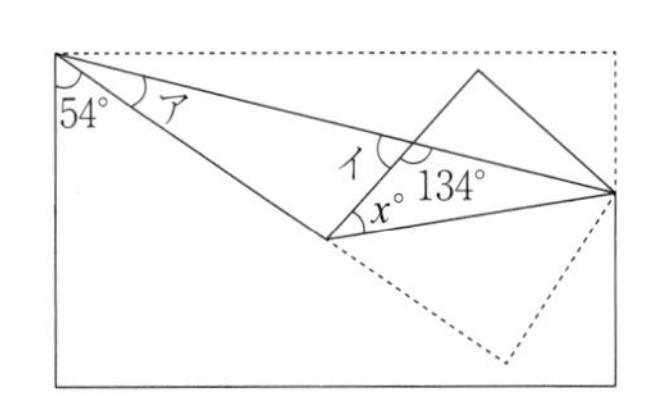

⑩ 直角二等辺三角形ABCと三角形DBCの高さを1とすると，BCとBDの長さは，$1 \times 2 = 2$となる。右図のように，三角形DBCをBCで折り返して三角形EBCをかくと，三角形DBEは正三角形になる。よって，角DBCの大きさは，$60° \div 2 = 30°$　角㋐の大きさは，$45° - 30° = 15°$

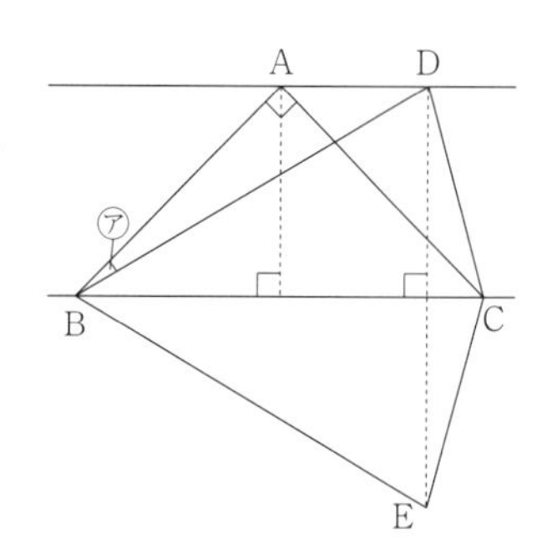

第42回

⑴ 1　⑵ 99.99　⑶ $\frac{2}{13}$　⑷ 1.2　⑸ 41（回）　⑹ 2（時間）　⑺ 201（本）　⑻ 174.27（m^2）
⑼ 62.8（cm^3）　⑽ 23（度）

解説

⑴ 与式$= \frac{5}{6} + \frac{1}{2} \times \left(3\frac{1}{2} - 3\frac{1}{6}\right) = \frac{5}{6} + \frac{1}{2} \times \frac{1}{3} = \frac{5}{6} + \frac{1}{6} = 1$

⑵ 与式$= 123.45 \times 99.99 \div 100 + 0.2345 \div 100 - 23.45 = 1.2345 \times 99.99 + 0.2345 \times 0.01 - 0.2345 \times 100 = 1.2345 \times 99.99 + 0.2345 \times 0.01 - 0.2345 \times 99.99 - 0.2345 \times 0.01 = 1.2345 \times 99.99 - 0.2345 \times 99.99 = (1.2345 - 0.2345) \times 99.99 = 1 \times 99.99 = 99.99$

⑶ $60 \div \square - 26 \times 3 = 24 \times 91 \div 7 = 24 \times 13$　よって，$60 \div \square = 24 \times 13 + 26 \times 3 = 24 \times 13 + 13 \times 6 = 30 \times 13$より，$\square = 60 \div (30 \times 13) = \frac{2}{13}$

⑷ 600000kLは$600000m^3$で，5haは，$5 \times 10000 = 50000$（m^2）なので，与式$= 600000m^3 \div 50000m^2 \times 10m = 12m \times 10m = 120m^2 = 1.2a$

⑸ A君は，$60 \times 2 \div 10 = 12$（秒）ごと，B君は，$60 \times 1 \div 10 = 6$（秒）ごとに1周するから，2人は12秒ごとに同時にP地点を通過する。よって，$500 \div 12 = 41$あまり8より，41回。

⑹ 船が川を上る速さは毎時，$40 \div 5 = 8$（km）なので，川の流れの速さは毎時，$12 - 8 = 4$（km）　よって，船が川を下る速さは毎時，$16 + 4 = 20$（km）なので，かかる時間は，$40 \div 20 = 2$（時間）

⑺ 1個目の三角形をつくるのにマッチ棒は3本必要で，以後，三角形を1個増やすごとにマッチ棒は2本ずつ必要になる。100個の三角形をつくるのは1個目の三角形に，$100 - 1 = 99$（個）の三角形を増やしていけばよいので，必要なマッチ棒は，$3 + 2 \times 99 = 201$（本）

⑻ 羊が動くことのできる部分は，右図のしゃ線部分。よって，$9 \times 9 \times 3.14 \times \frac{180}{360} + 6 \times 6 \times 3.14 \times \frac{120}{360} + 3 \times 3 \times 3.14 \times \frac{120}{360} = 174.27$（$m^2$）

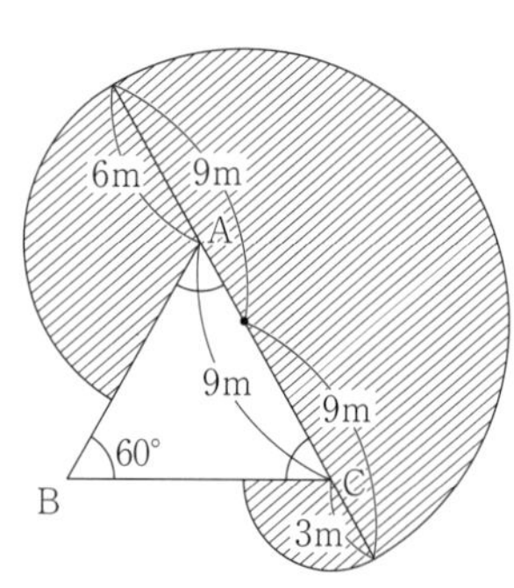

⑼ この三角形を，直線ℓを軸として1回転させたときにできる立体は，底面の半径が，$2 + 1 = 3$（cm）で高さが，$3 \times \frac{6}{2} = 9$（cm）の円すいから，底面の半径が1cmで高さが，$9 - 6 = 3$（cm）の円すいと，底面の半径

が1cmで高さが6cmの円柱を取りのぞいた立体になる。よって，この立体の体積は，$3 \times 3 \times 3.14 \times 9 \div 3 - 1 \times 1 \times 3.14 \times 3 \div 3 - 1 \times 1 \times 3.14 \times 6 = 62.8$ (cm^3)

10 右図において，直線 a と直線 b が平行だから，角 FAC = 角 ECA　角 EAC = 角 FAC より，角 EAC = 角 ECA だから，角 BED = 角 EAC + 角 ECA = 2 × 角 ECA　角 BED + 角 EBD = 角 ADB より，角 BED = 角 ADB − 角 EBD = 90° − 44° = 46°　よって，2 × 角 ECA = 46° より，角 ECA つまりアの角の大きさは，46° ÷ 2 = 23°

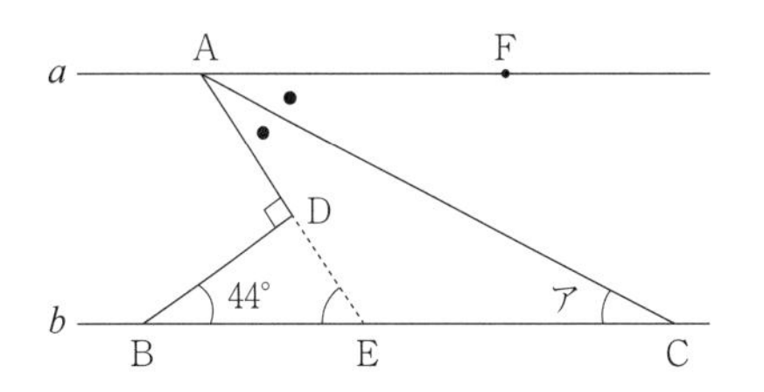

第43回

1 $\frac{9}{10}$　2 $\frac{5}{14}$　3 10　4 53 (回)　5 (秒速) 14 (m)　320 (m)　6 500　7 65　8 124.56 (cm)
9 9　10 16 (cm^2)

解説

1 与式 $= \left(\frac{15}{28} \div 3 + \frac{29}{14}\right) \times \frac{2}{5} = \left(\frac{5}{28} + \frac{29}{14}\right) \times \frac{2}{5} = \frac{9}{4} \times \frac{2}{5} = \frac{9}{10}$

2 与式 $= \left(\frac{1}{2} - \frac{1}{3}\right) + \left(\frac{1}{3} - \frac{1}{4}\right) + \left(\frac{1}{4} - \frac{1}{5}\right) + \left(\frac{1}{5} - \frac{1}{6}\right) + \left(\frac{1}{6} - \frac{1}{7}\right) = \frac{1}{2} - \frac{1}{7} = \frac{5}{14}$

3 7 × (1 + 11 + 111) ÷ (133 − □) = 7 より，123 ÷ (133 − □) = 7 ÷ 7 = 1 だから，133 − □ = 123 ÷ 1 = 123　よって，133 − □ = 123 だから，□ = 133 − 123 = 10

4 2014年の1月6日は月曜日だから，1月1日は水曜日。365 ÷ 7 = 52 あまり 1 より，52週と1日あるので，12月31日は水曜日。よって，52 + 1 = 53 (回)

5 (普通列車の速さ) × 50 = (普通列車の長さ) + (橋の長さ) で，(急行列車の速さ) × 40 = (急行列車の長さ) + (橋の長さ) になる。急行列車の速さは普通列車の速さの1.4倍なので，(普通列車の速さ) × 1.4 × 40 − (普通列車の速さ) × 50 = (普通列車の速さ) × 6　(普通列車の速さ) × 6 は急行列車の長さと普通列車の長さの差の，240 − 180 = 60 (m) にあたる。よって，普通列車の速さは秒速，60 ÷ 6 = 10 (m) なので，急行列車の速さは秒速，10 × 1.4 = 14 (m)　また，橋の長さは，10 × 50 − 180 = 320 (m)

6 定価は，10000 × (1 + 0.4) = 14000 (円) だから，売り値は，14000 × (1 − 0.25) = 10500 (円)　よって，利益は，10500 − 10000 = 500 (円)

7 順に10cmずつ長くなっているので，一番長い棒を基準にすると，残りの3本の棒は，順に，10cm，10 × 2 = 20 (cm)，10 × 3 = 30 (cm) 短い。よって，2m = 200cm より，一番長い棒の長さの4倍は，200 + 10 + 20 + 30 = 260 (cm) なので，一番長い棒は，260 ÷ 4 = 65 (cm)

8 円の中心は右図の太線部分を通る。直線部分は，長さが 5 cm の直線が 4 本と，長さが，$10 - 1 = 9$ (cm)の直線が 6 本と，長さが，$20 - 1 = 19$ (cm)の直線が 2 本。曲線部分は，半径 1 cm，中心角 90° のおうぎ形の曲線部分が 8 個。よって，求める長さは，$5 \times 4 + 9 \times 6 + 19 \times 2 + 1 \times 2 \times 3.14 \times \frac{90}{360} \times 8 = 124.56$ (cm)

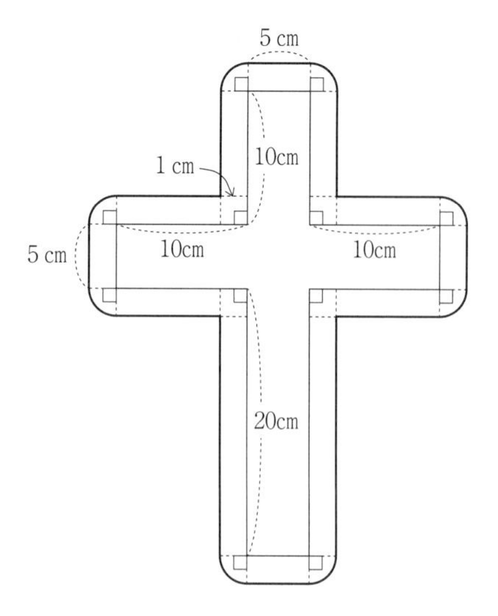

9 右図のように，直線 AE，BF，CD をひく。BD = DE より，三角形 FBD の面積は三角形 DEF の面積と等しい。また，AF = FD より，三角形 ABF の面積は三角形 FBD，三角形 DEF の面積と等しい。同様に考えると，三角形 EDC，三角形 DBC，三角形 AFE，三角形 AEC の面積も三角形 DEF の面積と等しいので，三角形 ABC の面積は三角形 DEF の面積の 7 倍。よって，三角形 DEF の面積は，$63 \div 7 = 9$ (cm^2)

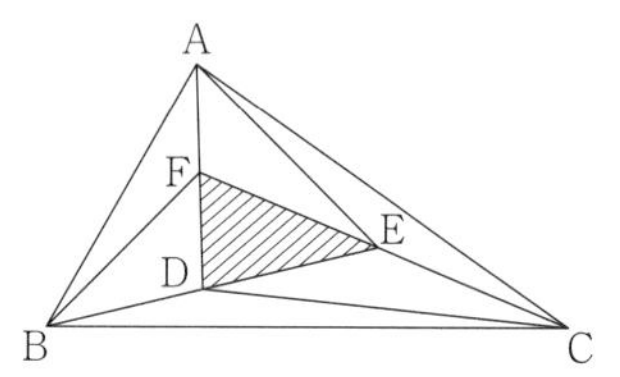

10 右図のように円の中心を線で結ぶと，三角形 ABC は 1 辺が，$10 \times 2 = 20$ (cm) の正三角形である。その高さは，$37.3 - 10 \times 2 = 17.3$ (cm)だから，正三角形 ABC の面積は，$20 \times 17.3 \div 2 = 173$ (cm^2)　正三角形 ABC の白い部分 1 つは中心角が 60° のおうぎ形だから，求める面積は，$173 - 10 \times 10 \times 3.14 \times \frac{60}{360} \times 3 = 16$ (cm^2)

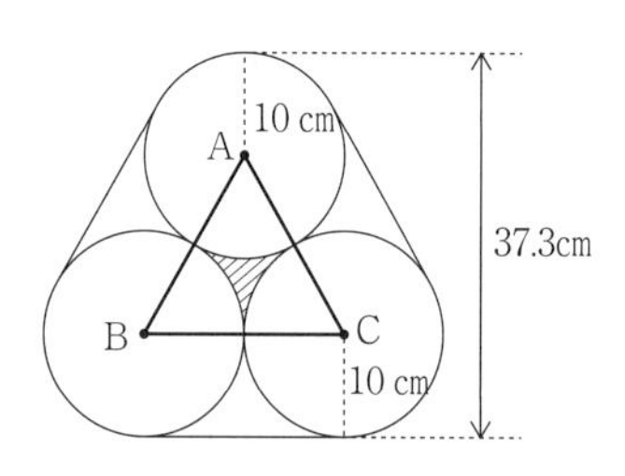

第44回

1 1　2 $\frac{4}{13}$　3 17　4 112 (秒)　5 35

6 (1) (右図)　(2) 61　(3) 215　(4) 18.84 (cm^2)　7 50 (g)

8 ① イ　② 40.82 (cm)　9 ア．1　イ．1　10 (順に) 35，90

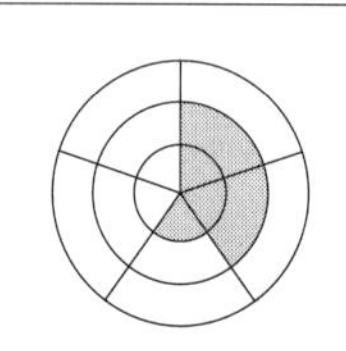

解　説

1 与式 $= \frac{5}{6} + \frac{1}{2} \times \left(3\frac{1}{2} - 3\frac{1}{6}\right) = \frac{5}{6} + \frac{1}{2} \times \frac{1}{3} = \frac{5}{6} + \frac{1}{6} = 1$

2 与式 $= \left(\frac{1}{1} - \frac{1}{4}\right) \times \frac{1}{3} + \left(\frac{1}{4} - \frac{1}{7}\right) \times \frac{1}{3} + \left(\frac{1}{7} - \frac{1}{10}\right) \times \frac{1}{3} + \left(\frac{1}{10} - \frac{1}{13}\right) \times \frac{1}{3} = \left(\frac{1}{1} - \frac{1}{13}\right) \times \frac{1}{3} = \frac{12}{13} \times \frac{1}{3} = \frac{4}{13}$

3 $\left(6 - \frac{11}{4}\right) \times \frac{12}{13} - 1 = \frac{13}{4} \times \frac{12}{13} - 1 = 3 - 1 = 2$，$10 \div 0.5 = 20$，$129 \div 4 - 250 \div 8 = 129 \div 4 - 125 \div 4 = (129 - 125) \div 4 = 1$ だから，$\square \times 2 - 20 + 1 \times \square = 31$　よって，$\square \times (2 + 1) = 31 + 20 = 51$ より，$3 \times \square = 51$ だから，$\square = 51 \div 3 = 17$

4 $4-1=3$(階)上るのに48秒かかるので，1階上るのにかかる時間は，$48\div3=16$(秒)　よって，求める時間は，$16\times(8-1)=112$(秒)

5 この電車の速さは秒速，$1000\times54\div60\div60=15$(m)なので，11秒間で進む距離は，$15\times11=165$(m)　これはA君とB君の間の長さと電車の長さの和なので，この電車の長さは，$165-130=35$(m)

6 (1) 右図1で，斜線部分，色をつけた部分，白い部分は，それぞれ5個までぬりつぶすことができるので，6になったら1つ外側の部分に進む。よって，ぬりつぶしたマス1個が表す数は，斜線部分が1，色をつけた部分が6，白い部分が，$6\times6=36$となる。$15=6\times2+1\times3$なので，15を表すには斜線部分を3個，色をつけた部分を2個ぬりつぶせばよいので，上図2のようになる。

図1　図2

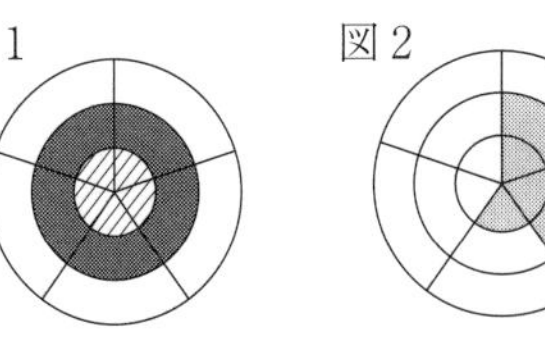

(2) $36\times1+6\times4+1\times1=61$

(3) 外側にもう1周分あったとすると，その部分の1マスが表す数は，$36\times6=216$　実際にはこの部分はないので，これより1小さい，$216-1=215$まで表すことができる。

(4) $185\div36=5$あまり5より，$185=36\times5+1\times5$なので，185を表す図形は，右図3のようになる。外側のぬりつぶされた部分は，半径3cmの円から半径2cmの円を取った図形で，面積は，$3\times3\times3.14-2\times2\times3.14=5\times3.14$(cm^2)　内側のぬりつぶされた部分は，半径1cmの円で，面積は，$1\times1\times3.14=1\times3.14$(cm^2)　よって，求める面積は，$5\times3.14+1\times3.14=6\times3.14=18.84$(cm^2)

図3

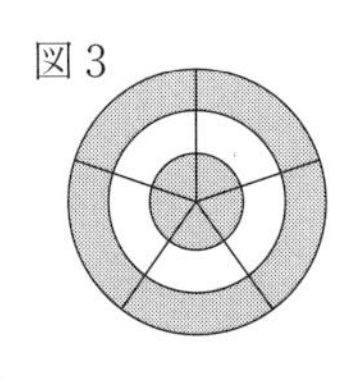

7 容器Bの食塩水，$500+100=600$(g)にふくまれる食塩は，$500\times0.04+100\times0.2=40$(g)　よって，容器Bから取り出した食塩水150gにふくまれる食塩は，$40\times\frac{150}{600}=10$(g)だから，Aの食塩水にふくまれる食塩の重さは，$(300-100)\times0.2+10=50$(g)

8 ① 頂点Pは右図のように移動する。よって，イ。

② 右図のように，$60°\times2=120°$の回転が3回，$360°-90°-60°=210°$の回転が2回だから，回転する角度の合計は，$120°\times3+210°\times2=780°$　よって，求める線の長さは，$3\times2\times3.14\times\frac{780}{360}=40.82$(cm)

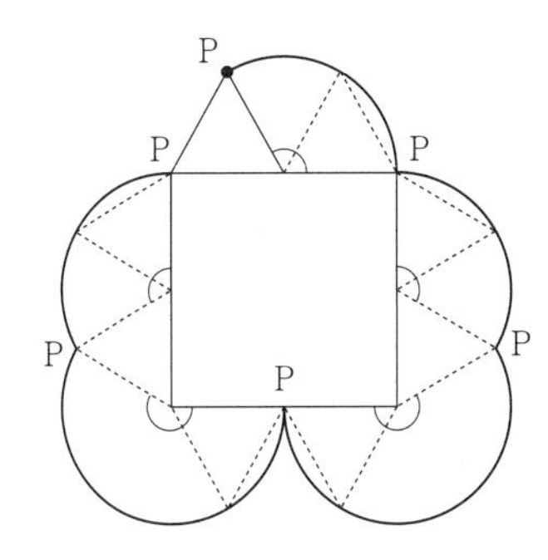

9 おもりを沈める前にまだ入れることができる水の体積は，$15\times12\times(30-25)=900$(cm^3)で，沈めたおもりの体積のうち，これより多い分だけ水があふれるので，しずめたおもりの体積が2個合わせて，$10\times10\times10\times2=2000$(cm^3)より，あふれた水の量は，$2000-900=1100$(cm^3)　よって，$1100\div1000=1.1$(L)

10 1段目には1個，2段目には，$1+2=3$(個)，3段目には，$1+2+3=6$(個)，4段目には，$1+2+3+4=10$(個)，5段目には，$1+2+3+4+5=15$(個)並ぶので，立方体の個数は，$1+3+6+10+15=35$(個)　立方体1個の体積は，$1\times1\times1=1$(cm^3)なので，立体の体積は，$1\times35=35$(cm^3)　また，上下，左右，前後の6つの方向から立体を見ると，すべての方向から1辺が1cmの正方形が15個見える。1辺が1cmの正方形の面積は，$1\times1=1$(cm^2)より，立体の表面積は，$1\times15\times6=90$(cm^2)

第45回

1 $\frac{11}{12}$　2 $\frac{6}{85}$　3 $\frac{4}{5}$　4 200　5 95（m）　6 1（割）7（分）　7 175（本）　8 36（cm^2）　9 16（cm^2）
10 75

解　説

1 与式 $= \frac{7}{6} - \frac{1}{4} = \frac{14}{12} - \frac{3}{12} = \frac{11}{12}$

2 与式 $= \left(\frac{1}{5} - \frac{1}{7}\right) \times \frac{1}{2} + \left(\frac{1}{7} - \frac{1}{9}\right) \times \frac{1}{2} + \left(\frac{1}{9} - \frac{1}{11}\right) \times \frac{1}{2} + \left(\frac{1}{11} - \frac{1}{13}\right) \times \frac{1}{2} + \left(\frac{1}{13} - \frac{1}{15}\right) \times \frac{1}{2} + \left(\frac{1}{15} - \frac{1}{17}\right) \times \frac{1}{2} = \left(\frac{1}{5} - \frac{1}{7} + \frac{1}{7} - \frac{1}{9} + \frac{1}{9} - \frac{1}{11} + \frac{1}{11} - \frac{1}{13} + \frac{1}{13} - \frac{1}{15} + \frac{1}{15} - \frac{1}{17}\right) \times \frac{1}{2} = \left(\frac{1}{5} - \frac{1}{17}\right) \times \frac{1}{2} = \frac{6}{85}$

3 $\left\{1 - \frac{1}{12} \div \left(\frac{1}{2} - \frac{1}{4}\right) \times \frac{1}{3}\right\} \times \frac{1}{2} = \left(1 - \frac{1}{12} \times 4 \times \frac{1}{3}\right) \times \frac{1}{2} = \left(1 - \frac{1}{9}\right) \times \frac{1}{2} = \frac{4}{9}$ だから，$\frac{2}{5} \div (1 + \square) = \frac{2}{3} - \frac{4}{9} = \frac{2}{9}$ より，$1 + \square = \frac{2}{5} \div \frac{2}{9} = \frac{9}{5}$　よって，$\square = \frac{9}{5} - 1 = \frac{4}{5}$

4 時速24kmは分速，$24 \times 1000 \div 60 = 400$（m）　秒速$3\frac{1}{3}$mは分速，$3\frac{1}{3} \times 60 = 200$（m）　よって，時速24km－秒速$3\frac{1}{3}$m＝分速400m－分速200m＝分速200m

5 この列車が列車の長さを進むのにかかる時間は，長さも速さも同じ列車とすれちがうのにかかる時間と同じで，5秒とわかる。また，この列車が橋にさしかかってから完全に渡りきるまでに進んだ長さは，橋の長さと列車の長さの和。これより，列車が1292m進むのにかかる時間は，$73 - 5 = 68$（秒）だから，列車の速さは，秒速，$1292 \div 68 = 19$（m）　よって，この列車の長さは，$19 \times 5 = 95$（m）

6 定価は，$1000 \times (1 + 0.4) = 1400$（円）で，原価の15％の利益を確保できる売値は，$1000 \times (1 + 0.15) = 1150$（円）なので，定価から，$1400 - 1150 = 250$（円）まで値引きすることが可能。よって，$250 \div 1400 = 0.178$ より，1割7分まで可能。

7 6mおきに杭が並んでいるとき，並んでいる杭の数は，$480 \div 6 - 1 = 79$（本）　このうち，並んでいる赤い杭の数は，$480 \div 30 - 1 = 15$（本）なので，これを取り除くと青い杭が，$79 - 15 = 64$（本）残る。2mおきに青い杭が並ぶようにするとき，必要な青い杭の数は，$480 \div 2 - 1 = 239$（本）なので，新たに打つ青い杭は，$239 - 64 = 175$（本）

8 三角すいAEFHの展開図は，右図のように1辺が6cmの正方形になる。よって，求める表面積は，$6 \times 6 = 36$（cm^2）

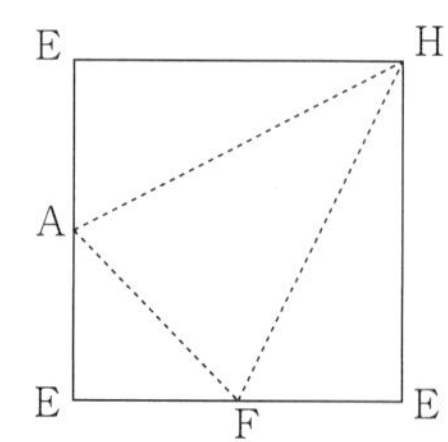

9 台形ABCDの面積は，$(3 + 10) \times 8 \div 2 = 52$（$cm^2$）　$AE = BE = 8 \div 2 = 4$（cm）より，三角形AEDの面積は，$3 \times 4 \div 2 = 6$（cm^2）で，直線CEをひくと，三角形EBCの面積は，$10 \times 4 \div 2 = 20$（cm^2）なので，三角形DECの面積は，$52 - (6 + 20) = 26$（cm^2）　ここで，三角形DEFの底辺をDF，三角形DECの底辺をDCとすると高さが等しいので，面積の比は底辺の長さの比と等しい。DF：DC ＝ 8：(8 + 5) ＝ 8：13より，三角形DEFの面積は，$26 \times \frac{8}{13} = 16$（$cm^2$）

⑩ 右図のように線で結ぶと，OA と AB の長さは等しく，OA と OB はともに半径なので，OA ＝ AB ＝ OB より，三角形 OAB は正三角形。角 AOB は 60° なので，角 BOC は，90° － 60° ＝ 30°　三角形 OBC は二等辺三角形なので，求める角の大きさは，(180° － 30°) ÷ 2 ＝ 75°

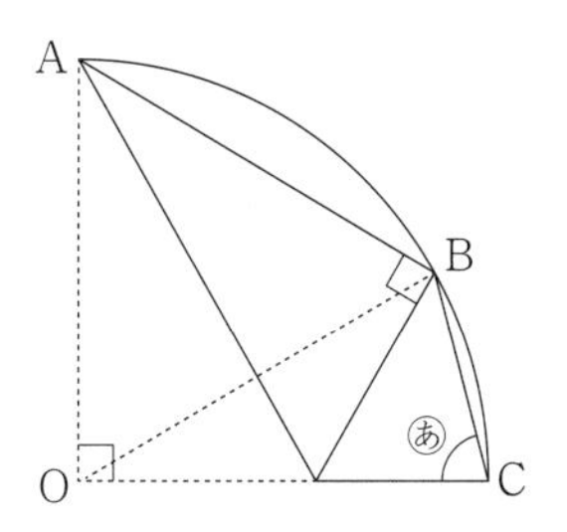

第46回

⑴ $\frac{3}{16}$　⑵ $\frac{15}{16}$　⑶ $\frac{1}{31}$　⑷ 810　⑸ ① (毎分) 30 (m)　② 1400 (m)　⑹ 3500　⑺ 56 (個)　⑻ 8
⑼ 263.76　⑽ 45 (度)

解説

⑴ 与式 $= \frac{5}{4} \times \frac{7}{10} \times \frac{3}{14} = \frac{3}{16}$

⑵ 与式 $= \frac{1}{1} - \frac{1}{4} + \frac{1}{4} - \frac{1}{7} + \frac{1}{7} - \frac{1}{10} + \frac{1}{10} - \frac{1}{13} + \frac{1}{13} - \frac{1}{16} = 1 - \frac{1}{16} = \frac{15}{16}$

⑶ $\left(\frac{1}{13} + \frac{1}{39} + \frac{1}{117}\right) - \left(\frac{1}{37} + \frac{1}{111} + \frac{1}{999}\right) = \frac{9+3+1}{117} - \frac{27+9+1}{999} = \frac{1}{9} - \frac{1}{27} = \frac{2}{27}$，$\frac{1}{279} + \frac{1}{837} = \frac{3}{837} + \frac{1}{837} = \frac{4}{837}$ より，$\square + \frac{4}{837} = \frac{2}{27} \div 2 = \frac{1}{27}$　よって，$\square = \frac{1}{27} - \frac{4}{837} = \frac{31}{837} - \frac{4}{837} = \frac{1}{31}$

⑷ 1 L ＝ 1000cm^3，$1\,\text{mm}^3 = \frac{1}{10} \times \frac{1}{10} \times \frac{1}{10} = \frac{1}{1000}\text{cm}^3$ なので，与式 $= 750\text{cm}^3 + 60\text{cm}^3 = 810\text{cm}^3$

⑸① 船 B が 20 分で進んだ距離を船 A は 10 分で進んだので，2 つの船の速さの比は，A : B ＝ 2 : 1　船 A と船 B の速さの和は，{60 ＋ (川の流れの速さ)} ＋ {75 － (川の流れの速さ)} ＝ 135 で，これが比の，2 ＋ 1 ＝ 3 にあたるので，船 A の速さは，毎分，$135 \times \frac{2}{3} = 90$ (m)　よって，川の流れの速さは，毎分，90 － 60 ＝ 30 (m)

② 2 つの橋の間の距離は，90 × (20 ＋ 10) ＝ 2700 (m) なので，船 B が折り返してくるのは，2700 ÷ (75 － 30) ＝ 60 (分後)　このとき，船 A は，(60 － 30) × (60 － 30) ＝ 900 (m) 近づいてきている。その後は毎分，(75 ＋ 30) ＋ (60 － 30) ＝ 135 (m) ずつ近づく。したがって，2 回目にすれちがうのは，船 B が折り返してから，$(2700 - 900) \div 135 = \frac{40}{3}$ (分後)　よって，$(75 + 30) \times \frac{40}{3} = 1400$ (m)

⑹ 200 ＋ 96 ＝ 296 (円) が定価の 0.08 倍にあたるので，定価は，296 ÷ 0.08 ＝ 3700 (円)　よって，持っていたお金は，3700 － 200 ＝ 3500 (円)

⑺ 上から順に 1 段目，2 段目，3 段目，…とすると，団子の数は，1 段目が 1 個，2 段目が，1 ＋ 2 ＝ 3 (個)，3 段目が，1 ＋ 2 ＋ 3 ＝ 6 (個) となっているので，6 段重ねの場合，4 段目は，1 ＋ 2 ＋ 3 ＋ 4 ＝ 10 (個)，5 段目は，1 ＋ 2 ＋ 3 ＋ 4 ＋ 5 ＝ 15 (個)，6 段目は，1 ＋ 2 ＋ 3 ＋ 4 ＋ 5 ＋ 6 ＝ 21 (個)　よって，全部で，1 ＋ 3 ＋ 6 ＋ 10 ＋ 15 ＋ 21 ＝ 56 (個)

⑻ 組み立ててできる立体は円すいで，底面積は，2 × 2 × 3.14 ＝ 12.56 (cm^2) だから，側面積は，62.8 － 12.56 ＝ 50.24 (cm^2)　また，側面になるおうぎ形の曲線部分の長さは，底面になる円の周の長さと同じで，2 × 2 × 3.14 ＝ 4 × 3.14 (cm)　これより，半径が $\square$ cm の円の周の長さは，($\square$ × 2 × 3.14) cm なので，側

面になるおうぎ形の面積は，半径□cm の円の面積の，$\dfrac{4 \times 3.14}{\square \times 2 \times 3.14} = \dfrac{2}{\square}$（倍）　よって，側面積は，□ × □ × 3.14 × $\dfrac{2}{\square}$ = 6.28 × □（cm^2）と表され，これが $50.24cm^2$ なので，6.28 × □ = 50.24 より，□ = 50.24 ÷ 6.28 = 8

9 右図より，もとの円柱は，底面が半径 2 cm の円で，高さが，15 +（10 − 2 × 2）= 21（cm）　よって，2 × 2 × 3.14 × 21 = 263.76（cm^3）

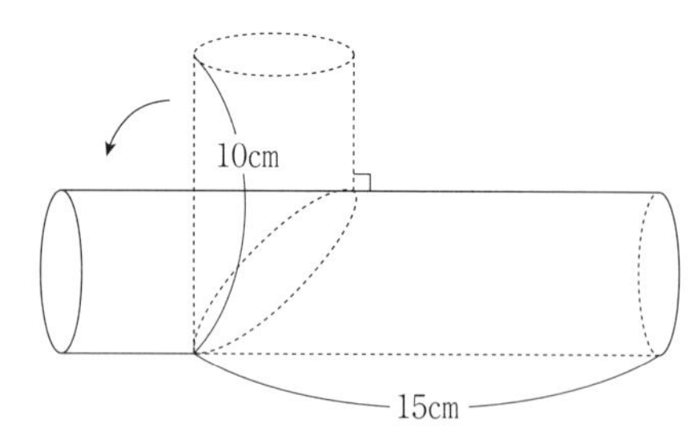

10 右図のように三角形 ACD をつくると，三角形 ABC と三角形 DEA は合同なので，AC と AD の長さは等しい。また，角 BAC と角 ACB の大きさの和は 90°で，角 ACB と角 DAE の大きさは等しいから，角 BAC と角 DAE の大きさの和も 90°になり，角 CAD は，180° − 90° = 90°　よって，三角形 ACD は直角二等辺三角形なので，角 x の大きさは，（180° − 90°）÷ 2 = 45°

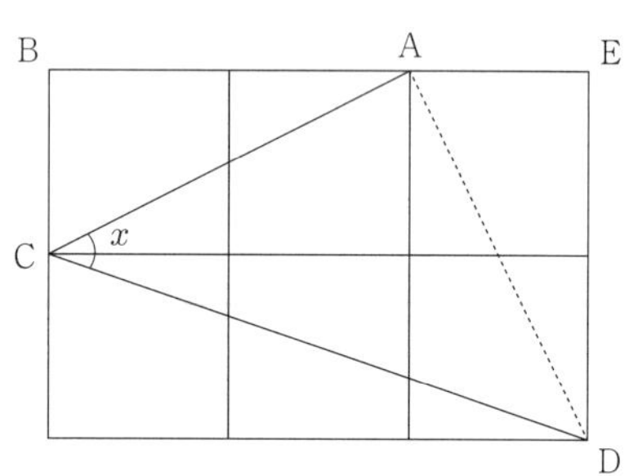

第47回

1 $\dfrac{3}{8}$　2 $\dfrac{10}{39}$　3 2020　4 22（試合以上）　5 2.2（倍）　6 ア．100　イ．$4\dfrac{2}{3}$　7 84　8 $\dfrac{20}{3}$（cm）
9 84　10 12.25

解　説

1 与式 = $\dfrac{35}{8} \times \dfrac{3}{5} - \dfrac{9}{4} = \dfrac{21}{8} - \dfrac{18}{8} = \dfrac{3}{8}$

2 与式 = $\left(\dfrac{1}{3} - \dfrac{1}{5}\right) + \left(\dfrac{1}{5} - \dfrac{1}{7}\right) + \left(\dfrac{1}{7} - \dfrac{1}{9}\right) + \left(\dfrac{1}{9} - \dfrac{1}{11}\right) + \left(\dfrac{1}{11} - \dfrac{1}{13}\right) = \dfrac{1}{3} - \dfrac{1}{13} = \dfrac{10}{39}$

3 2020 × 20 −（□ − 20）× 20 = 20 × 20 = 400 より，40400 −（□ − 20）× 20 = 400 なので，（□ − 20）× 20 = 40400 − 400 = 40000　よって，□ − 20 = 40000 ÷ 20 = 2000 より，□ = 2000 + 20 = 2020

4 6 割以上の勝率にするには，（65 + 40 + 39）× 0.6 = 86.4（試合）より，最低で 87 試合勝つ必要がある。よって，あと，87 − 65 = 22（試合）以上勝たなくてはならない。

5 1 時間 52 分 = 112 分より，船の上りと下りの速さの比は，42：112 = 3：8　船の上りの速さを 3 とすると，船の静水での速さは，（3 + 8）÷ 2 = 5.5，川の流れる速さは，5.5 − 3 = 2.5 だから，船の静水での速さは，川の流れる速さの，5.5 ÷ 2.5 = 2.2（倍）

6 食塩水の濃度が等しくなったので，これはすべての食塩水を混ぜたときの濃度と同じ。2 つの食塩水の量の和は，300 + 150 = 450（g）で，そこにふくまれる食塩の量の和は，300 × 0.04 + 150 × 0.06 = 21（g）なので，できた食塩水の濃度は，21 ÷ 450 × 100 = $4\dfrac{2}{3}$（%）　4 % と $4\dfrac{2}{3}$ % の差と，$4\dfrac{2}{3}$ % と 6 % の差の比は，$\left(4\dfrac{2}{3} - 4\right) : \left(6 - 4\dfrac{2}{3}\right) = 1 : 2$　$4\dfrac{2}{3}$ % の食塩水を作るとき，混ぜ合わせる 4 % と 6 % の食塩水の量の比は，

この逆比で，2：1　よって，入れ替えた食塩水の量は，$300 \times \dfrac{1}{2+1} = 100$（g）

7 時速 72km は秒速，$72 \times 1000 \div 60 \div 60 = 20$（m）　また，列車Bの先頭が健太くんの横に並んでから最後尾が通りすぎるまでに，列車Bが列車Aより 150m 多く進むから，速さの差は秒速，$150 \div 45 = \dfrac{10}{3}$（m）

よって，列車Bの速さは秒速，$20 + \dfrac{10}{3} = \dfrac{70}{3}$（m）だから，時速，$\dfrac{70}{3} \times 60 \times 60 \div 1000 = 84$（km）

8 円すいの石の体積は，$5 \times 5 \times 3.14 \times 0.8 = 62.8$（$cm^3$）　その高さを□cm とすると，$3 \times 3 \times 3.14 \times$ □ $\div 3 = 62.8$ より，$9.42 \times$ □ $= 62.8$　よって，□ $= 62.8 \div 9.42 = \dfrac{20}{3}$（cm）

9 上から順に1段目，2段目，…とすると，各段ごとにくりぬかれる立方体は，次図のかげをつけた部分になる。よって，残された立体の体積は，$1 \times 1 \times 1 \times (25 + 9 + 16 + 9 + 25) = 84$（$cm^3$）

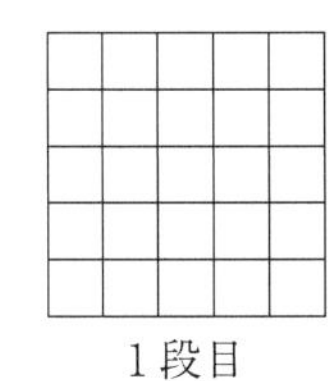
1段目

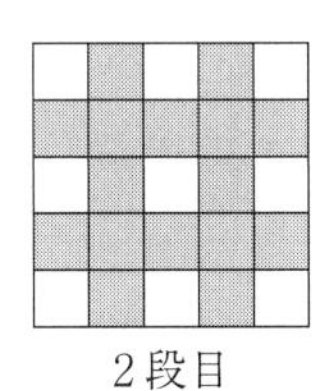
2段目

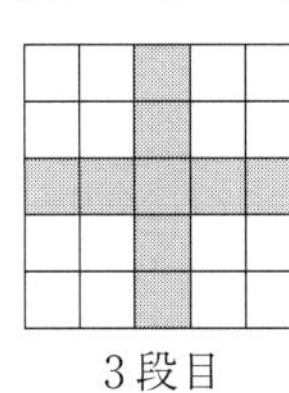
3段目

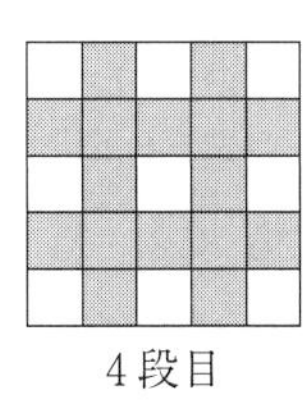
4段目

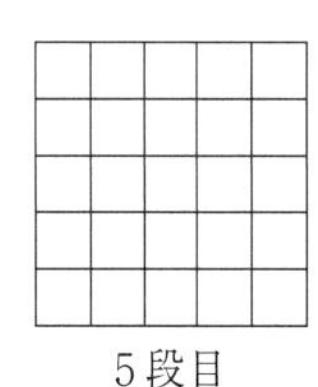
5段目

10 この三角すいの展開図をかくと，右図のような正方形になり，組み立てたときに点Aと重なる点をそれぞれ D，E とする。AP + PQ + QA が最小になるとき，この線は図4の直線 DE になり，DE = 14cm　さらに，三角形 ABC と三角形 ADE は拡大・縮小の関係で，BC：DE = AB：AD = 1：2 なので，$BC = 14 \times \dfrac{1}{2} = 7$（cm）

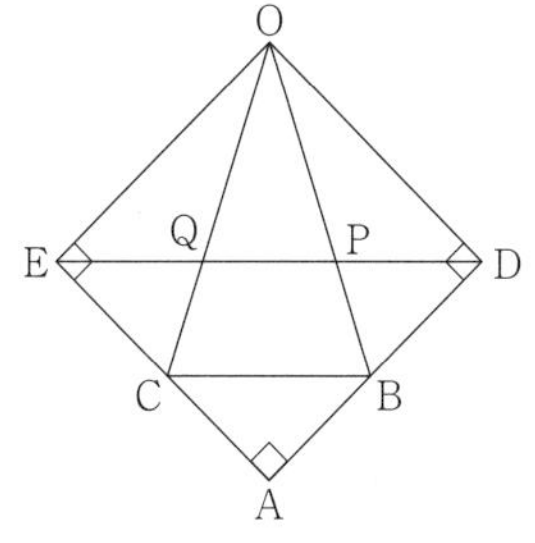

三角形 ABC は直角二等辺三角形なので，BC を底辺としたときの高さは，BC の長さの半分の，$7 \div 2 = 3.5$（cm）　よって，三角形 ABC の面積は，$7 \times 3.5 \div 2 = 12.25$（$cm^2$）

第48回

1 $\dfrac{5}{18}$　2 $\dfrac{6}{13}$　3 $\dfrac{31}{10}$　4 0.64　5 48（km）　6（大）79　（小）65

7 (1)（番号）22　(2) 1　(3)（右図）

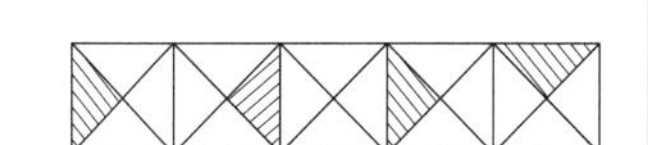

8（体積）150.72（cm^3）　（表面積）200.96（cm^2）　9 18　10 35.5（cm）

解説

1 与式 $= \dfrac{1}{3} \div \dfrac{3}{4} - \dfrac{1}{6} = \dfrac{4}{9} - \dfrac{1}{6} = \dfrac{5}{18}$

2 与式 $= \left(\dfrac{1}{2} - \dfrac{1}{5}\right) + \left(\dfrac{1}{5} - \dfrac{1}{8}\right) + \left(\dfrac{1}{8} - \dfrac{1}{11}\right) + \left(\dfrac{1}{11} - \dfrac{1}{14}\right) + \left(\dfrac{1}{14} - \dfrac{1}{17}\right) + \left(\dfrac{1}{17} - \dfrac{1}{20}\right) + \left(\dfrac{1}{20} - \dfrac{1}{23}\right) + \left(\dfrac{1}{23} - \dfrac{1}{26}\right) = \dfrac{1}{2} - \dfrac{1}{26} = \dfrac{6}{13}$

3 $\dfrac{11}{12} \div \dfrac{5}{2} \times \left(□ - \dfrac{3}{5}\right) \div \dfrac{11}{4} = \dfrac{1}{3}$ より，$\dfrac{11}{30} \times \left(□ - \dfrac{3}{5}\right) = \dfrac{1}{3} \times \dfrac{11}{4} = \dfrac{11}{12}$ だから，$□ - \dfrac{3}{5} = \dfrac{11}{12} \div \dfrac{11}{30} = \dfrac{5}{2}$　よって，$□ = \dfrac{5}{2} + \dfrac{3}{5} = \dfrac{31}{10}$

4 消費税をつけると，$10000 \times (1 + 0.08) = 10800$（円）で，これを8％値引きすると，$10800 \times (1 - 0.08) = 9936$（円）　よって，$(10000 - 9936) \div 10000 \times 100 = 0.64$（％）引き。

5 のぼりと下りの速さの比は，$\frac{1}{3}:\frac{1}{2}=2:3$　この比の差である1が時速，$2\times2=4$(km)にあたるので，のぼりの速さは時速，$4\times2=8$(km)　よって，AB間の距離は，$8\times3=24$(km)より，求める距離は，$24\times2=48$(km)

6 2つの整数の合計は，$72\times2=144$だから，大きい方の整数は，$(144+14)\div2=79$，小さい方の整数は，$79-14=65$

7 マスが1つのとき，右が塗られているときは1が1つで1，下が塗られているときは1が2つで2，左が塗られているときは1が3つで3，上が塗られているときは1が4つで4を表している。マスが2つになると，左側のマスについて，右が塗られているときは5が1つで5，下が塗られているときは5が2つで10を表し，右側のマスはマスが1つのときと同じく1の個数を表していると考えられ，これらによって表される数の和が表している番号となっている。同様に，マスが3つのとき，左はしのマスが，$5\times5=25$の個数を表しているものとすると，番号28の図について，$25\times1+5\times0+1\times3=28$，マスが4つのとき，左はしのマスが，$5\times5\times5=125$の個数を表しているものとすると，番号177の図について，$125\times1+25\times2+5\times0+1\times2=177$より，ともにあてはまる。よって，(1)の図が表す番号は，5が4つに1が2つだから，$5\times4+1\times2=22$　(2)で表している番号は順に，$5\times2+4$と，$5\times3+2$，合計を5で割った余りは，$4+2=6$を5で割った余りだから，$6\div5=1$余り1より，1。(3)で，$2019\div(5\times5\times5\times5)=3$余り144，$144\div(5\times5\times5)=1$余り19，$19\div(5\times5)=0$余り19，$19\div5=3$余り4だから，2019は，$5\times5\times5\times5$が3個と，$5\times5\times5$が1個，$5\times5$が0個，5が3個に1が4個の和で表せるから，上図のように，マスの右から，上，左，なし，右，左を塗ればよい。

8 できる立体は，底面が半径2cmの円で高さが4cmの円柱①と，底面が半径4cmの円で高さが2cmの円柱②を合わせた立体。円柱①の体積は，$2\times2\times3.14\times4=16\times3.14$(cm^3)で，円柱②の体積は，$4\times4\times3.14\times2=32\times3.14$(cm^3)なので，できる立体の体積は，$16\times3.14+32\times3.14=150.72$(cm^3)　できる立体は，上の面を合わせると下の面と同じ半径4cmの円になり，その面積は，$4\times4\times3.14=16\times3.14$(cm^2)　これ以外に，円柱①の側面と円柱②の側面があり，その面積はそれぞれ，$2\times2\times3.14\times4=16\times3.14$(cm^2)と，$4\times2\times3.14\times2=16\times3.14$(cm^2)　よって，できる立体の表面積は，$16\times3.14\times4=200.96$(cm^2)

9 右図のように，点DからABに垂直な線をひくと，三角形ABCは合同な3つの直角三角形に分けることができる。かげをつけた部分と三角形ABDの面積は等しいので，この直角三角形2つ分の面積が12cm^{2}とわかる。三角形ABCの面積は直角三角形3つ分なので，$12\times\frac{3}{2}=18$(cm^2)

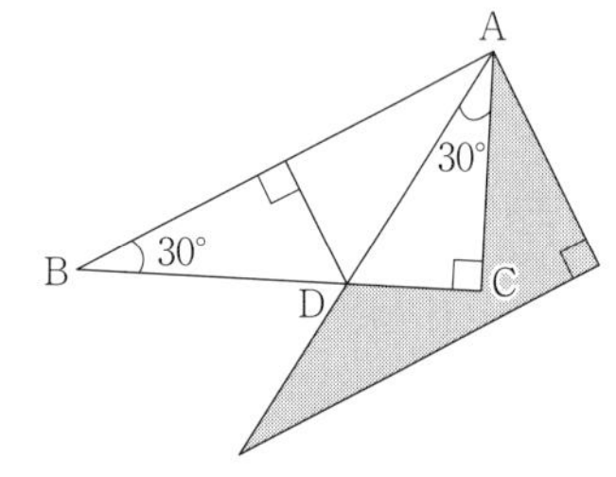

10 右図のように，水面が辺ABと交わる点をP，辺ADと交わる点をQ，Dから辺ABに垂直な線をひき，交わる点をR，Qから辺BCに垂直な線をひき，交わる点をS，RDとQSが交わる点をTとする。このとき，$AP=12-9=3$(cm)，$QT=PR=9-8=1$(cm)　三角形APQは三角形ARDの縮図で，$AP:PQ=AR:RD=(12-8):6=2:3$より，$PQ=3\times\frac{3}{2}=\frac{9}{2}$(cm)　これより，水の体積は，$\left\{(8+12)\times6\div2-3\times\frac{9}{2}\div2\right\}\times40=2130$(cm^3)　容器を面ABCDが下にくるように置いたとき，底面は面ABCDになるから，底面積は60cm^2。よって，水面の高さは，$2130\div60=35.5$(cm)

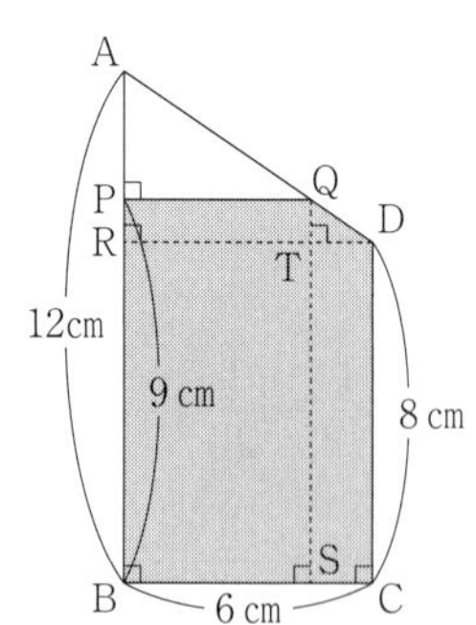

第49回

1 $\frac{1}{4}$	2 $\frac{1}{8}$	3 2	4 $\frac{41}{6}$	5 21	6 90(円)	7 13	8 753.6(cm^3)	9 16(度)	10 73(cm^2)

解　説

1 与式 $= \frac{1}{4} \times \frac{1}{2} \times 5 - \frac{3}{8} = \frac{5}{8} - \frac{3}{8} = \frac{1}{4}$

2 与式 $= \left(\frac{1}{4} - \frac{1}{5}\right) + \left(\frac{1}{5} - \frac{1}{6}\right) + \left(\frac{1}{6} - \frac{1}{7}\right) + \left(\frac{1}{7} - \frac{1}{8}\right) = \frac{1}{4} - \frac{1}{8} = \frac{1}{8}$

3 連分数を割り算になおすと，$1 + 3 \div (1 + 3 \div \square) = \frac{11}{5}$ になるので，$3 \div (1 + 3 \div \square) = \frac{11}{5} - 1 = \frac{6}{5}$ より，$1 + 3 \div \square = 3 \div \frac{6}{5} = \frac{5}{2}$ だから，$3 \div \square = \frac{5}{2} - 1 = \frac{3}{2}$　よって，$\square = 3 \div \frac{3}{2} = 2$

4 兄が忘れ物を取ってから，家から学校までにかかった時間は，$15 \div 2 = 7.5$(分)　ここで，2人の初めの速さを1分間に2進む速さだとすると，家から学校までの道のりは，$2 \times 15 = 30$　また，兄が忘れ物に気付いたあとの弟の速さは1分間に1進む速さなので，弟は，兄が忘れ物を探している間に，$1 \times 2 = 2$，兄が忘れ物を取ってから学校に着くまでに，$1 \times 7.5 = 7.5$ の道のりを進む。これより，弟は，兄が忘れ物を取りに家に帰ったときに，$30 - 2 - 7.5 = 20.5$ の道のりを進んでいる。さらに，歩き出してから兄が忘れ物に気付くまでの時間と，そこから家に帰るまでの時間は等しいので，この2つの時間に弟が進んだ道のりの比は2：1で，兄が忘れ物に気付くまでに弟が歩いた道のりは，$20.5 \times \frac{2}{2+1} = \frac{41}{3}$　よって，兄が忘れ物に気付いたのは歩き出してから，$\frac{41}{3} \div 2 = \frac{41}{6}$(分後)

5 午前1時の長針と短針の間の角度は，$360° \times \frac{1}{12} = 30°$　午前1時から午後11時までの時間は，$11 + 12 - 1 = 22$(時間)　この間に長針が進んだ角度は，$360° \times 22 = 7920°$，短針が進んだ角度は，$30° \times 22 = 660°$ だから，長針は短針よりも，$7920° - 660° = 7260°$ 多く進んでいる。長針が短針と重なるのは，1回目が30°多く進んだときで，2回目以降は360°多く進むごとに1回重なるから，午前1時から午後11時までの間で長針と短針が重なる回数は，$(7260° - 30°) \div 360° = 20$ あまり30より，$20 + 1 = 21$(回)

6 トマト5個はレタス5個より，$80 \times 5 = 400$(円)安いので，トマト，$5 + 6 = 11$(個)は，$1390 - 400 = 990$(円)　よって，トマト1個の値段は，$990 \div 11 = 90$(円)

7 3の倍数は各位の数の和が3の倍数になるので，つくった3けたの整数の各位の数の組み合わせは，0と1と2，0と3と3，1と2と3，3と3と3。0と1と2でできる3けたの整数は102，120，201，210の4通り。0と3と3でできる3けたの整数は303，330の2通り。1と2と3でできる3けたの整数は123，132，213，231，312，321の6通り。3と3と3でできる3けたの整数は333の1通り。よって，3の倍数は，$4 + 2 + 6 + 1 = 13$(通り)

8 $90° \div 360° = \frac{1}{4}$ より，できる立体は，底面が半径10cmの円で高さが10cmの円柱の $\frac{1}{4}$ から，底面が半径，$4 + 2 = 6$(cm)の円で高さが2cmの円柱の $\frac{1}{4}$ を取り，底面が半径4cmの円で高さが2cmの円柱の $\frac{1}{4}$ を加えた立体。よって，求める体積は，$10 \times 10 \times 3.14 \times 10 \times \frac{1}{4} - 6 \times 6 \times 3.14 \times 2 \times \frac{1}{4} + 4 \times 4 \times 3.14 \times$

$2 \times \frac{1}{4} = 753.6\,(\text{cm}^3)$

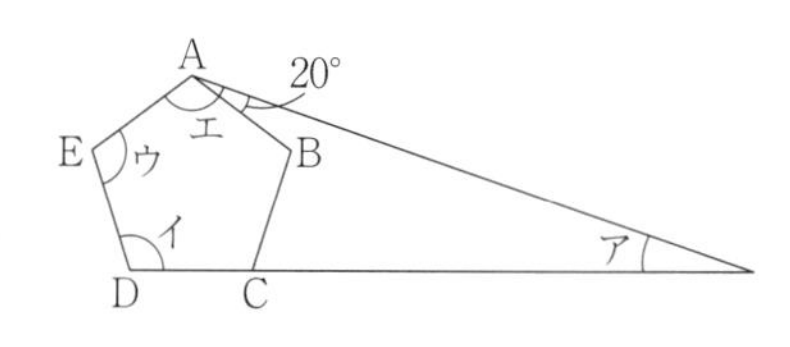

9 正五角形の５つの角の大きさの和は，$180° \times (5 - 2) = 540°$で，１つの角は，$540 \div 5 = 108°$　ここで，右図のように記号をつけると，角イ，ウは108°，角エは，$108° + 20° = 128°$だから，四角形の角の和より，角アは，$360° - 108° \times 2 - 128° = 16°$

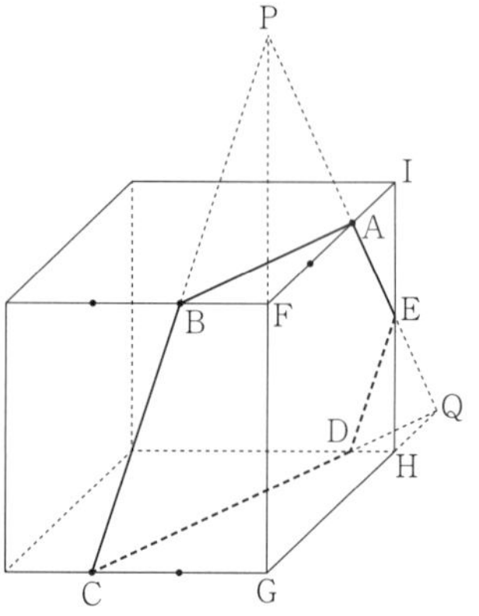

10 切り口は右図の五角形ABCDEになる。立方体の頂点のうち４つをF，G，H，Iと決め，CB，GF，EAの延長線が交わる点をP，CD，AE，GHの延長線が交わる点をQとすると，片方の立体は，三角すいP―CGQから三角すいP―BFAと三角すいE―DHQをとりのぞいたものになる。この立体のうち，面ABCDEは切り取ったもう一方の立体と共通なので，残りの面の面積の合計の差を考えればよい。三角形BFAの面積は，$2 \times 4 \div 2 = 4\,(\text{cm}^2)$　四角形BCGFの面積は，$(2 + 4) \times 6 \div 2 = 18\,(\text{cm}^2)$　三角形CGQは三角形BFAの拡大図で，CG：QG = BF：AF = 2：4 = 1：2より，$QG = 4 \times 2 = 8\,(\text{cm})$　これより，$QH = 8 - 6 = 2\,(\text{cm})$　また，三角形DHQは三角形CGQの縮図で，DH：QH = CG：QG = 4：8 = 1：2より，$DH = 2 \div 2 = 1\,(\text{cm})$　よって，台形DCGHの面積は，$(1 + 4) \times 6 \div 2 = 15\,(\text{cm}^2)$　さらに，AI = QH = 2cm，AIとQHが平行より，三角形AIEと三角形QHEは合同で，$EI = EH = 6 \div 2 = 3\,(\text{cm})$　よって，三角形EDHの面積は，$1 \times 3 \div 2 = 1.5\,(\text{cm}^2)$，五角形AFGHEの面積は，$6 \times 6 - 2 \times 3 \div 2 = 33\,(\text{cm}^2)$　以上より，切り取った立体のうち，点Gを含むほうの表面から面ABCDEを除いた表面積は，$4 + 18 + 15 + 1.5 + 33 = 71.5\,(\text{cm}^2)$，もう一方の立体の表面から面ABCDEを除いた表面積は，$6 \times 6 \times 6 - 71.5 = 144.5\,(\text{cm}^2)$になるので，２つの立体の表面積の差は，$144.5 - 71.5 = 73\,(\text{cm}^2)$

第50回

1 0　2 $\frac{9}{10}$　3 27　4 2（時間）24（分前）　5 8　6 30　7 3（頭）　8 163.28（cm^3）　9 180（cm^3）　10 8（cm^2）

解説

1 与式 $= 1 - \left(\frac{9}{5} - \frac{1}{5}\right) \times \frac{5}{8} = 1 - \frac{8}{5} \times \frac{5}{8} = 1 - 1 = 0$

2 与式 $= \frac{1}{1} - \frac{1}{2} + \frac{1}{2} - \frac{1}{3} + \frac{1}{3} - \frac{1}{4} + \frac{1}{4} - \frac{1}{5} + \frac{1}{5} - \frac{1}{6} + \frac{1}{6} - \frac{1}{7} + \frac{1}{7} - \frac{1}{8} + \frac{1}{8} - \frac{1}{9} + \frac{1}{9} - \frac{1}{10} = \frac{1}{1} - \frac{1}{10} = \frac{9}{10}$

3 一の位が６であることに注目すると，$2 \times 2 + 2 = 6$，$7 \times 7 + 7 = 56$より，一の位の数は２か７の２通り。また，$20 \times 20 = 400$，$30 \times 30 = 900$より，求める数は22か27のいずれか。$22 \times 22 + 22 = 506$，$27 \times 27 + 27 = 756$より，$\boxed{} = 27$

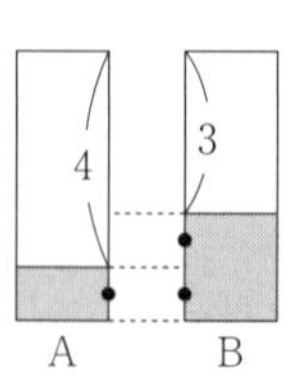

4 同じ時間水を抜いたときの水面の高さの下がり方の比は，A：B = $\frac{1}{3}$：$\frac{1}{4}$ = 4：3　残ったBの水面の高さがAの２倍になったとき，右図の●の長さが等しいので，比の，$4 - 3 = 1$がAの水面の高さと等しい。よって，比の，$4 + 1 = 5$が満水のときの水面の高さにあたり，このときのAは満水のときの水の$\frac{4}{5}$がなくなっているので，水を抜き始めてから，$3 \times \frac{4}{5} = \frac{12}{5}$（時

間前)，つまり2時間24分前。

5 4時00分に長針と短針のつくる角は，$360° \div 12 \times 4 = 120°$　長針は1分間に，$360° \div 60 = 6°$，短針は1分間に，$360° \div 12 \div 60 = 0.5°$ 進むから，長針と短針のつくる角が76°になるのは4時，$(120° - 76°) \div (6° - 0.5°) = 8$ (分)

6 三角形ABIと合同な二等辺三角形は，三角形ABIをふくめて，三角形BCA，三角形CDB，三角形DEC，…，三角形IAHの9個できる。同様に，三角形ACH，三角形AEFと合同な二等辺三角形も，それぞれ9個できるから，二等辺三角形は，$9 + 9 + 9 = 27$ (個)できる。正三角形は，三角形ADGと三角形BEHと三角形CFIの3個できる。よって，全部で，$27 + 3 = 30$ (個)

7 1日に牛1頭が食べる草の量を1とする。10頭の牛が6日間で食べた草の量は，$1 \times 10 \times 6 = 60$　15頭の牛が3日間で食べた草の量は，$1 \times 15 \times 3 = 45$　草の量の差の，$60 - 45 = 15$ が，3日間で生える草の量なので，1日に生える草の量は，$15 \div 3 = 5$ となり，はじめにあった草の量は，$60 - 6 \times 5 = 30$　$4 + 3 = 7$ (日間)で牛が食べた草の量の合計は，$30 + 5 \times 7 = 65$ で，はじめの8頭の牛が食べた草の量は，$1 \times 8 \times 7 = 56$　よって，後から加えた牛が3日間で食べた草の量は，$65 - 56 = 9$ なので，牛は，$9 \div 3 = 3$ (頭)

8 右図のように，正方形に記号をつける。アの正方形1個を回転させると，底面が半径2cm，中心角90°のおうぎ形で，高さが2cmの立体になる。イの正方形1個を回転させると，底面が半径，$2 \times 2 = 4$ (cm)，中心角90°のおうぎ形で，高さが2cmの立体から，ア1個を90°回転させてできる立体を取りのぞいた形になる。これより，ア1個とイ1個を90°回転させてできる立体の体積は，底面が半径4cm，中心角90°のおうぎ形で，高さが2cmの立体の体積に等しくなる。また，ウの正方形1個を回転させると，底面が半径，$2 \times 3 = 6$ (cm)，中心角90°のおうぎ形で，高さが2cmの立体から，底面が半径4cm，中心角90°のおうぎ形で，高さが2cmの立体を取りのぞいた形になる。よって，求める立体の体積は，$4 \times 4 \times 3.14 \times \frac{90}{360} \times 2 \times 4 + \left(6 \times 6 \times 3.14 \times \frac{90}{360} \times 2 - 4 \times 4 \times 3.14 \times \frac{90}{360} \times 2\right) \times 2 = 163.28$ (cm^3)

A

		ア		
	イ	ア	ア	
ウ	イ		ア	イ
ウ				イ

B

9 展開図を組み立てると，右図のように1辺6cmの立方体から三角すいを切り取った立体ができる。よって，$6 \times 6 \times 6 - 6 \times 6 \div 2 \times 6 \times \frac{1}{3} = 180$ (cm^3)

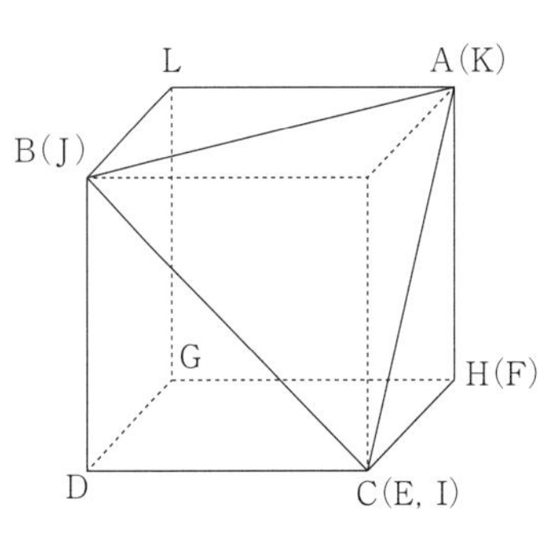

10 右図で，BH：HD = BE：CD = 1：(1 + 1) = 1：2，BG：GD = BC：FD = (1 + 2)：2 = 3：2　BDの長さを15とすると，BH：HD = 5：10，BG：GD = 9：6になるので，BD：GH = 15：(15 − 5 − 6) = 15：4　三角形BCDの面積は，$60 \div 2 = 30$ (cm^2)なので，斜線部の面積は，$30 \times \frac{4}{15} = 8$ (cm^2)

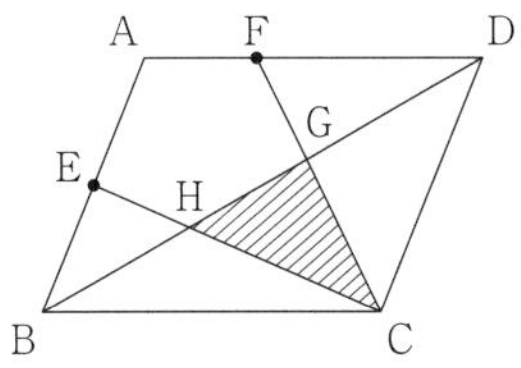

第51回

1 $\frac{25}{2}$　2 $\frac{10}{11}$　3 21　4 7 (点)　5 $32\frac{8}{11}$　6 (分速) 840 (m)　7 20m　8 108　9 31.4 (cm)　10 13 (cm)

解　説

1 与式 $= \left(\frac{5}{4} + 1 \div 0.8\right) \times 5 = \left(\frac{5}{4} + \frac{5}{4}\right) \times 5 = \frac{5}{2} \times 5 = \frac{25}{2}$

2 与式 $= \frac{2}{1 \times 3} + \frac{2}{3 \times 5} + \frac{2}{5 \times 7} + \frac{2}{7 \times 9} + \frac{2}{9 \times 11} = \left(\frac{1}{1} - \frac{1}{3}\right) + \left(\frac{1}{3} - \frac{1}{5}\right) + \left(\frac{1}{5} - \frac{1}{7}\right) + \left(\frac{1}{7} - \frac{1}{9}\right) + \left(\frac{1}{9} - \frac{1}{11}\right) = 1 - \frac{1}{11} = \frac{10}{11}$

3 $(5 + 7.5) \times 16 \div (4 \times \square - 9) + \left(\frac{1}{3} + \frac{4}{3} \times \frac{7}{4} \times \frac{3}{7} \div \frac{1}{2}\right) = 5$ より，$12.5 \times 16 \div (4 \times \square - 9) + \left(\frac{1}{3} + 2\right) = 5$ だから，$200 \div (4 \times \square - 9) + \frac{7}{3} = 5$　したがって，$200 \div (4 \times \square - 9) = 5 - \frac{7}{3} = \frac{8}{3}$ より，$4 \times \square - 9 = 200 \div \frac{8}{3} = 75$ だから，$4 \times \square = 75 + 9 = 84$　よって，$\square = 84 \div 4 = 21$

4 平均点と同じ点数をとった人以外の 3 人について考えると，最高点をとった 2 人の平均点との差の合計が，$2 \times 2 = 4$ (点)で，これが最低点の人の平均点との差になる。よって，平均点は，$3 + 4 = 7$ (点)

5 短針は 1 時間に，$360° \div 12 = 30°$ 進むので，午後 6 時に時計の短針は，長針より，$30° \times 6 = 180°$ 前にある。1 分間に長針は，$360° \div 60 = 6°$，短針は，$30° \div 60 = 0.5°$ 進むので，以後，長針と短針は 1 分間に，$6° - 0.5° = 5.5°$ ずつ近づく。よって，長針と短針が重なるのは，午後 6 時，$180 \div 5.5 = 32\frac{8}{11}$ (分)

6 普通列車が 14 秒で進む道のりは，$540 \times \frac{14}{60} = 126$ (m)なので，特急列車が止まっている普通列車を追いこすときと，すれ違うときとの走る道のりの差は 126m。この道のりを特急列車は，$23 - 14 = 9$ (秒)で進むから，特急列車の速さは分速，$126 \div \frac{9}{60} = 840$ (m)

7 電車の速さは秒速，$1.8 \times 1000 \div 60 = 30$ (m)　電車の全体の長さは，$30 \times 17 - 350 = 160$ (m)　よって，電車 1 両の長さは，$160 \div 8 = 20$ (m)

8 面 ABCD の面積は，$24 \div 2 = 12$ (cm^2)　面 ABFE の面積は，$96 \div 2 \div 2 = 24$ (cm^2)　面 BFGC の面積は，$36 \div 2 = 18$ (cm^2)　よって，この直方体の表面積は，$(12 + 24 + 18) \times 2 = 108$ (cm^2)

9 半円が転がる様子は右図のようになり，中心 O が動いたあとは，太線のようになる。中心 O の動いたあとのうち，最初の曲線部分と最後の曲線部分はともに半径 5 cm，中心角 90° のおうぎ形の曲線部分の長さなので，

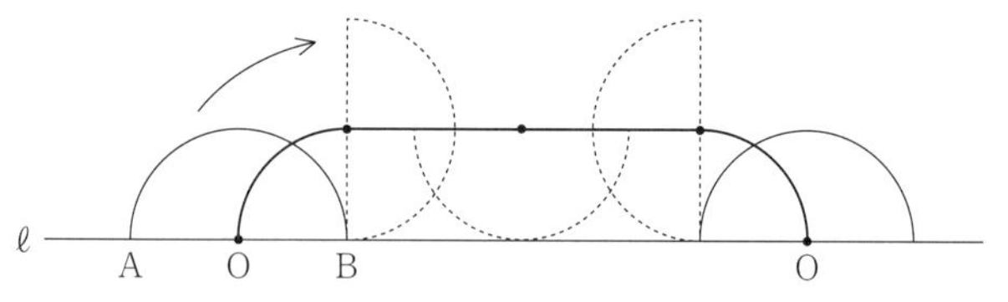

合わせて，$5 \times 2 \times 3.14 \times \frac{90}{360} \times 2 = 5 \times 3.14$ (cm)　中心 O が動いたあとのうち，まん中の直線部分は，半円の曲線部分の長さと等しくなるので，$5 \times 2 \times 3.14 \div 2 = 5 \times 3.14$ (cm)　よって，中心 O が動いたあとの長さは，$5 \times 3.14 + 5 \times 3.14 = 31.4$ (cm)

10 容器の容積は，$0.65 \times 26 = 16.9$ (dL) $= 1690$ (cm^3)なので，容器の底面積は，$1690 \times 3 \div 30 = 169$ (cm^2)　よって，$169 = 13 \times 13$ より，底面の正方形の一辺の長さは 13cm。

第52回

1 3　2 $\frac{1}{65}$　3 0.5　4 ㋐ 5　㋑ 6　5 20（通り）　6 60　7 7500（円）　8 127.17（cm^3）
9 15（cm^2）　10（体積）452.16（cm^3）（表面積）424.8（cm^2）

解　説

1 与式 $=(1.8-1.5)\times 2+1.2\times 2=(1.8-1.5+1.2)\times 2=1.5\times 2=3$

2 与式 $=\frac{1}{4}\times\left(\frac{1}{3\times 5}-\frac{1}{5\times 7}\right)+\frac{1}{4}\times\left(\frac{1}{5\times 7}-\frac{1}{7\times 9}\right)+\frac{1}{4}\times\left(\frac{1}{7\times 9}-\frac{1}{9\times 11}\right)+\frac{1}{4}\times\left(\frac{1}{9\times 11}-\frac{1}{11\times 13}\right)+\frac{1}{4}\times\left(\frac{1}{11\times 13}-\frac{1}{13\times 15}\right)=\frac{1}{4}\times\left(\frac{1}{3\times 5}-\frac{1}{13\times 15}\right)=\frac{1}{4}\times\left(\frac{13}{195}-\frac{1}{195}\right)=\frac{1}{4}\times\frac{4}{65}=\frac{1}{65}$

3 $\frac{1\times 3}{(\square+1)\times 3}=\frac{3}{\square\times 3+3}$ より，分子が等しくなるので，分母も等しくなり，$\square\times 3+3=\square+4$　移項して，$\square\times 3-\square=4-3$ より，$\square\times(3-1)=1$ だから，$\square\times 2=1$　よって，$\square=1\div 2=0.5$

4 25m 以上投げた人は，$40\times 0.45=18$（人）なので，㋑に入る数は，$18-(8+4)=6$　よって，㋐に入る数は，$40-(6+11+8+6+4)=5$

5 同じ色がとなり合わないようにするので，2色でぬり分けるには，アとウ，イとエをそれぞれ同じ色でぬる。アとウにぬる色の選び方が5色のどれかで5通りあり，そのそれぞれにイとエにぬる色の選び方がアとウにぬった色を除く4通りあるので，ぬり分け方は全部で，$5\times 4=20$（通り）

6 仕入れにかかった合計金額は，$200\times 100=20000$（円）なので，売上高の合計は，$20000\times(1+0.08)=21600$（円）　定価は，$200\times(1+0.2)=240$（円）で，原価の1割引きは，$200\times(1-0.1)=180$（円）　100個とも原価の1割引きで売ったときの売上高の合計は，$180\times 100=18000$（円）で，実際より，$21600-18000=3600$（円）少ない。原価の1割引きの代わりに定価で売った品物が1個あるごとに売上高の合計は，$240-180=60$（円）増えるので，定価で売った品物は，$3600\div 60=60$（個）

7 お年玉をもらった1か月後に預けたお金は，$8160\div\left(1+\frac{1}{5}\right)=6800$（円）より，最初に預けたお金は，$(6800+1000)\div\left(1+\frac{1}{5}\right)=6500$（円）　よって，最初にもらったお年玉は，$6500+1000=7500$（円）

8 右図のように，切り取った2つの立体を㋐，㋑とする。㋐を2つ合わせると，底面の半径が3cmで高さが3cmの円柱ができる。また，㋑を2つ合わせると，底面の半径が3cmで高さが4cmの円柱ができる。よって，切り取った立体の体積は，$3\times 3\times 3.14\times 3\div 2+3\times 3\times 3.14\times 4\div 2=31.5\times 3.14$（$cm^3$）　もとの円柱は，底面の半径が3cmで高さが8cmなので，求める立体の体積は，$3\times 3\times 3.14\times 8-31.5\times 3.14=127.17$（$cm^3$）

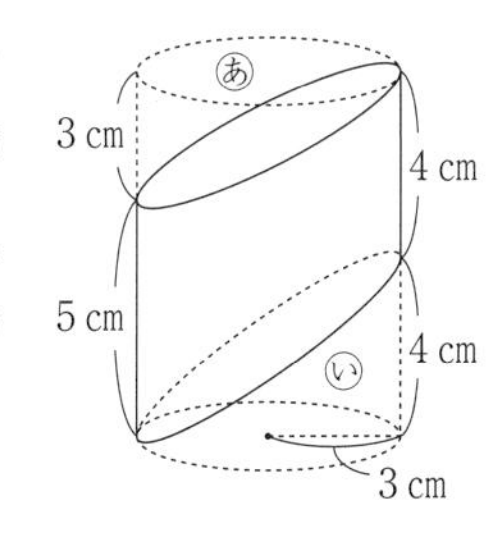

9 右図で，ひし形 ABCD は，三角形 AEG 4 個と三角形 EFG 8 個でできている。AF = 10 ÷ 2 = 5 (cm)，GF = 6 ÷ 2 = 3 (cm)なので，AG：GF = (5 − 3)：3 = 2：3　三角形 AEG と三角形 EFG は，底辺をそれぞれ AG，FG としたときの高さが等しいので，三角形 AEG と三角形 EFG の面積の比は 2：3　これより，ひし形 ABCD では，しゃ線部分としゃ線のない部分の面積の比は，(2 × 4)：(3 × 8) = 1：3　よって，三角形 AGE 4 個分の面積は，$6 \times 10 \div 2 \times \frac{1}{1+3} = 7.5$ (cm^2)　しゃ線部分全体の面積は，この面積の 2 倍なので，7.5 × 2 = 15 (cm^2)

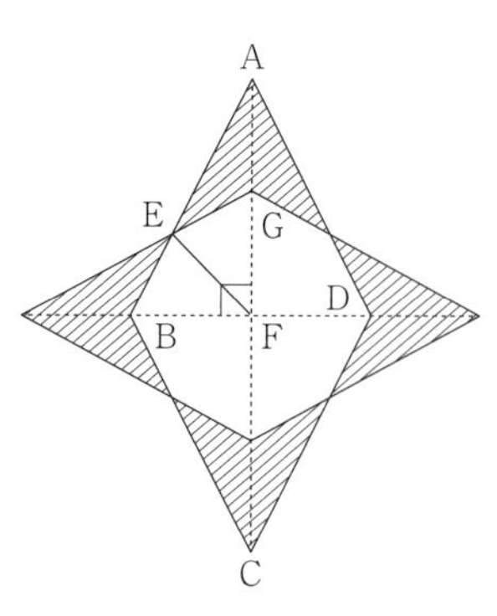

10 中心角が 120° のおうぎ形を底面とする，高さがそれぞれ，4 + 2 = 6 (cm)，2 + 2 = 4 (cm)，2 cm の異なる 3 つの柱体に分けると，底面積はともに，$6 \times 6 \times 3.14 \times \frac{120}{360} = 12 \times 3.14$ (cm^2)なので，この立体の体積は，12 × 3.14 × 6 + 12 × 3.14 × 4 + 12 × 3.14 × 2 = 452.16 (cm^3)　また，真上から見える 3 つのおうぎ形を合わせると半径 6 cm の円になるので，その面積は，6 × 6 × 3.14 = 36 × 3.14 (cm^2)　側面のうち，曲面部分の面積の合計は，$6 \times 2 \times 3.14 \times \frac{120}{360} \times 6 + 6 \times 2 \times 3.14 \times \frac{120}{360} \times 4 + 6 \times 2 \times 3.14 \times \frac{120}{360} \times 2 = 48 \times 3.14$ (cm^2)で，平面部分の面積の合計は，4 × 6 + (4 − 2) × 6 + 2 × 6 = 48 (cm^2)　よって，この立体の表面積は，36 × 3.14 × 2 + 48 × 3.14 + 48 = 424.8 (cm^2)

第53回

1 $\frac{7}{12}$　2 $\frac{1}{3}$　3 4035　4 $\frac{719}{720}$　5 12 (通り)　6 170
7 (1 位) B　(2 位) D　(3 位) E　(4 位) A　(5 位) C　8 90　9 339.12 (cm^2)　10 48

解　説

1 与式 $= \frac{5}{6} \div \frac{3}{4} \div \frac{8}{9} - \frac{34}{33} \times \frac{11}{17} = \frac{5}{6} \times \frac{4}{3} \times \frac{9}{8} - \frac{2}{3} = \frac{5}{4} - \frac{2}{3} = \frac{7}{12}$

2 与式 $= \{(5-4)+(10-8)+(15-12)+(20-16)+\cdots+(125-100)\} \div (3+6+9+12+\cdots+75) = \frac{1+2+3+4+\cdots+25}{3+6+9+12+\cdots+75} = \frac{1+2+3+4+\cdots+25}{3 \times (1+2+3+4+\cdots+25)} = \frac{1}{3}$

3 $\frac{2018 \times (\square - 1)}{\square + 1} = 2017$ より，$\frac{\square - 1}{\square + 1} = 2017 \div 2018 = \frac{2017}{2018}$　$\frac{\square - 1}{\square + 1}$ の分子は分母より 2 小さいので，$\frac{2017}{2018}$ の分子も分母より 2 小さくすると，$\frac{2017 \times 2}{2018 \times 2} = \frac{4034}{4036}$　よって，$\square + 1 = 4036$ より，$\square = 4036 - 1 = 4035$

4 与式 $= \frac{1}{1!} - \frac{1}{2!} + \frac{1}{2!} - \frac{1}{3!} + \frac{1}{3!} - \frac{1}{4!} + \frac{1}{4!} - \frac{1}{5!} + \frac{1}{5!} - \frac{1}{6!} = \frac{1}{1!} - \frac{1}{6!} = \frac{1}{1} - \frac{1}{6 \times 5 \times 4 \times 3 \times 2 \times 1} = 1 - \frac{1}{720} = \frac{719}{720}$

5 父と母を 1 組にして考えると並び方は，3 × 2 × 1 = 6 (通り)　父と母の並び方は，父と母，母と父の 2 通りあるから，6 × 2 = 12 (通り)

6 線の交わる点までの進み方の数をその点の右下に書く。例えば，右または上進める場合は右図１のように，P，QへはOから進む１通りずつで，RへはPとQから進めるので，P，Qまでの進み方の和で，$1 + 1 = 2$（通り） 右上にも進める場合は，右図２のように，S，TへはOから進む１通りずつで，UへはSとTに加えてOからも進めるので，$1 + 1 + 1 = 3$（通り）となる。このようにしてAからBまでの進む経路を書きこむと，右図３のようになるので，AからBまで進む経路は170通り。

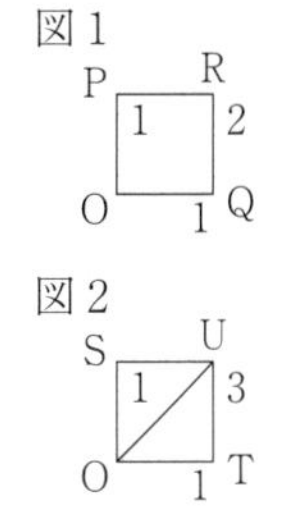

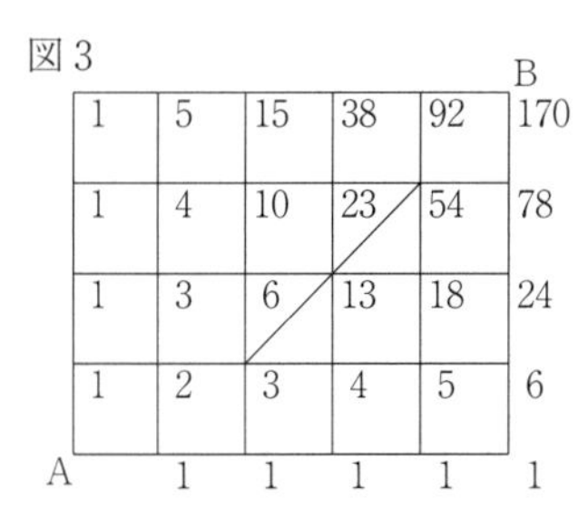

7 イ，ウ，エより，A，B，C，Dは３位ではないので，Eが３位となり，ウ，オより，Cは５位。さらに，アより，Aは２位か４位，Bは１位か４位，Dは１位か２位だから，カについて，BとDとEがゼッケン番号より小さいとわかる。よって，Bが１位となり，Dが２位，Aが４位。

8 右図のようにA～Eをとると，三角形DBAと三角形EACは合同だから，三角形ABCはAB = ACの直角二等辺三角形。よって，角㋒の大きさは45°だから，角㋒と角ACBの大きさは等しく，角㋓と角ACEは等しいから，３つの角の大きさの和は，角ACB＋角ACE＋㋔＝90°

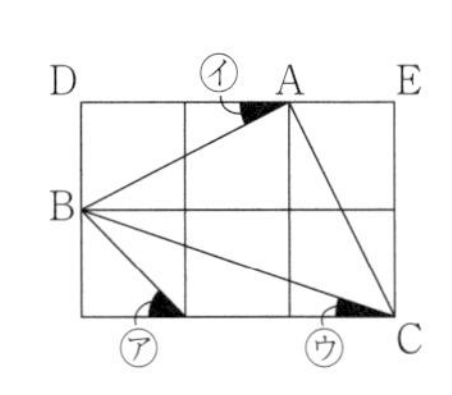

9 半径10cmのおうぎ形の中心角は，$360° - 144° = 216°$なので，曲線部分の長さは，$10 \times 2 \times 3.14 \times \frac{216}{360} = 12 \times 3.14$（cm） ２つのおうぎ形は曲線部分の長さが等しいので，中心角が270°のおうぎ形の直径は，$(12 \times 3.14) \div \left(3.14 \times \frac{270}{360}\right) = 16$（cm）で，半径は，$16 \div 2 = 8$（cm） よって，求める表面積は，$10 \times 10 \times 3.14 \times \frac{216}{360} + 8 \times 8 \times 3.14 \times \frac{270}{360} = 339.12$（$cm^2$）

10 右図のように，この立体を，２点C，Dを通り，底面と平行な面で切ったときにできる２点A，Bをふくむ方の立体の体積は，$(6 \times 6 - 2 \times 2) \times (6 - 3) = 96$（$cm^3$） これは，求めたい立体の体積の２倍に相当する。よって，４点A，B，C，Dを通る平面で切ったときにできる小さい方の立体の体積は，$96 \div 2 = 48$（cm^3）

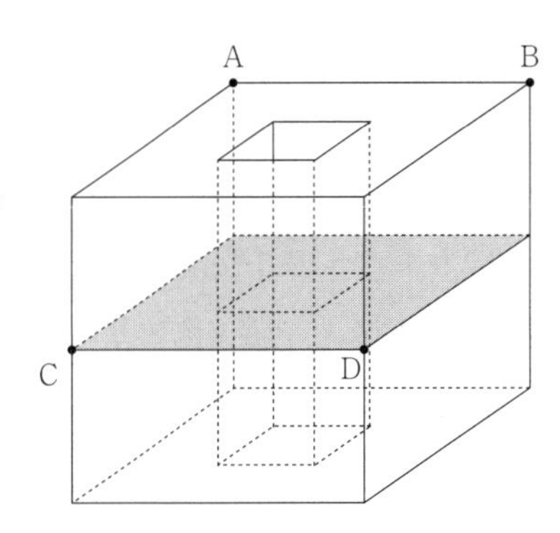

第54回

1 1　2 672　3 338　4 11　5 10　6 25　7 ア．8　イ．30　8（右図）
9 2.6（cm）　10 3：1

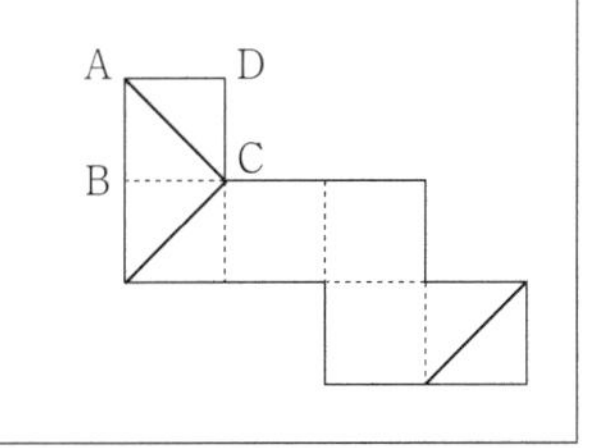

解　説

1 与式＝$\frac{7}{3} - \frac{39}{40} \times \frac{5}{3} + \frac{7}{24} = \frac{7}{3} - \frac{13}{8} + \frac{7}{24} = 1$

2 与式＝$(12 + 100) \times 12 \div 2 = 672$

3 $(\square + 335) \times (\square - 335) = 2019 = 673 \times 3$より，$\square + 335 = 673$なので，$\square = 673 -$

335 = 338　または，□ − 335 = 3 より，□ = 3 + 335 = 338

4 A ÷ B = 3 余り 2 より，A = B × 3 + 2　また，C ÷ A = 4 余り 3 より，C = A × 4 + 3 =（B × 3 + 2）× 4 + 3 = B × 12 + 11　よって，C が B で割り切れるのは，（B × 12 + 11）が B で割り切れるときなので，B が 11 の約数になるとき。ただし，A ÷ B = 3 余り 2 より，B は 2 より大きいから，C が B で割り切れるのは，B が 11 のとき。

5 B 君，C 君，D 君，E 君，F 君の 5 人から，委員に選ばれない，6 − 4 = 2（人）を選ぶと考えても同じだから，（B，C），（B，D），（B，E），（B，F），（C，D），（C，E），（C，F），（D，E），（D，F），（E，F）の 10 通り。

6 A のかごから 12 個のボールを取り出して B のかごに入れたとき，B のかごのボールの個数は，（123 − 12）÷ 3 = 37（個）　よって，はじめに入っていた B のかごのボールの個数は，37 − 12 = 25（個）

7 1 時間 = 60 分より，実際の時間とこの時計の進む時間の速さの比は，60：（60 − 10）= 6：5　午前 8 時 30 分から午後 6 時 30 分までの時間は，午後 6 時 30 分 − 午前 8 時 30 分 = 10 時間なので，この時計が 10 時間進む間に実際には，$10 \times \frac{6}{5}$ = 12（時間）進んでいる。よって，正しい時刻は，午前 8 時 30 分 + 12 時間 = 午後 8 時 30 分

8 立方体の展開図に頂点の記号を書いていくと次図 I のようになるので，対角線をかきいれた面は図 I の色をつけた面になる。よって，次図 II のように，面 ABCD に対角線 AC，面 BCGF に対角線 CF，面 ABFE に対角線 AF をひけばよい。

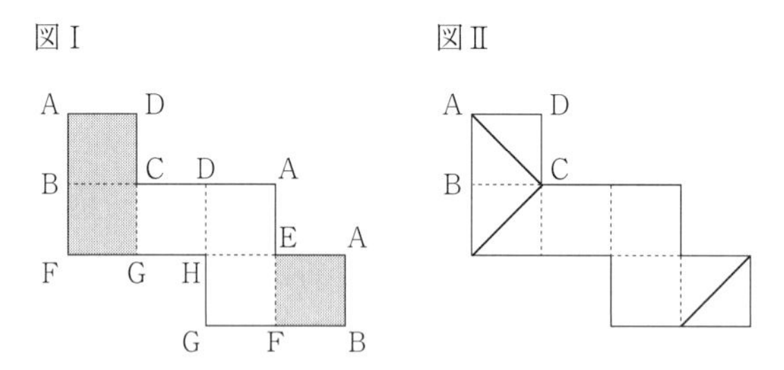

9 三角形 BDE の面積が，6 × 3 ÷ 2 = 9（cm^2）となることから，底辺 3 cm，高さ BC の三角形 ABE の面積は，12.9 − 9 = 3.9（cm^2）　よって，BC = 3.9 × 2 ÷ 3 = 2.6（cm）

10 ①は次図 I，②は次図 II のようになる。縦の長さを 1 とすると，①の体積は，1 × 1 × 3.14 × 1 = 3.14，②の体積は，$\frac{1}{2} \times \frac{1}{2} \times 3.14 \times 1 + \frac{1}{2} \times \frac{1}{2} \times 3.14 \times 1 \div 3 = \frac{1}{3} \times 3.14$ と表すことができる。よって，体積の比は，$3.14 : \left(\frac{1}{3} \times 3.14\right) = 3 : 1$

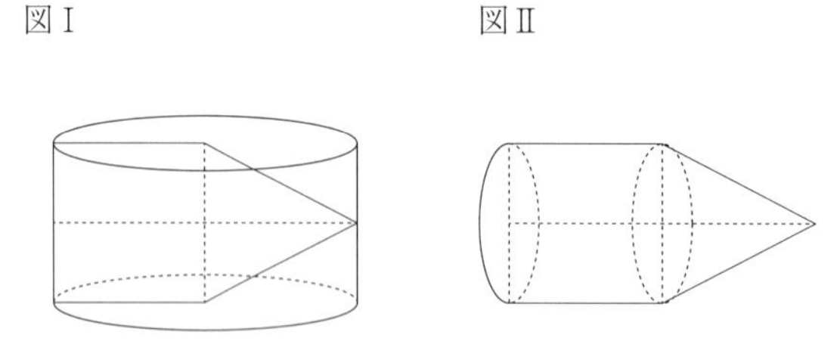

第 55 回

1 $\frac{1}{4}$　2 4950　3 5　4 木　5 12　6 12　7 1650（円）　8 540（cm^3）　9 42　10 343

解説

1 与式 $= \left\{\left(\dfrac{3}{2}+\dfrac{15}{8}\right)\times\dfrac{5}{12}-\dfrac{3}{4}\right\}\div 2\dfrac{5}{8} = \left(\dfrac{27}{8}\times\dfrac{5}{12}-\dfrac{3}{4}\right)\div\dfrac{21}{8} = \left(\dfrac{45}{32}-\dfrac{3}{4}\right)\div\dfrac{21}{8} = \dfrac{21}{32}\times\dfrac{8}{21} = \dfrac{1}{4}$

2 与式＝(1 + 99) × 99 ÷ 2 = 4950

3 四捨五入する前の数は35以上45未満なので，3をひく前の数は，35 + 3 = 38 (以上)，45 + 3 = 48 (未満) はじめの数は，38 ÷ 2 = 19 (以上)，48 ÷ 2 = 24 (未満)なので，あてはまる整数は19から23までの，23 − 19 + 1 = 5 (個)

4 ある曜日の5週の日付の和でもっとも小さくなるのは，1 + 8 + 15 + 22 + 29 = 75なので，この月の月曜日は4週までとわかる。ここで，1週目の日付と比べると，2週目の日付は7大きく，3週目の日付は，7 + 7 = 14大きく，4週目の日付は，14 + 7 = 21大きいので，4週の和は，1週目の日付の4倍より，7 + 14 + 21 = 42大きい。よって，1週目の日付は，(62 − 42) ÷ 4 = 5 (日)なので，この月の1日の曜日は月曜日の4日前の木曜日。

5 6％の食塩水300gにふくまれる食塩の量は，300 × 0.06 = 18 (g)　混ぜ合わせてできた食塩水にふくまれる食塩の量は，(300 + 150 + 30) × 0.075 = 36 (g)　よって，150gの食塩水に含まれる食塩の量は，36 − 18 = 18gなので，濃度は，(36 − 18) ÷ 150 × 100 = 12 (％)

6 20 − 5 = 15 (個)のプリンと，9個のケーキの値段は同じなので，プリン20個と，ケーキ，$20\times\dfrac{9}{15}=12$ (個)は同じ値段。

7 2人の所持金の合計は変わらないので，比の数の和を，5 + 2 = 7と，7 + 4 = 11の最小公倍数の77にそろえると，AとBの所持金の比は，最初が，(5 × 11)：(2 × 11) = 55：22で，最後が，(7 × 7)：(4 × 7) = 49：28　これらの比の，55 − 49 = 6にあたる金額が180円なので，1にあたる金額は，180 ÷ 6 = 30 (円)　よって，Aの最初の所持金は，30 × 55 = 1650 (円)

8 この立体は，右図のような直方体と三角柱を合わせた立体。この立体の左側の直方体の体積は，12 × 6 × 5 = 360 (cm^3)で，右側の三角柱は，この直方体を2等分したものなので，体積は，360 ÷ 2 = 180 (cm^3)　よって，この立体の体積は，360 + 180 = 540 (cm^3)

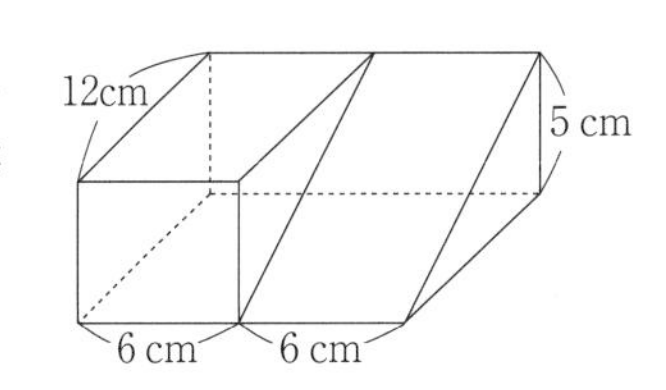

9 正五角形の1つの内角の大きさは，180° × (5 − 2) ÷ 5 = 108°だから，角BCFの大きさは，108° − 60° = 48°　三角形BCFはBC = FCの二等辺三角形だから，角FBCの大きさは，(180° − 48°) ÷ 2 = 66°　よって，角(ア)の大きさは，108° − 66° = 42°

10 立方体を3回切り分けるので，正方形の面が，2 × 3 = 6 (個)増える。したがって，正方形6個分の面積が294cm^2になるから，正方形1個の面積は，294 ÷ 6 = 49 (cm^2)　7 × 7 = 49より，1辺の長さは7cmなので，求める体積は，7 × 7 × 7 = 343 (cm^3)

第56回

1 1.8　2 150　3 28.26　4 6 (月) 17 (日)　5 6.5 (％)　6 243　7 15　8 216
9 ア．108 (度)　イ．106 (度)　10 ア．2　イ．5.2

解説

1 与式 $= 0.2 + \{5.7 - (2.4 - 0.6) \div 0.4\} \times \dfrac{4}{3} = 0.2 + (5.7 - 1.8 \div 0.4) \times \dfrac{4}{3} = 0.2 + (5.7 - 4.5) \times \dfrac{4}{3} =$

$0.2 + 1.2 \times \frac{4}{3} = 0.2 + 1.6 = 1.8$

2 与式$=(1 + 29) \times 10 \div 2 = 30 \times 10 \div 2 = 150$

3 ある数に3.14をかけることは，ある数に3をかけた数とある数に0.14をかけた数をたすことと同じである。よって，ある数に0.14をかけた数は0.14より1.12大きいことになるから，ある数に0.14をかけた数は，$1.12 + 0.14 = 1.26$となる。よって，ある数は，$1.26 \div 0.14 = 9$より，正しい答えは，$9 \times 3.14 = 28.26$

4 1週間に読むページ数は，$5 \times 5 + 10 \times 2 = 45$（ページ）　読み終わるまでにかかる週数は，$500 \div 45 = 11$（週間）あまり5（ページ）で，残りの5ページを読むのに1日かかるので，読み終わるのは，$7 \times 11 + 1 = 78$（日目）になる。4月は30日，5月は31日あるので，$78 - (30 + 31) = 17$（日）より，6月17日。

5 200gの食塩水の濃さが3％濃いと，そこにふくまれている食塩は，$200 \times 0.03 = 6$（g）多くなるので，実際に混ぜた食塩は水よりも6g多い。水と食塩は合わせて，$200 - (60 + 120) = 20$（g）混ぜたので，実際に混ぜた食塩は，$(20 + 6) \div 2 = 13$（g）で，水は，$20 - 13 = 7$（g）　よって，予定していた食塩水200gにふくまれる食塩は，$60 \times 0.02 + 120 \times 0.04 + 7 = 13$（g）なので，その濃さは，$13 \div 200 \times 100 = 6.5$（％）

6 281はaとbの和だから，281をbでわると，商は，$6 + 1 = 7$であまりが15となる。よって，bは，$(281 - 15) \div 7 = 38$　aは，$281 - 38 = 243$

7 1人に1個ずつ配った残りの，$7 - 3 = 4$（個）の配り方を考えると，（4個，0個，0個），（3個，1個，0個），（2個，2個，0個），（2個，1個，1個）の4通りの配り方がある。このうち，（4個，0個，0個），（2個，2個，0個），（2個，1個，1個）の配り方はだれが他の2人と個数がちがうかで3通りずつの配り方があり，（3個，1個，0個）はだれが3個かで3通り，残りの2人のどちらが1個かで2通り，残りの1人が0個で1通りあるので，$3 \times 2 \times 1 = 6$（通り）の配り方がある。よって，配り方は全部で，$3 \times 3 + 6 = 15$（通り）

8 1つの立方体を，1辺の長さが$\frac{1}{○}$の小さな立方体（○×○×○）個に分けると，小さな立方体1個の表面積は，もとの立方体の表面積の$\left(\frac{1}{○} \times \frac{1}{○}\right)$倍になるから，表面積の合計は，$\frac{1}{○} \times \frac{1}{○} \times ○ \times ○ \times ○ = ○$（倍）になる。よって，小さな立方体の表面積の合計がもとの立方体の表面積の6倍になるとき，小さな立方体の個数は，$6 \times 6 \times 6 = 216$（個）

9 アの角度は正五角形の1つの角度なので，$180° \times (5 - 2) \div 5 = 108°$　右図のように，角ウ～角カをとると，ウの角度は，$180° - (108° + 40°) = 32°$　エの角度は，$180° - (108° + 32°) = 40°$で，オの角度も40°。よって，カの角度は，$180° - (108° + 40°) = 32°$であり，180°とカの角度を合わせると，イの角度2つ分になるので，イの角度は，$(180° + 32°) \div 2 = 106°$

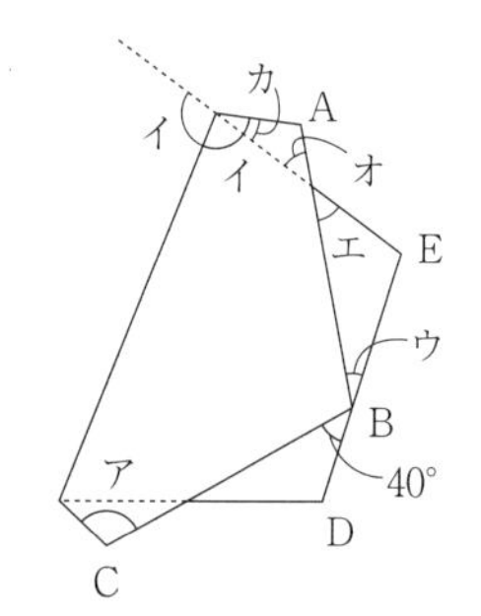

10 点Oと点M，点Pと点Lが重なるので，点Qは点Kと重なる。また，点Qは点Aとも重なるので，頂点Kと重なる点はA，Qの2個。また，面LIJKは長方形で，辺LKと辺IJの長さが等しく，辺IJは辺EDと重なるので，辺LKの長さは5.2cm。

第57回

1 5　2 25　3 57　4 10：9　5 10（％）　6 10　7 14（枚）　8 13760　9 102　10 10（cm）

解　説

1 与式 $= \frac{41}{5} \times \frac{1}{8} - \frac{11}{10} \times \frac{1}{4} + \frac{17}{4} = \frac{41}{40} - \frac{11}{40} + \frac{17}{4} = \frac{3}{4} + \frac{17}{4} = 5$

2 与式 $= (2 - 1) + (4 - 3) + \cdots + (48 - 47) + (50 - 49) = 1 + 1 + \cdots + 1 + 1 = 1 \times 25 = 25$

3 $1 \div \{2 + 1 \div (3 + 4 \div \square)\} = \frac{582}{407} - 1 = \frac{175}{407}$ より，$2 + 1 \div (3 + 4 \div \square) = 1 \div \frac{175}{407} = \frac{407}{175}$ だから，$1 \div (3 + 4 \div \square) = \frac{407}{175} - 2 = \frac{57}{175}$　さらに，$3 + 4 \div \square = 1 \div \frac{57}{175} = \frac{175}{57}$ だから，$4 \div \square = \frac{175}{57} - 3 = \frac{4}{57}$　よって，$\square = 4 \div \frac{4}{57} = 57$

4 男子は生徒全体の，$1 - 0.375 = 0.625$ なので，メガネをかけている男子は全体の，$0.625 \times 0.4 = 0.25$　同様に，メガネをかけている女子は全体の，$0.375 \times 0.6 = 0.225$　よって，求める比は，$0.25 : 0.225 = 10 : 9$

5 容器 A と容器 B に溶けている食塩の重さの合計は，$100 \times 0.11 = 11$ (g) だから，はじめに容器 A に入っている食塩水に溶けている食塩の重さは，$(11 - 5) \div 2 = 3$ (g)　食塩水の重さは，$(100 - 40) \div 2 = 30$ (g)　よって，濃度は，$3 \div 30 \times 100 = 10$ (%)

6 予定より 2 m 長い間隔で 120 本の木を植えると，池の周りの長さより，$2 \times 120 = 240$ (m) 長い。これが予定より 2 m 長い間隔で植えたときの木と木の間 20 か所分にあたるので，予定より 2 m 長い間隔で木を植えたときの間隔は，$240 \div 20 = 12$ (m)　よって，最初に植える予定だった間隔は，$12 - 2 = 10$ (m)

7 10 円玉は 100 円玉より，$5 + 3 = 8$ (枚) 多いから，3 種類の硬貨の枚数を 100 円玉の枚数にそろえたときの金額は，$1190 - (10 \times 8 + 50 \times 3) = 960$ (円)　よって，100 円玉の枚数は，$960 \div (10 + 50 + 100) = 6$ (枚) より，10 円玉は，$6 + 8 = 14$ (枚)

8 水が入る部分の底面積は，$40 \times 40 - 20 \times 20 \times 3.14 = 344$ (cm^2) となるので，求める水の体積は，$344 \times 40 = 13760$ (cm^3)

9 右図で，三角形 ABC と三角形 A′B′C は合同なので，イ $=$ ウ $= 180° - 90° - 34° = 56°$　また，BC $=$ B′C より，三角形 CBB′ は二等辺三角形なので，エ $=$ ウ $= 56°$　よって，オ $= 180° - 56° \times 2 = 68°$　オ $+$ カ $= 90°$ より，カ $= 90° - 68° = 22°$ なので，ア $= 180° -$ イ $-$ カ $= 180° - 56° - 22° = 102°$

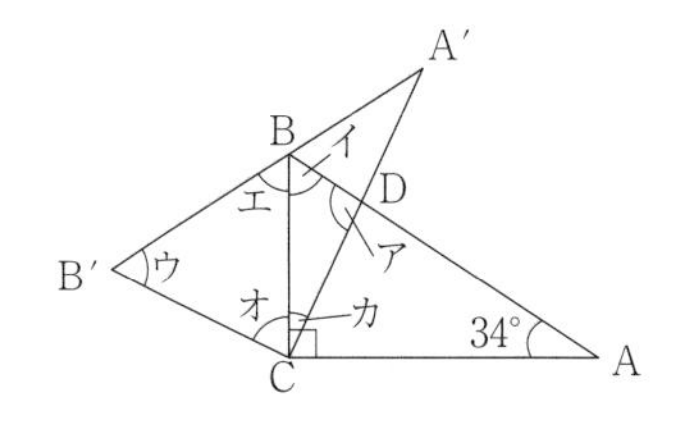

10 高さが 3 倍になったので，長くした 10cm は，もとの三角形の高さの，$3 - 1 = 2$ (倍)　よって，新しい三角形の高さは，$10 \div 2 \times 3 = 15$ (cm) で，底辺の長さは，$75 \times 2 \div 15 = 10$ (cm)

第58回

1 $\frac{1}{7}$　2 $\frac{1}{5}$　3 $\frac{95}{3}$　4 ア．6　イ．2　ウ．3

5 ① 10　② A．1　B．0　C．1　D．1　E．1　③ 17，19，25，27

6 38 (枚)　7 85 (g)　8 ① 16.5 (cm)　② 14 (分後)　9 42.84 (cm^3)　10 1280 (cm^3)

解　説

1 与式 $= \left(\frac{5}{8} \div \frac{10}{9} - 0.75 \times \frac{5}{7}\right) \times \frac{16}{3} = \left(\frac{5}{8} \times \frac{9}{10} - \frac{3}{4} \times \frac{5}{7}\right) \times \frac{16}{3} = \left(\frac{9}{16} - \frac{15}{28}\right) \times \frac{16}{3} = \frac{9}{16} \times \frac{16}{3} - \frac{15}{28} \times \frac{16}{3} = 3 - \frac{20}{7} = \frac{1}{7}$

2 与式 $= \left(1 - \frac{1}{2}\right) - \left(\frac{1}{2} - \frac{1}{3}\right) - \left(\frac{1}{3} - \frac{1}{4}\right) - \left(\frac{1}{4} - \frac{1}{5}\right) = 1 - 1 + \frac{1}{3} - \frac{1}{3} + \frac{1}{4} - \frac{1}{4} + \frac{1}{5} = \frac{1}{5}$

3 $990 \div \left\{\left(\frac{199}{6} - \square\right) \times \frac{15}{26}\right\} = 2019 - 875 = 1144$ より，$\left(\frac{199}{6} - \square\right) \times \frac{15}{26} = 990 \div 1144 = \frac{45}{52}$ だから，$\frac{199}{6} - \square = \frac{45}{52} \div \frac{15}{26} = \frac{3}{2}$　よって，$\square = \frac{199}{6} - \frac{3}{2} = \frac{95}{3}$

4 $\frac{5}{9}$ で割るのは，$\frac{9}{5}$ をかけるのと同じで，$3\frac{3}{4} = \frac{15}{4}$ なので，求める最も小さい分数は，分母を 9 と 15 の最大公約数，分子を 5 と 4 の最小公倍数にすればよい。9 と 15 の最大公約数は 3，5 と 4 の最小公倍数は 20 なので，求める分数は，$\frac{20}{3} = 6\frac{2}{3}$

5 ① [01010] $= 16 \times 0 + 8 \times 1 + 4 \times 0 + 2 \times 1 + 0 = 8 + 2 = 10$

② $16 + 0 + 4 + 2 + 1 = 23$ より，A = 1，B = 0，C = 1，D = 1，E = 1

③ B = 1，D = 1 のとき，$16 \times 1 + 8 \times 1 + 2 \times 1 + 1 = 27$ で，B = 1，D = 0 のとき，$16 \times 1 + 8 \times 1 + 1 = 25$　また，B = 0，D = 1 のとき，$16 \times 1 + 2 \times 1 + 1 = 19$ で，B = 0，D = 0 のとき，$16 \times 1 + 1 = 17$　よって，17，19，25，27。

6 2 枚ずつ配る場合と，3 枚ずつ配る場合に必要なクッキーの枚数の差は，$8 + 7 = 15$ (枚)　これらの場合に 1 人に配るクッキーの枚数の差は，$3 - 2 = 1$ (枚)なので，子どもの人数は，$15 \div 1 = 15$ (人)　よって，クッキーの枚数は，$2 \times 15 + 8 = 38$ (枚)

7 できる食塩水は，$100 \times 0.1 + 300 \times 0.05 + 15 = 40$ (g)の食塩がとけた 8 %の食塩水なので，その量は，$40 \div 0.08 = 500$ (g)　よって，加えた水の量は，$500 - (100 + 300 + 15) = 85$ (g)

8 ① 12 分後から 20 分後までの 8 分間に，水面は，$24 - 12 = 12$ (cm)上がっているので，この間は 1 分間に，$12 \div 8 = 1.5$ (cm)ずつ上がることがわかる。よって，15 分後の水面の高さは，$12 + 1.5 \times (15 - 12) = 16.5$ (cm)

② 水面の高さが 12cm から 15cm になるのにかかる時間は，$(15 - 12) \div 1.5 = 2$ (分)　よって，求める時刻は，$12 + 2 = 14$ (分後)

9 底面は，たてが 2 cm で横が 4 cm の長方形と，半径が，$4 \div 2 = 2$ (cm)の半円を組み合わせた図形で，この立体の高さは 3 cm だから，求める体積は，$2 \times 4 \times 3 + 2 \times 2 \times 3.14 \div 2 \times 3 = 42.84$ (cm^3)

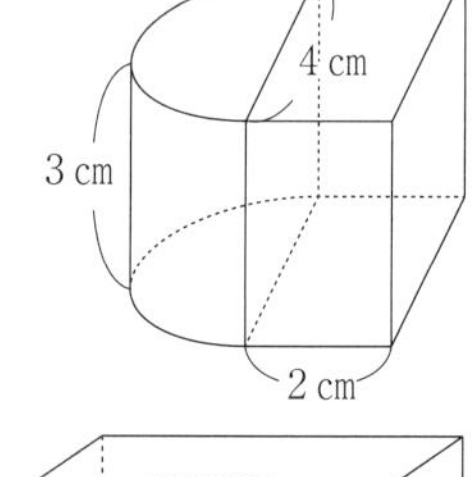

10 1 つの面から見える正方形の数は 8 個より，外側にある正方形の数は，$8 \times 6 = 48$ (個)　次に，できた立体は右図のようになるので，内側に見える正方形の数は，$4 \times 6 = 24$ (個)　したがって，表面積は正方形が，$48 + 24 = 72$ (個分)より，正方形 1 個の面積は，$1152 \div 72 = 16$ (cm^2)　$16 = 4 \times 4$ より，正方形の 1 辺の長さは 4 cm とわかるので，立方体 1 個の体積は，$4 \times 4 \times 4 = 64$ (cm^3)　よって，この立体の体積は，$64 \times 20 = 1280$ (cm^3)

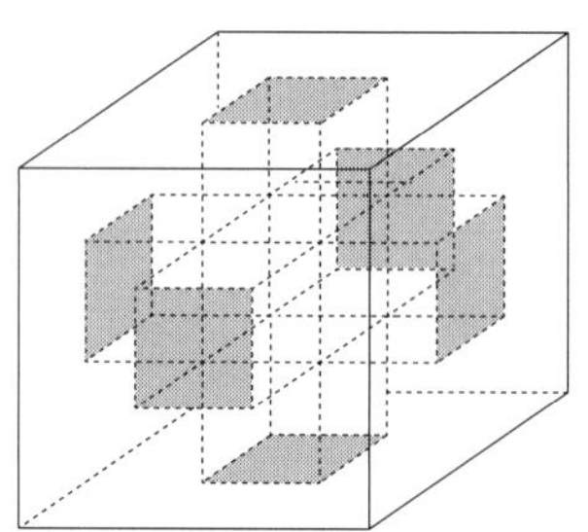

第59回

1 $\frac{7}{6}$　2 $\frac{43}{72}$　3 $\frac{95}{11}$　4 54（点）　5 (1) 23　(2) ●●●●●　6 11　7 76（か所）　8 1140（cm^3）
9 135　10 ① 16.71（cm）　② 128.52（cm^2）

解　説

1 与式＝ $\frac{3}{8}\times 3+\left(\frac{5}{8}-\frac{1}{8}\times\frac{2}{3}\right)\times\frac{5}{13}-\frac{1}{6}=\frac{9}{8}+\left(\frac{5}{8}-\frac{1}{12}\right)\times\frac{5}{13}-\frac{1}{6}=\frac{9}{8}+\frac{13}{24}\times\frac{5}{13}-\frac{1}{6}=\frac{7}{6}$

2 与式＝ $\frac{1}{2}+\frac{1}{3}-\frac{1}{4}+\frac{1}{4}-\frac{1}{5}+\frac{1}{5}-\frac{1}{6}+\frac{1}{6}-\frac{1}{7}+\frac{1}{7}-\frac{1}{8}-\frac{1}{9}=\frac{1}{2}+\frac{1}{3}-\frac{1}{8}-\frac{1}{9}=\frac{36}{72}+\frac{24}{72}-\frac{9}{72}-\frac{8}{72}=\frac{43}{72}$

3 $7\frac{6}{11}-4\frac{1}{16}\div 6.875=\frac{83}{11}-\frac{65}{16}\div\frac{55}{8}=\frac{83}{11}-\frac{13}{22}=\frac{153}{22}$ より，$15-\left(\square+\frac{16}{3}\right)=\frac{153}{22}\div 6\frac{3}{4}=\frac{153}{22}\times\frac{4}{27}=\frac{34}{33}$ だから，$\square+\frac{16}{3}=15-\frac{34}{33}=\frac{461}{33}$　よって，$\square=\frac{461}{33}-\frac{16}{3}=\frac{95}{11}$

4 3人の合計点は，66 × 3 ＝ 198（点）なので，Aさんの得点は，$198\times\frac{6}{6+7+9}=54$（点）

5 (1) 右図のアを●にすると1，イを●にすると2，ウを●にすると4，エを●にすると8を表す。1 ＋ 2 ＋ 4 ＋ 8 ＝ 15なので，オを●にすると16を表すことになる。よって，与式＝（1 ＋ 2 ＋ 8）＋（4 ＋ 8）＝ 11 ＋ 12 ＝ 23

ア　イ　ウ　エ　オ
○○○○○

(2) 1 ＋ 2 ＋ 4 ＋ 8 ＋ 16 ＝ 31なので，5つとも●にすればよい。

6 60円のおかしを24個買うと合計金額は，60 × 24 ＝ 1440（円）で，実際よりも，1777 － 1440 ＝ 337（円）少ない。60円のおかしとほかのおかしとの金額の差は，73 － 60 ＝ 13（円），80 － 60 ＝ 20（円）なので，13円と20円を合わせて24個まで使って337円にすればよい。下1けたを7円にできるのは13円だけで，3 × 9 ＝ 27より，13円は9個か19個使う。13 × 19 ＝ 247（円）で，残りの，337 － 247 ＝ 90（円）を20円では作れないので，13円は9個。残りは，337 － 13 × 9 ＝ 220（円）だから，使う20円は，220 ÷ 20 ＝ 11（個）　よって，80円のおかしの個数も11個。

7 木と木の間は，121 － 1 ＝ 120（か所）　20mの間隔で120か所に植えると両端の木の間は，20 × 120 ＝ 2400（m）あり，実際より，2400 － 2020 ＝ 380（m）長い。15mの間隔で木を植える部分が1か所あるごとに，両端の木の間は，20 － 15 ＝ 5（m）ずつ近づくので，15mの間隔で植えたのは，380 ÷ 5 ＝ 76（か所）

8 底面の円を真正面から見ると，水の入っている部分は右図のような半径10cm，中心角90°のおうぎ形から直角二等辺三角形をのぞいた部分になり，その面積は，$10\times 10\times 3.14\times\frac{90}{360}-10\times 10\div 2=28.5$（$cm^2$）　よって，求める水の体積は，28.5 × 40 ＝ 1140（cm^3）

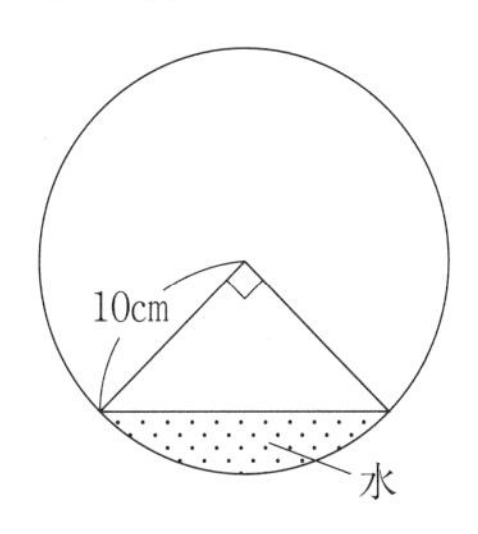

9 BDとQPとの交点をR，BDとQCとの交点をSとする。三角形DQRと三角形BPRは拡大・縮小の関係で，QR : PR ＝ DQ : BP ＝ 2 : 1　また，三角形DQSと三角形BCSは拡大・縮小の関係で，QS : CS ＝ DQ : BC ＝ 2 :（1 ＋ 2）＝ 2 : 3　よって，三角形QRCの面積は，$12\times\frac{2+3}{2}=30$（cm^2）で，三角形QPCの面積は，$30\times\frac{2+1}{2}=45$（cm^2）だから，四角形ABCDの面積は，$45\times\frac{1+2}{2}\times 2=135$（$cm^2$）

10 ① 円の中心が動くのは，右図の太線部分。よって，$(9-3)\times2+2\times3\times3.14\times\frac{90}{360}=16.71$ (cm)

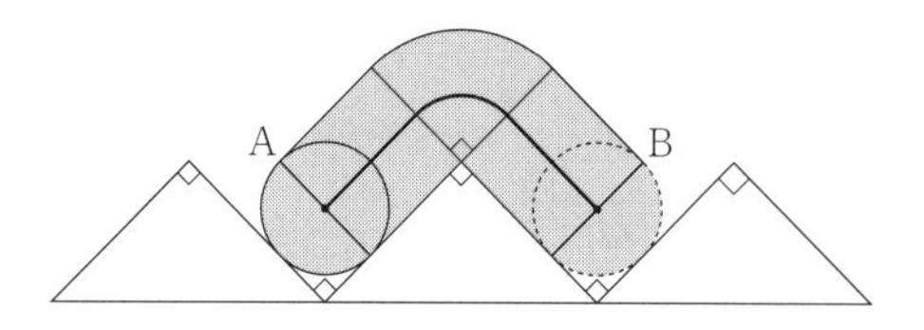

② 円が動いたのは図の色をつけた部分。よって，$3\times3\times3.14+6\times6\times2+6\times6\times3.14\times\frac{90}{360}=128.52$ (cm^2)

第60回

1 $\frac{1}{7}$　2 2475　3 54　4 火(曜日)　5 (1) 27　(2) (右図)　6 900　7 1200
8 357　9 $\frac{19}{4}$　10 3.57 (cm^2)

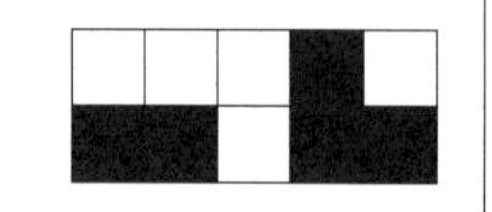

解説

1 与式 $=\left(1.36-\frac{6}{5}\right)\div\left(\frac{14}{5}\times\frac{2}{5}\right)=\frac{4}{25}\times\frac{25}{28}=\frac{1}{7}$

2 $11+13+15+\cdots+95+97+99=(11+99)+(13+97)+(15+95)+\cdots+(53+57)+55=110\times22+55=2475$

3 $\left(\frac{1}{3}-\frac{1}{673}\right)\div10=\left(\frac{673}{2019}-\frac{3}{2019}\right)\times\frac{1}{10}=\frac{670}{2019}\times\frac{1}{10}=\frac{67}{2019}$，$3\div0.0375=3\div\frac{3}{80}=80$ だから，$\frac{67}{2019}=\frac{80+\square}{4038}$　よって，$\frac{134}{4038}=\frac{80+\square}{4038}$ だから，$134=80+\square$　したがって，$\square=134-80=54$

4 1年前の1月17日の曜日は，1年が365日のときは，$365\div7=52$ あまり1より，1つ前の曜日になり，1年が366日のときは，2つ前の曜日になる。また，1995年から2015年までの間にうるう年は1996年，2000年，2004年，2008年，2012年の5回ある。よって，1995年の1月17日は，$1\times(20-5)+2\times5=25$，$25\div7=3$ あまり4より，土曜日の4つ前の曜日なので，火曜日。

5 (1) 一番右の□は上下とも1を表し，右から2番目の□は上下とも3を，右から3番目の□は上下とも9を表す。よって，これら6個の□をすべて色でぬると，$1\times2+3\times2+9\times2=26$ になるので，左から2番目の□は27を表す。

(2) 一番左の2個の□以外を色でぬると，$26+27\times2=80$ より，一番左の□は，$80+1=81$ を表す。よって，$115-81=34$，$34-27=7$ より，一番左の□と左から2番目の□のうち，それぞれ下側の1個ずつを色でぬり，7を表すように右から2番目の□2個と一番右の□のうち下側の1個を色でぬればよい。

6 電車Aがトンネルに入ってから最後尾が出るまでに走った距離は(トンネルの長さ + 100) m，電車Bがトンネルに入ってから最後尾が出るまでに走った距離は(トンネルの長さ + 300) m なので，電車Aと電車Bが同時にトンネルに入り，同時に最後尾がトンネルから出るまでに電車Bは電車Aより，$300-100=200$ (m)多く走ったことになる。電車Aと電車Bの速さの比は，$25:30=5:6$ なので，この $5:6$ における，$6-5=1$ が200m にあたる。よって，電車Aが走った距離は，$200\times5=1000$ (m)とわかるので，トンネルの長さは，$1000-100=900$ (m)

7 AからBまでかかった時間は，$4200\div1000\div6=0.7$ (時間)　もし0.7時間のすべてを走ったとすると進む距離は，$10\times0.7=7$ (km)で，実際よりも，$7-4.2=2.8$ (km)長い。走る代わりに歩く時間が1時間あるごとに進む距離は，$10-3=7$ (km)ずつ短くなるので，歩いた時間は，$2.8\div7=0.4$ (時間)　よって，歩いた距離は，$3 \times 0.4 = 1.2$ (km)，すなわち，$1000 \times 1.2 = 1200$ (m)

8 26 個のサイコロの面の数の合計は，$6 \times 26 = 156$　このうち，表に見えている面の数は，$3 \times 3 \times 6 = 54$　表に見えていない面の数は，$156 - 54 = 102$　サイコロどうしが接している面の目の和はすべて 7 ずつなので，その合計は，$7 \times (102 \div 2) = 357$

9 GC : CP = 2 : 1 より，GC : GP = 2 : 3 なので，FB = GC より，FB : GP = 2 : 3　三角形 RPG と三角形 RBF は拡大・縮小の関係なので，RF : RG = FB : GP = 2 : 3　また，三角形 RGH と三角形 RFT は拡大・縮小の関係なので，TF : HG = RF : RG = 2 : 3　EF = HG なので，ET : TF = (3 − 2) : 2 = 1 : 2　したがって，四角形 PQHG と四角形 BSTF と四角形 SAET の底面積の比は，$(3 \times 3) : (2 \times 2) : (2 \times 1) = 9 : 4 : 2$ なので，四角すい RPQHG と四角すい RBSTF と四角すい RSAET の体積の比は，$(9 \times 3) : (4 \times 2) : (2 \times 2) = 27 : 8 : 4$　よって，立体 STFBQHGP と四角すい RSAET の体積の比は，$(27 - 8) : 4 = 19 : 4$ なので，$\frac{19}{4}$ 倍。

10 右図のように，点 P が点 M を出発してから 2.5 秒後にくる点を点 Q，3 秒後にくる点を点 R とする。$90° \times 2.5 = 225°$ より，角ア = 225°，$90° \times 3 = 270°$ より，角イ = 270° で，ゴムひもが通過した部分は，この図の色をつけた部分になる。$225° - 180° = 45°$ より，AQ と MN の交わってできる角は 45° なので，正方形の対角線上に点 Q があり，ゴムひもが通過した部分はおうぎ形 OQR と三角形 ORA に分けられる。おうぎ形 OQR は半径 2 cm，中心角，$90° - 45° = 45°$ なので，面積は，$2 \times 2 \times 3.14 \times \frac{45}{360} = 1.57$ (cm^2)　三角形 ORA は OR を底辺としたときの高さが，OM = 2 cm なので，面積は，$2 \times 2 \div 2 = 2$ (cm^2)　よって，ゴムひもが通過した部分の面積は，$1.57 + 2 = 3.57$ (cm^2)

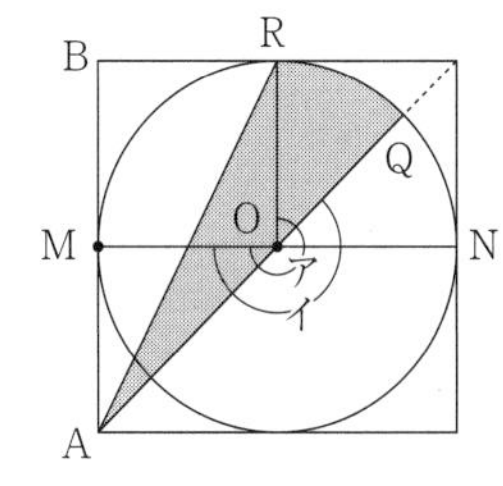

文章題・図形分野出題単元と正誤チェック表Ⅰ

回数	5	チェック欄	6	チェック欄	7	チェック欄	8	チェック欄	9	チェック欄	10	チェック欄
第1回	数列・規則性		年齢算		年齢算		角度		円の面積		円の面積	
第2回	数列・規則性		仕事算		植木算・方陣算		角度		相似と面積		合同と角度	
第3回	数列・規則性		倍数算		過不足・差集め算		角度		直方体の計量		柱体の計量	
第4回	植木算・方陣算		過不足・差集め算		消去算		合同と角度		円の面積		多角形と角度	
第5回	植木算・方陣算		時計算		過不足・差集め算		合同と角度		空間図形の切断		図形と比	
第6回	植木算・方陣算		こさ		仕事算		合同と角度		立方体の積み上げ		相似と面積	
第7回	消去算		相当算		流水算		多角形と角度		柱体の計量		すい体の計量	
第8回	消去算		仕事算		損益算		多角形と角度		相似と面積		図形と比	
第9回	消去算		年齢算		仕事算		多角形と角度		円の面積		相似と面積	
第10回	和差算		数列・規則性		分配算		三角形の面積		角度		四角形の面積	
第11回	和差算		ニュートン算		消去算		三角形の面積		相似と面積		柱体の計量	
第12回	和差算		流水算		時計算		三角形の面積		すい体の計量		空間図形の切断	
第13回	分配算		N進法		ニュートン算		四角形の面積		水の深さ		相似と長さ	
第14回	分配算		場合の数		年齢算		四角形の面積		空間図形の切断		円の面積	
第15回	分配算		場合の数		仕事算		四角形の面積		すい体の計量		相似と面積	
第16回	倍数算		流水算		相当算		直方体の計量		回転体		柱体の計量	
第17回	倍数算		ニュートン算		損益算		直方体の計量		相似と面積		図形と比	
第18回	倍数算		通過算		旅人算		直方体の計量		平面図形の移動		平面図形の移動	
第19回	年齢算		過不足・差集め算		倍数算		円の面積		合同と角度		直方体の計量	
第20回	年齢算		相当算		損益算		円の面積		柱体の計量		図形と比	
第21回	年齢算		倍数算		通過算		円の面積		直方体の計量		平面図形の移動	
第22回	相当算		数列・規則性		ニュートン算		柱体の計量		角度		相似と長さ	
第23回	相当算		時計算		年齢算		柱体の計量		空間図形の切断		円の面積	
第24回	相当算		つるかめ算		植木算・方陣算		柱体の計量		平面図形の移動		合同と角度	
第25回	損益算		時計算		場合の数		図形と比		回転体		投影図・展開図	
第26回	損益算		N進法		倍数算		図形と比		さいころ		直方体の計量	
第27回	損益算		分配算		流水算		図形と比		四角形の面積		回転体	
第28回	仕事算		年齢算		和差算		相似と面積		円の面積		三角形の面積	
第29回	仕事算		ニュートン算		流水算		相似と面積		相似と面積		回転体	
第30回	仕事算		植木算・方陣算		消去算		相似と面積		合同と角度		多角形と角度	

文章題・図形分野出題単元と正誤チェック表2

回数	5	チェック欄	6	チェック欄	7	チェック欄	8	チェック欄	9	チェック欄	10	チェック欄
第31回	ニュートン算		分配算		消去算		相似と面積		四角形の面積		多角形と角度	
第32回	ニュートン算		こさ		分配算		相似と長さ		水の深さ		四角形の面積	
第33回	ニュートン算		旅人算		N進法		相似と長さ		平面図形と点の移動		水の深さ	
第34回	過不足・差集め算		数列・規則性		旅人算		角度		角度		平面図形と点の移動	
第35回	過不足・差集め算		旅人算		N進法		三角形の面積		投影図・展開図		さいころ	
第36回	過不足・差集め算		倍数算		過不足・差集め算		平面図形と点の移動		直方体の計量		多角形と角度	
第37回	つるかめ算		和差算		旅人算		相似と長さ		三角形の面積		平面図形と点の移動	
第38回	つるかめ算		旅人算		分配算		平面図形の移動		平面図形と点の移動		四角形の面積	
第39回	場合の数		仕事算		こさ		平面図形の移動		相似と面積		水の深さ	
第40回	旅人算		分配算		時計算		投影図・展開図		四角形の面積		空間図形の切断	
第41回	旅人算		植木算・方陣算		数列・規則性		平面図形と点の移動		合同と角度		角度	
第42回	旅人算		流水算		数列・規則性		平面図形と点の移動		回転体		角度	
第43回	通過算		損益算		和差算		平面図形の移動		図形と比		三角形の面積	
第44回	通過算		N進法		こさ		平面図形の移動		水の深さ		立方体の積み上げ	
第45回	通過算		損益算		植木算・方陣算		すい体の計量		図形と比		合同と角度	
第46回	流水算		相当算		数列・規則性		すい体の計量		柱体の計量		角度	
第47回	流水算		こさ		通過算		すい体の計量		立方体の積み上げ		すい体の計量	
第48回	流水算		和差算		N進法		回転体		三角形の面積		水の深さ	
第49回	時計算		消去算		場合の数		回転体		多角形と角度		空間図形の切断	
第50回	時計算		場合の数		ニュートン算		回転体		投影図・展開図		相似と面積	
第51回	時計算		通過算		通過算		空間図形の切断		平面図形の移動		すい体の計量	
第52回	場合の数		損益算		相当算		空間図形の切断		図形と比		柱体の計量	
第53回	場合の数		場合の数		場合の数		合同と角度		投影図・展開図		空間図形の切断	
第54回	場合の数		和差算		時計算		投影図・展開図		三角形の面積		回転体	
第55回	こさ		消去算		倍数算		投影図・展開図		多角形と角度		直方体の計量	
第56回	こさ		消去算		場合の数		立方体の積み上げ		多角形と角度		投影図・展開図	
第57回	こさ		植木算・方陣算		和差算		水の深さ		合同と角度		三角形の面積	
第58回	N進法		過不足・差集め算		こさ		水の深さ		投影図・展開図		立方体の積み上げ	
第59回	N進法		つるかめ算		つるかめ算		水の深さ		相似と面積		平面図形の移動	
第60回	N進法		通過算		つるかめ算		さいころ		すい体の計量		平面図形と点の移動	